AF455078

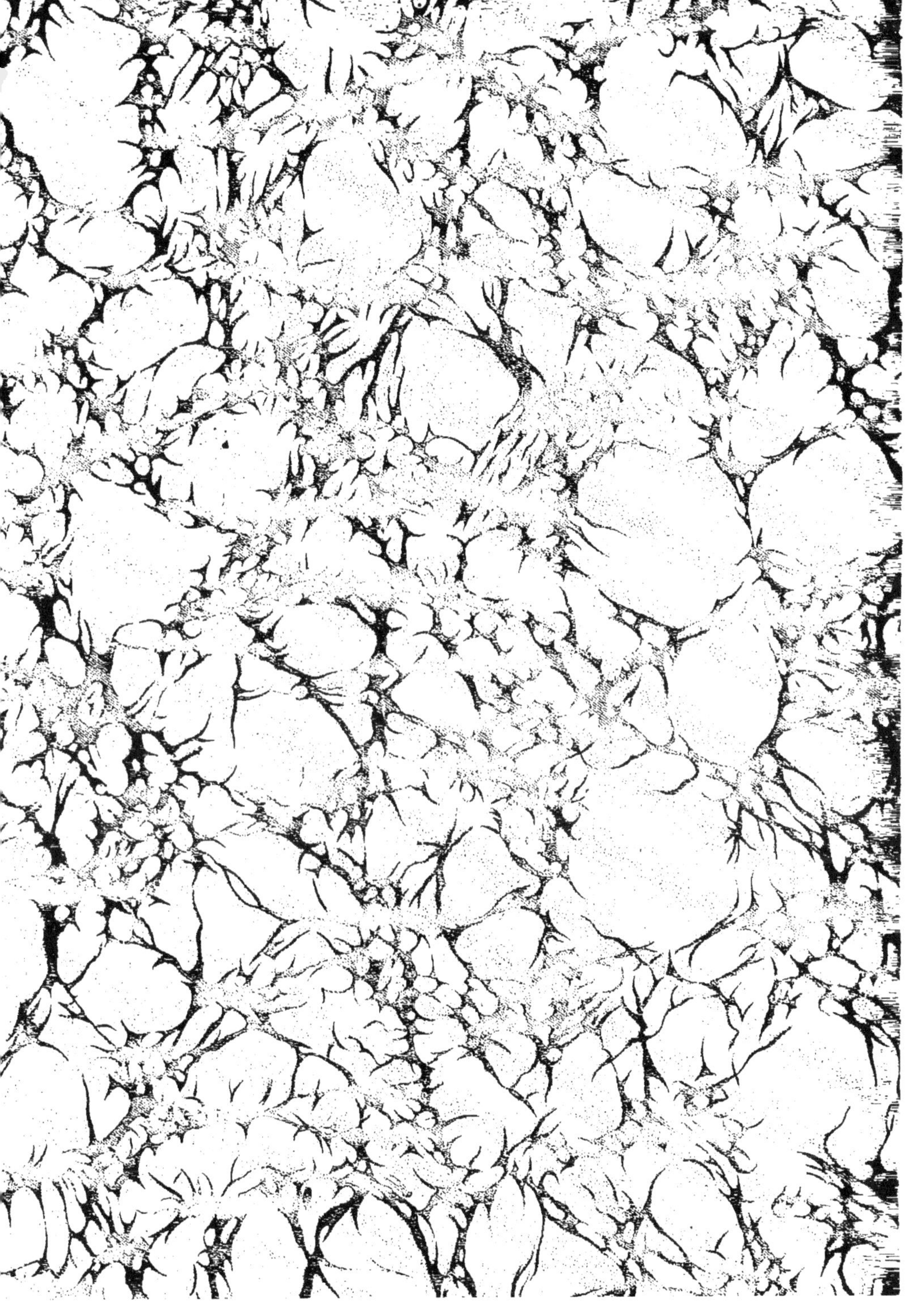

ESSAIS

DE

PALÉOCONCHOLOGIE

COMPARÉE

PAR M. COSSMANN.

TROISIÈME LIVRAISON
(Avril 1899)

PARIS

CHEZ L'AUTEUR	COMPTOIR GÉOLOGIQUE
95, RUE MAUBEUGE, 95	53, RUE MONSIEUR-LE-PRINCE, 53

ESSAIS

DE

PALÉOCONCHOLOGIE COMPARÉE

OUVRAGES DU MÊME AUTEUR

Appendices au Catalogue illustré des coquilles fossiles de l'Eocène des environs de Paris, avec la table analytique complète de toutes les espèces du Bassin parisien, et 3 pl. phototypées. Prix .... 10 fr. »

Revision sommaire de la Faune du terrain Oligocène marin aux environs d'Étampes (1891-1893). 3 pl. lithographiées. Prix .... 12 fr. 50

Sur quelques formes nouvelles des faluns du Bordelais (1894-1895). 3 pl. phototypées. Prix .... 6 fr. »

Observations sur quelques coquilles crétaciques recueillies en France (1896-1898). 3 pl. phototypées. Prix. 5 fr. »

Description d'Opisthobranches éocéniques de l'Australie du Sud (1897). 2 pl. phototypées. Prix .... 3 fr. »

Estudio de alcunos moluscos eocenos del Pireneo Catalan (1898). 5 pl. phototypées. Prix .... 5 fr. »

Mollusques éocéniques de la Loire inférieure (1895-1898). 19 pl. phototypées. 1er vol. Prix .... 30 fr. »

Essais de Paléoconchologie comparée (1896-1899). Les trois premières livraisons ensemble, prix .... 55 fr. »

Revue critique de Paléozoologie, 3e année (1899).
Prix de l'abonnement annuel .... 8 fr. »
Les deux premières années, ensemble .... 15 fr. »

S'adresser à l'Auteur, 95, rue de Maubeuge.
Envoi franco contre mandat postal.

ESSAIS

DE

PALÉOCONCHOLOGIE

COMPARÉE

PAR M. COSSMANN.

TROISIÈME LIVRAISON

(Avril 1899)

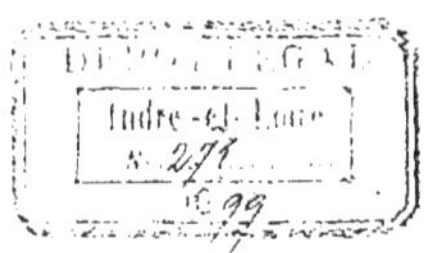

PARIS

CHEZ L'AUTEUR	COMPTOIR GÉOLOGIQUE
95, RUE MAUBEUGE, 95	53, RUE MONSIEUR-LE-PRINCE, 53

PLANCHE I

1-2.	Bivetia subcancellata, d'Orb.	Pliocène	grandeur naturelle.
3.	Solatia piscatoria, Gm.	Pliocène	grandeur naturelle
4.	Calcarata calcarata, Br.	Pliocène	grossiss[t] 3/2.
5.	Calcarata lyrata, Br.	Pliocène	grandeur naturelle.
6.	Gergovia platypleura, Tate.	Eocène	grossiss[t] 4/1.
7.	Merica wannonensis, Tate.	Miocène	grandeur naturelle.
8.	Scalptia dertoscalata, Sacco	Miocène	grossiss[t] 3/2.
9-10.	Tribia uniangulata, Desh.	Pliocène	grandeur naturelle.
11.	Aphera bronni, Bell.	Miocène	grandeur naturelle.
12-14.	Ventrilia acutangula, Faujas.	Miocène	grandeur naturelle.
13.	Trigonostoma scabrum, Desh.	Pliocène	grandeur naturelle.
15.	Solatia Barjonæ, da Costa.	Miocène	grandeur naturelle.
16-17.	Uxia costulata, Lamk.	Eocène	grossiss[t] 3/2.
18.	Bonellitia Bonellii, Bell.	Pliocène	grossiss[t] 2/1.
19-20.	Sveltia varicosa, Br.	Pliocène	grandeur naturelle.
21.	Sveltella quantula, Desh.	Eocène	grossiss[t] 4/1.
22.	Brocchinia mitræformis, Br.	Pliocène	grossiss[t] 3/2.
23-24.	Aneurystoma Dufouri, Grat.	Miocène	grossiss[t] 3/2.
25.	Trigonostoma impressum, Conr.	Eocène	grossiss[t] 3/2.
26.	Admete viridula, Fabr.	Pliocène	grossiss[t] 2/1.

PLANCHE II

1-2.	Trigonostoma umbilicare, Br.	Pliocène	grandeur naturelle.
3.	Plesiocerithium Magloirei, Mell.	Eocène	grossiss' 4/1.
4-5.	Ovilia doliolaris, Bast.	Miocène	grandeur naturelle.
6-7.	Bonellitia evulsa, Sol.	Eocène	grandeur naturelle.
8.	Babylonella elevata, Lea.	Eocène	grossiss' 2/1.
9-10.	Coptostoma quadratum, Sow.	Eocène	grossiss' 3/2.
11.	Coptostoma chaussyense. Cossm.	Eocène	grossiss' 3/2.
12.	Sveltella Dumasi, Cossm.	Miocène	grossiss' 2/1.
13-14.	Massilya Laurensi, Grat.	Miocène	grossiss' 2/1.
15.	Brocchinia rissoiæformis, Cossm.	Pliocène	grossiss' 4/1.
16.	Morea cancellaria, Conr.	Sénon.	grandeur naturelle.
17.	Admetopsis subfusiformis, Meek.	Sénon.	grandeur naturelle.
18-19.	Sveltia colpodes, Cossm.	Miocène	grandeur naturelle.
20-24.	Neocylindrus carolinensis, Conr.	Miocène	grandeur naturelle.
21-23.	Agaronia Basterotina, Defr.	Miocène	grandeur naturelle.
22.	Agaronia Dubuissoni, Vass.	Eocène	grandeur naturelle.
25-26.	Dactylidia mutica, Say.	Vivante	grossiss' 3/1.
27.	Callianax Branderi, Sow.	Eocène	grandeur naturelle.
28.	Lamprodoma subclavula, d'Orb.	Miocène	grandeur naturelle,
29.	Strephona flammulata, Lamk.	Miocène	grossiss' 3/2.
30-31.	Neocylindrus Dufresnei, Bast.	Miocène	grandeur naturelle.

PLANCHE III

1-4.	Barysрira glandiformis, Lamk.	Miocène	grandeur naturelle.
5-6.	Ancilla buccinoides, Lamk.	Eocène	grandeur naturelle.
7.	Sparella dubia, Desh.	Eocène	grandeur naturelle.
8-9.	Alocospira papillata, Tate.	Miocène	grandeur naturelle.
10-11.	Olivula staminea, Conr.	Eocène	grandeur naturelle.
12.	Sparella aperta, Vass.	Eocène	grandeur naturelle.
13.	Sparella obsoleta, Br.	Miocène	grandeur naturelle.
14-15.	Olivella impressa, Vass.	Eocène	grandeur naturelle.
16-17.	Tortoliva canalifera, Lamk.	Eocène	grandeur naturelle.
18.	Ancillina pusilla, Fuchs.	Miocène	grossiss[t] 3/1.
19.	Chiloptygma exigua, Sow.	Vivante	grossiss[t] 3/2.
20-21.	Sparellina candida, Lamk,	Pliocène	grossiss[t] 3/2.
22-23.	Eocithara mutica, Lamk.	Eocène	grandeur naturelle.
24-25.	Monoptygma limneoides, Conr.	Eocène	grossiss[t] 3/1.
26.	Gibberula ovata, Lea.	Eocène	grossiss[t] 3/2.
27-28.	Eratoidea Bonneti, Cossm.	Pliocène	grossiss[t] 2/1.
29-30.	Glabella oligoptycha, Cossm.	Pliocène	grossiss[t] 3/2.
31.	Marginella Stephaniæ, da Costa.	Miocène	grandeur naturelle.

PLANCHE IV

1-4.	Cryptochorda stromboides, Hermann.	Eocène	grandeur naturelle.
2.	Marginella auris-leporis, Br.	Pliocène	grandeur naturelle.
3.	Harpa Brocchoni, Benoist.	Miocène	grandeur naturelle.
5.	Stazzania emarginata, Bon.	Miocène	grossiss' 3/2.
6-7.	Faba cassidiformis, Tate.	Eocène	grossiss' 5/1.
8.	Stazzania dichotomoptycha, Cossm.	Eocène	grossiss' 3/1.
9-10.	Euryentome crassilabra, Conrad.	Eocène	grossiss' 2/1.
11.	Serrata propinqua, Tate	Eocène	grossiss' 2/1.
12-13.	Gibberula ovulata, Lamk.	Eocène	grossiss' 2/1.
14.	Faba phaseolus, Brongn.	Eocène	grandeur naturelle.
15.	Dentimargo dentifera, Lamk.	Eocène	grossiss' 3/1.
16.	Persicula angystoma, Desh.	Eocène	grossiss' 2/1.
17.	Persicula Goossensi, Cossm.	Eocène	grossiss' 2/1.
18-19.	Gibberula tectiformis, Cossm.	Pliocène	grossiss' 3/1.
20.	Stazzania dichotomoptycha, Cossm.	Eocène	grossiss' 3/1.
21.	Volvarina oblongata, Bon.	Miocène	grossiss' 3/2.
22.	Serrata Winkleri, Tate.	Eocène	grossiss' 2/1.
23.	Vespertilio Weldi, T. Woods.	Eocène	grandeur naturelle.
24.	Athleta rarispina, Lamk.	Miocène	grandeur naturelle.
25-26.	Volutilithes spinosus, Lamk.	Eocène	grandeur naturelle.

PLANCHE V

1.	Volutocorbis crenulifera, Bayan.	Eocène	grandeur naturelle.
2.	Eopsephæa angusta, Desh.	Eocène	grandeur naturelle.
3.	Neoathleta cithara, Lamk.	Eocène	grandeur naturelle.
4.	Volutilithes antiscalaris, Mc. Coy	Eocène	grandeur naturelle.
5.	Athleta Tuomeyi, Conrad.	Eocène	grandeur naturelle.
6.	Neoathleta ventricosa, Defr.	Eocène	grandeur naturelle.
7-8.	Caricella piruloides, Conrad.	Eocène	grandeur naturelle.
9.	Lyria turgidula, Lamk.	Eocène	grandeur naturelle.
10.	Amoria Masoni, Tate.	Miocène	grandeur naturelle.

PLANCHE VI

1.	Eopsephæa muricina, Lamk.	Eocène	grandeur naturelle.
2.	Scaphella Lamberti, Sow.	Pliocène	grandeur naturelle.
3.	Aurinia virginiana, Conrad.	Miocène	grandeur naturelle.
4.	Pterospira Mortoni, Tate.	Eocène	grandeur naturelle.
5.	Scaphella miocænica, Fisch. et Tourn.	Miocène	grandeur naturelle.
6.	Pterospira Hannafordi, Mc. Coy.	Eocène	grandeur naturelle.
7.	Amoria Masoni, Tate.	Eocène	grandeur naturelle.
8.	Vespertilio Weldi, T. Woods.	Eocène	grandeur naturelle.
9-10.	Lyria harpula, Lamk.	Eocène	grandeur naturelle.

PLANCHE VII

1-2.	Leptoscapha variculosa, Lamk.	Eocène	3/2
3.	Volutoconus Conoideus, Tate.	Eocène	grandeur naturelle.
4-5.	Voluta musicalis, Lamk.	Eocène	grandeur naturelle.
6.	Alcithoe ancilloides, Tate.	Eocène	grandeur naturelle.
7-8.	Harpula mitreola, Lamk.	Eocène	3/1.
9.	Yetus proboscidalis, Lamk.	Vivante	grandeur naturelle.
10-11.	Ficulomorpha piruliformis, Mull.	Sénonien	3/2.
12-13.	Mitra elongata, Lamk.	Eocène	grandeur naturelle.

PLANCHE VIII

1.	Conomitra fusoides, Lea.	Eocène	grossiss^t 3/1.
2.	Conomitra vincenti, Cossm.	Eocène	grossiss^t 3/1.
3.	Costellaria paucicostata, Tate.	Eocène	grossiss^t 3/1.
4.	Teleochilus gracillimus, Tate.	Eocène	grandeur naturelle.
5-6.	Thala pupa Dujard.	Miocène	grossiss^t 3/1.
7.	Mitrolumna olivoidea, Cant.	Pleistocène	grossiss^t 3/1.
8.	Lapparia dumosa, Conr.	Eocène	grandeur naturelle.
9.	Lapparia Mooreana, Gabb.	Paléocène	grandeur naturelle.
10.	Plioptygma carolinense, Conr.	Miocène	réd. 1/2.
11.	Plioptygma Heilprini, Cossm.	Pliocène	grandeur naturelle.
12-13.	Mesorhytis cancellata, Sow.	Turonien	grandeur naturelle.
14.	Mesorhytis polita, Gabb.	Paléocène	grandeur naturelle.
15.	Uromitra Michelottii, Hœrn.	Pliocène	grossiss^t 3/2.
16-17.	Cancilla exornata, Bell.	Miocène	grandeur naturelle.
18-19.	Mitreola labratula, Lamk.	Eocène	grossiss^t 3/2.
20-21.	Turricula lirocostata, Cossm.	Pliocène	grossiss^t 3/1.
22.	Volvaria bulloides, Lamk.	Eocène	grossiss^t 3/2.
23.	Volvaria acutiuscula, Sow.	Eocène	grossiss^t 3/2.
24.	Mitrolumna Rovasendæ, Bell.	Miocène	grandeur naturelle.
25.	Turricula curta, Bell.	Miocène	grandeur naturelle.
26.	Costellaria intortella, Cossm.	Eocène	grossiss^t 2/1.
27.	Volvariella Lamarcki, Desh.	Eocène	grandeur naturelle.
28.	Costellaria corrugata, Defr.	Pliocène	grossiss^t 2/1.
29.	Fusimitra extranea, Desh.	Eocène	grossiss^t 3/2.
30.	Fusimitra cellulifera, Conr.	Oligocène	grossiss^t 3/2.
31.	Fusimitra terebellum, Lamk.	Eocène	grossiss^t 3/2.
32.	Uromitra cupressina, Brocchi.	Pliocène	grandeur naturelle.

TOXOGLOSSA (*Suite*)

CANCELLARIIDÆ

Forme ovoïde, parfois subturriculée; protoconche[1] paucispirée, globuleuse, obtuse, à nucléus en goutte de suif; surface généralement cancellée; ouverture plus ou moins trigone, avec une gouttière dans l'angle postérieur, terminée en avant par un canal rudimentaire ou par un bec à peine échancré; labre généralement incliné, épais ou même variqueux, costulé ou crénelé à l'intérieur; columelle plus ou moins incurvée, se terminant en pointe à son extrémité antérieure, portant deux ou trois plis spiraux, quelquefois très obliques, et dont le plus élevé se confond souvent avec la torsion columellaire.

Observ. — Le classement de cette Famille a, de tout temps, donné lieu à des controverses, et actuellement encore il ne paraît pas définitivement fixé.

Linné, — et après lui, Cuvier, — avaient placé *Cancellaria* près de *Voluta* et, de *Mitra*, à cause des plis de la columelle; au contraire, Lamarck ramenait ce Genre près de *Turbinella*, et Blainville, entre *Ricinula* et *Purpura*. Deshayes, qui avait eu l'occasion d'étudier l'animal, lui attribuait plutôt des affinités avec les Plicacés; mais, dans son Etude sur les fossiles du Bassin de Paris, il le classa immédiatement avant *Cerithium*, c'est-à-dire à la limite entre les Holostomes et les Siphonostomes. Plus récemment, Fischer, ayant constaté que la radule de *Cancellaria* a la même formule que celle des *Conidæ*, que le pied est identique, que les yeux sont situés de la même manière, c'est-à-dire sur le bord externe des tentacules,

(1) J'adopte la dénomination « protoconche », que M. Geo. Harris, de Londres, a récemment proposée, pour remplacer le mot « embryon » ou l'expression « tours embryonnaires » : ce nouveau terme est non seulement plus précis, mais encore en correspondance avec la dénomination « prodissoconche », employée pour les Pélécypodes.

a rapproché cette Famille des Toxoglosses. Tryon aussi la place près des *Terebridæ*, qui sont des Toxoglosses, mais avant les *Strombidæ*, qui s'en écartent cependant beaucoup. Enfin, en dernier lieu, M. Jousseaume, qui a fait une étude très attentive d'un grand nombre de Cancellaires actuelles, et qui a été frappé de l'analogie apparente de *C. cancellata* avec les Genres *Persona* et *Plesiotriton*, soutient que cette Famille doit être classée près des *Tritonidæ*.

De toutes ces hypothèses, celle de Fischer me paraît être la plus raisonnable : elle est fondée sur les analogies les plus sérieuses de l'organisation anatomique de l'animal de *Cancellaria;* même, si l'on en examine attentivement la coquille, on constate que sa protoconche globuleuse et obtuse, à nucléus embryonnaire en goutte de suif, n'a aucun rapport avec celle des *Tritonidæ*, tandis qu'elle se rapproche davantage de celle des *Turbinellidæ*, des *Volutidæ* et de certains *Conus* de l'Eocène exotique. Quant à la plication de la columelle, il est évident qu'elle ressemble plus à celle des *Volutidæ* qu'aux dents que porte la columelle des *Tritonidæ*. Il est vrai que l'absence d'un véritable canal siphonal, et surtout d'une échancrure basale, à la partie antérieure de l'ouverture, écarte *Cancellaria* de *Voluta;* mais il y a, d'autre part, dans la Famille *Marginellidæ*, située dans le voisinage, des coquilles presque holostomes, et, en outre, certains *Conidæ* ne sont guère échancrés à la base.

C'est pourquoi je persiste à penser que l'étude des *Cancellariidæ* doit venir immédiatement après celle des *Conidæ*.

Pendant une cinquantaine d'années, le Genre *Cancellaria* a été à peu près le seul composant cette Famille (sauf *Trigonostoma* 1826, et *Admete* 1842) ; mais, en 1853, les frères Adams y ont introduit quelques coupes nouvelles, exclusivement fondées sur la forme et sur l'ornementation de la coquille ; puis, en 1888, M. Jousseaume, révisant l'arrangement de ses prédécesseurs, a proposé de diviser les *Cancellariidæ* en 23 Genres, dont la plupart sont nouveaux, et dont plusieurs s'appliquent à des types fossiles. Si l'on y ajoute trois ou quatre autres Sections, ultérieurement proposées, soit par moi, soit par M. Sacco, pour des formes tertiaires, et deux Genres du Crétacé d'Amérique, on arrive à une trentaine de dénominations, dans lequelles il est indispensable de mettre de l'ordre.

En effet, dans sa division, M. Jousseaume a attribué le nom de Genre à toutes les coupes qu'il a proposées, quoique quelques-unes ne présentent entre elles que des différences bien légères, tandis que d'autres ont des caractères différentiels d'une valeur bien supérieure. Or j'ai déjà eu l'occasion, dans la préface de ces Essais, de démontrer la nécessité de ne pas mettre toutes les subdivisions d'une Famille sur le même plan; ici, cette méthode est plus que jamais nécessaire pour faciliter le classement, et Fischer l'a déjà indiquée dans son Manuel, en rappelant que les Cancellaires sont généralement réparties en trois groupes : Trigonostomes, Purpuriformes et Mitriformes.

Donc, tout en admettant une première division de cette Famille en groupes, que je transforme même en Sous-Familles, je crois indispensable d'y établir, comme dans les autres Familles, des Genres, des Sous-Genres et des Sections; à cet effet, il s'agit de déterminer quel doit être le critérium des caractères génériques, sous-génériques et sectionnels. Or, dans la Famille en question, il faut examiner, outre la forme générale de la coquille, tout d'abord, l'absence ou la présence d'un ombilic, et surtout d'un bourrelet ombilical, aboutissant à l'extrémité du bec, et reproduisant les accroissements de l'échancrure, quand il y en a une; ensuite, le nombre et la disposition des plis de la columelle, l'inflexion de cette columelle, soit à son extrémité, soit au milieu de sa hauteur; enfin le développement du canal siphonal, qui se réduit souvent à une échancrure, ou même qui disparaît complètement. Ces caractères sont très importants au point de vue morphologique, et ils doivent servir à distinguer les Genres. Au contraire, l'existence d'un bord columellaire plus ou moins calleux, de crénelures, de costules ou de simples stries à l'intérieur du labre, de varices sur la surface, l'obliquité plus ou moins grande des plis columellaires, les variations de la gouttière dans l'angle inférieur de l'ouverture me paraissent être des caractères sous-génériques ou sectionnels, tout au moins chez les *Cancellariidæ*. Enfin l'ornementation, très riche chez cette Famille, doit principalement servir à distinguer les espèces d'un même Genre, d'un même Sous-Genre, d'une même Section.

Tel est le sens dans lequel est conçu le Tableau (1) ci-après :

(1) On remarquera, dans ce tableau et dans ceux des autres Familles, que nous séparons les Sous-Familles par des astérisques *, correspondant aux coupures à faire subir au texte; il doit donc être entendu désormais que le signe *, placé au-dessus d'un nom de Genre, indique que ce genre et ceux qui le suivent appartiennent à une Sous-Famille distincte de celle dans laquelle sont classés les Genres précédents.

Tableau des Genres, Sous-Genres et Sections.

★

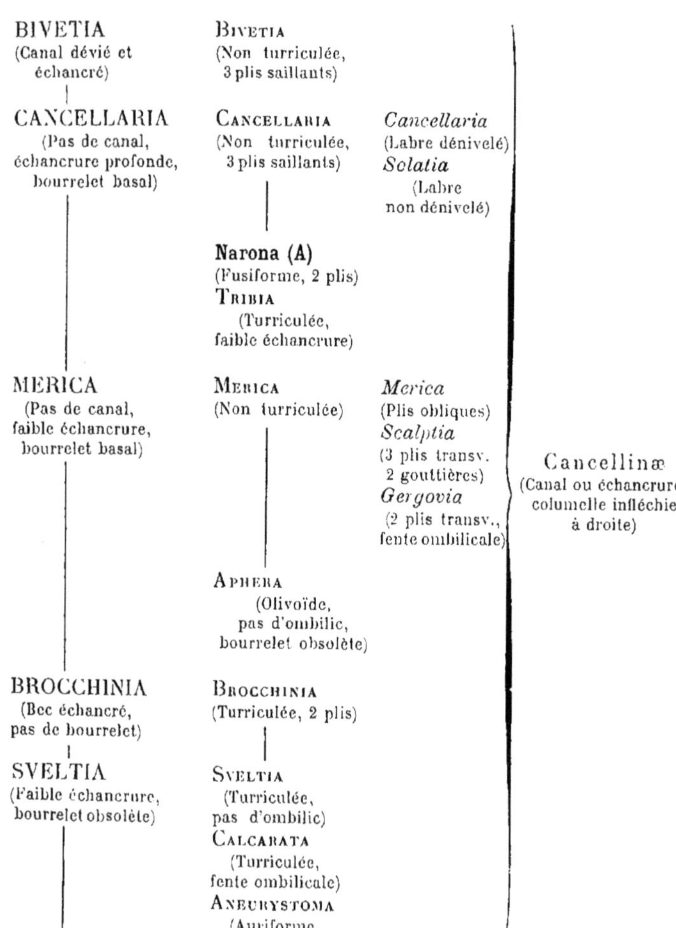

BIVETIA (Canal dévié et échancré)	Bivetia (Non turriculée, 3 plis saillants)		Cancellinæ (Canal ou échancrure, columelle infléchie à droite)
CANCELLARIA (Pas de canal, échancrure profonde, bourrelet basal)	Cancellaria (Non turriculée, 3 plis saillants)	*Cancellaria* (Labre dénivelé) *Solatia* (Labre non dénivelé)	
	Narona (A) (Fusiforme, 2 plis)		
	Tribia (Turriculée, faible échancrure)		
MERICA (Pas de canal, faible échancrure, bourrelet basal)	Merica (Non turriculée)	*Merica* (Plis obliques) *Scalptia* (3 plis transv. 2 gouttières) *Gergovia* (2 plis transv., fente ombilicale)	
	Aphera (Olivoïde, pas d'ombilic, bourrelet obsolète)		
BROCCHINIA (Bec échancré, pas de bourrelet)	Brocchinia (Turriculée, 2 plis)		
SVELTIA (Faible échancrure, bourrelet obsolète)	Sveltia (Turriculée, pas d'ombilic)		
	Calcarata (Turriculée, fente ombilicale)		
	Aneurystoma (Auriforme, fente ombilicale)		

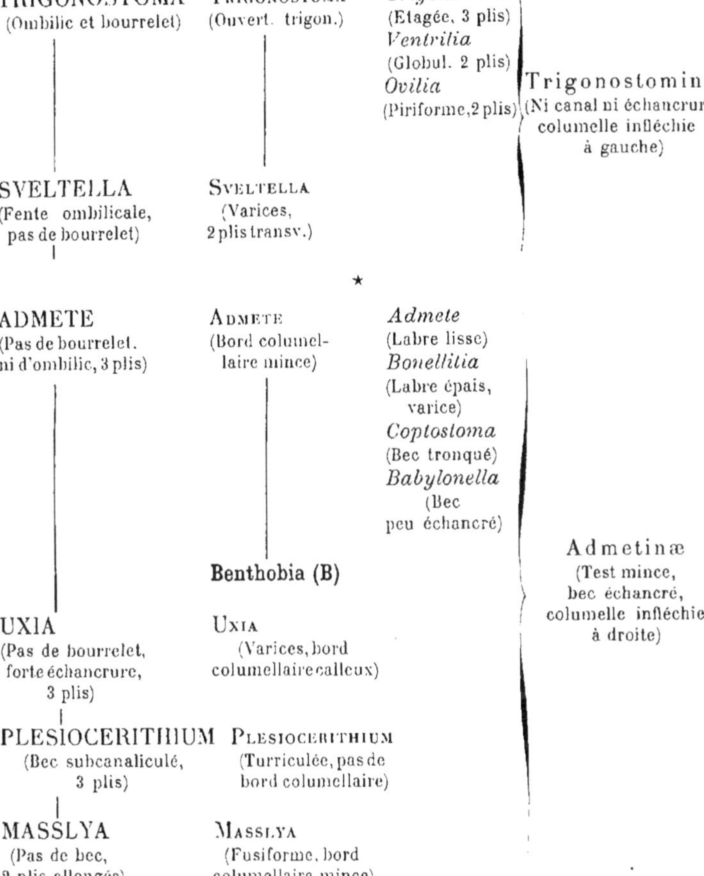

Genres non signalés à l'état fossile.

A. — NARONA, H. et A. Adams, 1853. — Type : *C. clavatula* Sow. Coquille fusiforme, dont l'ouverture se termine par un bec subcanaliculé, large, profondément échancré; pas d'ombilic; bord columellaire peu étendu ; deux plis transverses à la columelle; labre avec une dénivellation antérieure, semblable à celle qui caractérise *Cancellaria*, *sensu stricto*.

Il n'y a guère que le Genre *Tribia* qu'on puisse, à cause de sa forme, rapprocher de *Narona ;* mais il en diffère par sa taille plus grande et par ses tours moins étagés, par le nombre et par la disposition de ses plis, par son bec beaucoup plus court et plus étroitement échancré, par sa columelle beaucoup moins allongée, par son bord columellaire plus étalé.

B. — Benthobia, Dall, 1889. — Type : *B. Tryoni* Dall. Forme buccinoïde; surface presque lisse ; base imperforée; columelle très excavée, coudée en avant, où elle forme le bec basal.

L'auteur indique que ce Genre diffère d'*Admete* par l'absence de plis columellaires ; toutefois on remarque que les plis s'effacent presque totalement à l'entrée de l'ouverture de quelques *Admete*, par exemple, chez *A. Couthouyi*, que certains auteurs considèrent même comme une variété d'*Admete viridula*. Je présume donc que *Benthobia* est à peine une Section distincte d'*Admete*.

Genres à éliminer de la Famille Cancellariidæ.

Plesiotriton, Fischer, 1884. — Type : *C. volutella* Lamk. (Eocène). M. Jousseaume affirme que la Famille *Cancellariidæ* a, par quelques-uns de ses membres, des affinités avec *Plesiotriton*, que Fischer a décrit comme Section de *Triton* (*Lampusia*), et il en conclut que cette Famille doit être rapprochée des *Tritonidæ*. J'ai déjà indiqué ci-dessus pour quels motifs il me paraît inadmissible de classer des Toxoglosses, tels que *Cancellaria*, dans une subdivision tout à fait différente par sa radule, celle des Tænioglosses ; il me reste à expliquer pourquoi *Plesiotriton*, dont on ne connaît pas la radule, puisque c'est un Genre exclusivement fossile, ne peut être rapproché des *Cancellariidæ*, et doit rester dans la Famille *Tritonidæ*. Il est vrai que, par ses varices, ses plis columellaires, ses crénelures labiales et sa protoconche globuleuse, *Plesiotriton* ressemble beaucoup à certains *Uxia*, par exemple à *U. hypermeces*, du Calcaire grossier, qui est une exagération de forme du type d'*Uxia* (*U. costulata*) ; mais il y a deux caractères qui s'opposent à ce que ce rapprochement soit poussé plus avant : d'abord la sinuosité du labre, proéminent en avant, excavé en arrière chez *Plesiotriton*, tandis qu'en général, chez les *Cancellariidæ*, le labre a une inclinaison inverse, oblique à gauche de l'axe du côté antérieur, presque vertical chez *Uxia*, jamais oblique à droite de l'axe ; ensuite l'entaille profonde du canal de *Plesiotriton* n'a aucun rapport avec le bec des *Cancellariidæ*, qui n'est échancré que quand on l'observe en plan, tandis que l'entaille des *Tritonidæ* est visible, même quand on regarde la coquille du côté du dos.

Morea, Conrad, 1860. — Type : *M. cancellaria* Conr. (Sénonien). Les avis sont très partagés au sujet de la classification de ce Genre : Conrad et Gabb l'ont placé dans la Famille *Purpuridæ*, Meek et Tryon dans les

Cancellariidæ, tandis que Whitney l'a tout récemment rapproché de *Sistrum*. Grâce à l'obligeante communication, qui m'a été faite par M. Stanton, de deux échantillons de l'espèce-type, j'ai pu me convaincre que cette coquille est exactement un *Purpura* largement ombiliqué, avec un pli columellaire antérieur un peu plus plus fort que ne l'est ordinairement celui des *Purpuridæ;* la forme excavée de la columelle, la surface un peu aplatie du bord columellaire, l'échancrure très profonde de la base, à laquelle aboutit une large rainure encadrée de deux carènes, l'obliquité du labre qui présente une légère sinuosité près de la suture, enfin l'ornementation elle-même, sont autant de caractères qui plaident en faveur de l'opinion de Conrad et de Whitney, et excluent cette coquille de la Famille *Cancellariidæ*. J'ajoute que, si l'on voulait intercaler *Morea* dans cette dernière Famille, on serait fort embarrassé, car elle a une échancrure de *Cancellariidæ* et une columelle de *Trigonostominæ;* en outre, quand les plis s'effacent chez les Cancellaires, c'est toujours le pli antérieur qui disparaît le premier, et il reste généralement une trace des plis médians, tandis que *M. cancellaria* a la columelle tout à fait lisse et creuse au milieu et un fort pli antérieur; d'autre part, l'embryon me semble moins globuleux que celui des *Cancellariidæ*, il a plutôt l'aspect déprimé ; enfin, — et cet argument a sa valeur, — les *Cancellinæ* n'ont commencé à apparaître que dans les terrains tertiaires supérieurs, et l'on ne trouverait aucune corrélation entre ce Genre sénonien et ses congénères. Je suis donc d'avis que *Morea* est mieux à sa place dans la Famille *Purpuridæ*. A l'appui de ce qui précède, je crois utile de donner une figure de *M. cancellaria* (Pl. II, fig. 16), d'après un échantillon d'Eufaula (Alabama), provenant de la formation Ripley, qui est assimilée à notre Sénonien supérieur.

Admetopsis, Meek, 1872. — Type : *A. gregaria* Meek (Sénonien). M. Stanton m'ayant communiqué trois échantillons d'une espèce de ce genre (*A. subfusiformis* Meek), souvent confondue avec l'espèce-type, j'ai pu me convaincre que ce Genre n'a aucun rapport avec *Admete*, ni même avec aucune forme de *Cancellariidæ:* le pli tordu et très saillant, qui existe à la partie antérieure de la columelle, ne ressemble pas du tout au pli des *Admetinæ;* en outre, les accroissements de l'échancrure se font sur une callosité basale, qui est extérieurement limitée par une carène aiguë, et cette disposition s'écarte absolument de tout ce qu'on observe chez la Famille en question ; enfin les costules crénelées et curvilignes (qui forment l'ornementation, souvent effacée sur le dernier tour, où elles sont remplacées par des plis d'accroissement peu visibles), ont une direction oblique en sens inverse de l'inclinaison du labre des *Cancellariidæ*, c'est-à-dire rétrocurrente vers la suture. Même ce dernier caractère me fait hésiter à rapprocher *Admetopsis* des *Nassidæ*, auxquels il ressemblerait par son échancrure et sa carène basale, mais qui ont des costules ou des accroissements antécurrents. En attendant, je donne une figure d'*A. subfusiformis* (Pl. II, fig. 17), d'après laquelle le lecteur se convaincra que ce n'est pas une coquille de Cancellaire ; l'échantillon figuré vient de l'Utah, Cedar City (Colorado formation).

Turbinopsis Conrad, 1860. — Type : *T. Hilgardi* Conr. (Sénonien). D'après M. Dall. qui m'a obligeamment envoyé la copie ci-contre (**Fig. 1**) de la figure originale, *Turbinopsis* est synonyme postérieur de *Modulus*, Gray 1847. Ce n'est pas du tout un membre de la Famille *Cancellariidæ*, comme le croyait Conrad, probablement abusé par le vaste entonnoir ombilical de cette coquille, semblable à celui des *Trigonostoma ;* en effet, la columelle paraît arrondie, absolument dénuée de plis, l'ouverture est subcirculaire, et le bec antérieur, auquel aboutit la carène circo-ombilicale, est mutilé, de sorte qu'on est réduit à une restauration hypothétique, quant à sa forme. M. Dall a indiqué cette rectification, dans la seconde partie de sa Monographie de la Floride, p. 293. *Turbinopsis Hilgardi* a été décrit et figuré dans le « Journ. Acad. sc. nat. Philadelphie », 2e série, vol. IV, p. 289, pl. XLVI, fig. 29 ; ce fossile provient de Tippah Co. Missouri, localité de la formation « Ripley » correspondant à notre Sénonien supérieur.

Fig. 1. — *Turbinopsis Hilgardi*, Conr.

★

BIVETIA, Jousseaume, 1888.

(= *Bivetopsia*, Jouss. 1888).

Bivetia, *sensu stricto*. Type : *Cancellaria similis*, Sow. Viv.

Taille assez grande; forme ovoïdo-conique, plus ou moins globuleuse ; spire souvent étagée, à galbe conique ; protoconche lisse, obtuse, assez petite, paucispirée ; tours peu nombreux, cancellés et variqueux. Ouverture courte, large, avec une étroite gouttière échancrant un peu le péristome dans l'angle inférieur, terminée en avant par un canal court, profondément échancré, auquel aboutit un bourrelet écailleux qui circonscrit la fente ombilicale ; labre épais, obliquement incliné à gauche de l'axe, du côté antérieur, costulé à l'intérieur, lacinié sur son contour ; columelle un peu renflée au milieu, légèrement incurvée en avant vers l'échancrure basale, munie de trois plis épais, croissant d'avant en arrière, l'inférieur formant une lamelle presque transversale, tandis que le pli antérieur se relie obliquement à la courbure de la columelle :

bord columellaire largement étalé sur la base, mince en arrière, plus calleux en avant, portant souvent des rides entre les plis et sur la région postérieure, recouvrant partiellement la fente ombilicale.

Diagnose refaite d'après un plésiotype du Pliocène de Biot : *Canc. subcancellata* d'Orb. (= *C. cancellata* Br. *non* L.) — (Pl. I, fig. 1-2), ma coll.

Observ. — Si l'on prend pour type du Genre *Cancellaria* Lamk., la première espèce décrite par cet auteur (*C. reticulata*), et si l'on admet les différences génériques, ci-après résumées, qui séparent cette espèce de *C. cancellata*, la création du Genre *Bivetia* (Bivet, Adanson) est tout à fait justifiée : il représente la plus canaliculée et la plus échancrée des formes de *Cancellariidæ*; mais le canal, au lieu d'être rejeté à l'extérieur, comme chez les *Volutidæ* ou les *Buccinidæ*, est au contraire dévié à gauche par l'inflexion de la columelle; c'est un caractère typique et familial. Quant au bourrelet basal, il est extrêmement saillant chez *Bivetia*, parce que l'échancrure antérieure est profonde; les écailles qu'il porte sont formées par les accroissements de cette échancrure. En résumé, si le Genre *Cancellaria* était à créer, c'est plutôt le type de *Bivetia* que *C. reticulata* qu'il faudrait prendre; mais les règles de la nomenclature s'opposent à ce qu'il en soit ainsi.

En ce qui concerne *Bivetopsia* Jouss. (qu'il eût été plus correct de dénommer *Bivetopsis*), le type est *C. chrysostoma* Sow. ; l'auteur indique qu'il se distingue « par le méplat des tours de spire, par l'absence, sur le « péristome, d'une échancrure formée par le canal postérieur, et par la « présence de plis et granulations sur l'enduit et le bord columellaire » (caractères auxquels on pourrait ajouter l'existence d'un ombilic plus large, et la brièveté ainsi que la direction un peu différente du canal antérieur). J'estime que ce sont là des différences purement spécifiques; on passe, en effet, d'une forme à l'autre, par des intermédiaires pour le classement desquels on serait singulièrement embarrassé : *Bivetopsia* est donc, à mon avis, synonyme de *Bivetia*.

Répart. stratigr.

Miocène. — Une espèce voisine du type, et ses variétés, dans le Tortonien et l'Helvétien d'Italie; *C. dertonensis* Bell., d'après M. Sacco; l'espèce plésiotype dans le bassin de Vienne, d'après la Monographie de MM. Hœrnes et Auinger. Une espèce dans le Miocène de la Jamaïque; *C. Moorei*, Guppy, d'après la figure.

Pliocène. — L'espèce plésiotype et ses variétés dans le Plaisancien et l'Astien des Alpes-Maritimes et d'Italie, ma coll., coll. Bourdot; la même, dans la province de Barcelone, d'après la Monographie d'Almera et Bofill. Une espèce voisine dans les couches supérieures de Java ; *C. neglecta* Martin (1).

Époque actuelle. — Quatre ou cinq espèces, sur les côtes d'Afrique et d'Amérique, dans la Méditerranée, d'après le Manuel de Tryon, et les Mollusques du Roussillon (Dautz. Dollf. Bucq.).

CANCELLARIA, Lamarck, 1799.

(= *Cancellarius* Montf. 1810 ; = *Buccinella* Perry ;
= *Plicaria* Fabr. 1823).

Cancellaria, *sensu stricto*. Type : *C. reticulata*, Lin. Viv.
(= *Euclia* H. et A. Adams 1853.)

Taille assez grande ; forme ovoïdo-conique ; tours réticulés. Ouverture ovale, dépourvue de canal antérieur, profondément échancrée à la base, avec un gros bourrelet aboutissant à l'échancrure ; labre finement costulé à l'intérieur, muni, du côté antérieur, d'une dénivellation peu profonde, qui rappelle le sinus des *Strombidæ ;* columelle presque droite, portant trois plis saillants, transverses, l'inférieur plus épais que les deux autres ; bord columellaire large et calleux.

Diagnose complétée d'après le type vivant.

Observ. — Je réunis *Euclia* à *Cancellaria*, car le type (*C. cassidiformis* Sow.) ne diffère que par son ornementation, tandis que tous les caractères essentiels sont identiques.

Rapp. et diff. — Il y a, chez les véritables *Cancellaria*, un caractère important sur lequel M. Jousseaume a appelé mon attention ; c'est l'existence, à la partie antérieure du contour du labre, d'une dépression ou dénivellation, formant un sinus latéral, comparable à celui des *Strombus*, quoique beaucoup moins profond ; or ce sinus n'existe pas chez *Bivetia*, ce qui permet de séparer facilement les espèces des deux Genres, indépendamment du canal, qui existe chez *Bivetia* et qui fait défaut chez *Cancellaria*.

(1) Cette dénomination fait double emploi avec un *C. neglecta*. Michelotti. 1861 ; je propose donc, pour l'espèce de Java : **B. Martini**, *nob.*

Répart. stratigr.

MIOCÈNE. — Deux espèces bien caractérisées, dans le Tertiaire de la Jamaïque : *C. lævescens* et *Barretti* Guppy, d'après les figures données par cet auteur; l'espèce-type dans le Texas, d'après M. Gilb. Harris ; autre espèce dans le Miocène de la Californie : *Euclia vetusta* Gabb, d'après la figure publiée par l'auteur.

PLIOCÈNE. — L'espèce-type dans la Caroline du Sud, d'après M. Dall ; autre espèce dans les couches attribuées au Pleistocène, en Californie : *Euclia tritonidea* Gabb, d'après la figure publiée par l'auteur.

ÉPOQUE ACTUELLE. — Nombreuses espèces dans le golfe du Mexique, les mers de Chine, la Polynésie, la Nouvelle-Galles du Sud, d'après le Manuel de Tryon.

SOLATIA, Jousseaume, 1888. Type : *C. piscatoria*, Gm. Viv.

Forme ovoïde et trapue : spire plus ou moins longue, quelquefois étagée, à galbe conique ; protoconche lisse, petite et saillante ; tours cancellés et subépineux ; base ombiliquée, avec un bourrelet très proéminent et assez étroit, garni de lamelles qui marquent les accroissements de l'échancrure. Ouverture généralement dilatée, avec une étroite gouttière dans l'angle inférieur, entaillée en avant par une échancrure profonde et peu large, à laquelle aboutit le bourrelet basal; labre oblique, un peu épaissi, lisse ou orné de filets internes, dépourvu de dénivellation sinueuse du côté antérieur ; columelle droite dans son ensemble, un peu excavée au milieu, portant deux plis obliques, peu visibles, enfoncés à l'intérieur, et un troisième pli confondu avec la torsion antérieure ; bord columellaire large et calleux, détaché de l'ombilic.

Diagnose refaite d'après un échantillon fossile de l'espèce-type, provenant de l'Astezan (Pl. I, fig. 3), coll. Bourdot ; vue de l'échancrure d'une espèce plésiotype : *C. Barjonæ* da Costa, du Tortonien du Portugal (Pl. I, fig. 15), ma coll.

Rapp. et diff. — Séparé, avec raison, de *Cancellaria*, ce Sous-Genre s'y rattache par son échancrure basale, et par la forme générale de la coquille ; mais il s'en écarte par ses plis columellaires, qui sont souvent très effacés, beaucoup moins transverses que ceux de *C. reticulata ;* en outre, au lieu d'être convexe par suite de la saillie de ses plis, la columelle est excavée entre eux, et, comme ils sont minces, ce creux paraît encore plus visible, quoique cependant la columelle ne soit pas réellement incurvée; son extrémité antérieure n'est pas déviée vers l'axe, elle se rejette, au contraire, vers l'extérieur, puis elle se termine en pointe sur le bord de l'échancrure. D'autre part, le labre est toujours dépourvu de la dénivellation strombique qui caractérise *Cancellaria s. s.* et *Narona;* enfin l'ombilic, généralement clos chez les véritables *Cancellaria*, est au contraire ouvert chez *Solatia*.

Répart. stratigr.

MIOCÈNE. — L'espèce plésiotype ci-dessus figurée, dans le Tortonien du Portugal, de Monte Gibbio et des Landes, ma coll. ; la même et une espèce voisine : *C. Westiana* Grat, dans le Tortonien de la Catalogne, d'après la monographie d'Almera et Bofill. Une espèce un peu aberrante, dans le Maryland : *C. lunata* Conr., ma coll.; une espèce probable dans le Miocène de Haïti : *C. epistomifera* Guppy, d'après la figure publiée par cet auteur.

PLIOCÈNE. — L'espèce-type dans l'Astezan, coll. Bourdot; autre espèce ou variété, dans le Plaisancien et l'Astien d'Italie : *C. hirta* Br., ma coll. Une espèce dans le Tertiaire de la Floride : *C. Conradiana*, d'après la Monographie de M. Dall.

ÉPOQUE ACTUELLE. — Trois espèces, d'après M. Jousseaume, sur la côte occidentale d'Afrique et au Japon, d'après le Manuel de Tryon.

TRIBIA, Jousseaume, 1888. Type : *C. Angasi*, Crosse. Viv.

Forme turriculée, étroite; spire assez longue, étagée; protoconche paucispirée, à nucléus saillant et dévié; tours cancellés ou épineux, bordés d'une large rampe au-dessus de la suture; base faiblement ombiliquée, avec un bourrelet médiocrement saillant, large et sublamelleux. Ouverture subtrigone, à peu près dépourvue de gouttière postérieure, terminée en avant par un bec étroit, peu profondément échancré, un peu rejeté en arrière, auquel aboutit le bourrelet basal; labre presque droit, en biseau, épaissi et paucicostulé à l'intérieur; columelle droite sur la plus grande partie de sa longueur, tordue ou infléchie à droite vers le bec antérieur, munie de deux ou trois plis minces, peu saillants et peu obliques; bord columellaire peu épais, un peu élargi en arrière, très étroit le long de la fente ombilicale qu'il recouvre incomplètement, terminé en pointe à la naissance du bec basal.

Diagnose refaite d'après un plésiotype fossile : *C. tribulus* Br., du Messinien d'Orciano (Pl. I, fig. 9), coll. de l'Ecole des Mines ; autre échantillon (Pl. I, fig. 10), ma coll.

Rapp. et diff. — La coquille ci-dessus décrite semble, à première vue, s'écarter considérablement du type de *Cancellaria;* cependant ce n'est, à mon avis, qu'un Sous-Genre, parce que plusieurs des caractères essentiels procèdent évidemment de ceux de ce Genre : d'abord l'échancrure, un peu moins profonde, il est vrai, que chez *C. Barjonæ*, et moins large que celle de *C. reticulata* ; ensuite la columelle, qui a bien l'inflexion antérieure et caractéristique des *Cancellaria* ; les plis sont peu saillants, comme chez *Solatia* ; l'ombilic est presque aussi clos que celui de *Cancellaria*, moins ouvert que celui de la plupart des *Solatia* ; enfin le bord columellaire est peu développé, et la gouttière inférieure de l'ouverture est à peu près nulle. Si l'on compare *Tribia* au Sous-Genre *Narona*, on trouve qu'il en diffère par ses plis, au nombre de trois, au lieu de deux, plus obliques ; par son bec plus court et moins échancré ; mais les autres caractères sont à peu près identiques, de sorte que la similitude des deux formes est très grande.

Répart. stratigr.

Miocène. — L'espèce plésiotype ou ses variétés : *C. uniangulata*, dans le Tortonien de Stazzano, d'après M. Sacco ; autre espèce dans le bassin de Vienne, *C. Dregeri* R. Hœrn., d'après la Monographie de MM. Hœrnes et Auinger. Une espèce bien caractérisée, dans la formation santacruzienne de Patagonie : *C. gracilis* Ihering, d'après la figure publiée par l'auteur.

Pliocène. — L'espèce plésiotype dans l'Astien du Piémont, d'après M. Sacco, et dans le Plaisancien de l'Italie centrale, ma coll., coll. de l'Ecole des Mines.

Époque actuelle. — Deux espèces : le type et une espèce méditerranéene, d'après M. Jousseaume.

MERICA, H. et A. Adams, 1853.

(= *Nevia* Jouss. 1888 ; = *Contortia*, Sacco 1894).

Merica, *s. str.* Type : *C. melanostoma*, Sow. (= *asperella* Lk.) Viv.

Taille assez grande ou moyenne ; forme ovoïde, oblongue ; spire assez longue, pointue, généralement étagée, à galbe conique ;

protoconche lisse, paucispirée, subglobuleuse, à nucléus obtus; tours cancellés, parfois presque lisses et éburniformes, à sutures profondes ou canaliculées, presque toujours munies d'une rampe à la partie inférieure; base imperforée, avec un bourrelet arrondi, dépourvu de lamelles. Ouverture ovale, assez large, avec une gouttière obsolète dans l'angle inférieur, terminée en avant par un bec assez large, peu profondément échancré, auquel aboutit le bourrelet basal; labre presque vertical, taillé en biseau, lisse ou très finement plissé à l'intérieur; columelle droite, à peine infléchie vers l'extérieur à son extrémité le long du bec antérieur, munie de trois plis obliques, minces et peu saillants, parfois entremêlés de rides; bord columellaire assez large, peu épais, recouvrant complètement la région ombilicale, à contour extérieur rectiligne, se terminant en pointe sur le bord du bec basal.

Diagnose rectifiée et complétée d'après deux espèces plésiotypes : l'une désignée par M. Jousseaume, *C. Basteroti* Desh., du Langhien de Pont-Pourquey, protoconche grossie (**Fig. 2** ci-contre), ma coll. ; l'autre, du Miocène de l'Australie du Sud, *C. wannoniensis* Tate (Pl. 1, fig. 7), ma coll.

Fig. 2. — Protoconche de *M. Basteroti*, Desh.

Rapp. et diff. — Intermédiaire entre les deux Sous-Familles *Cancellinæ* et *Trigonostominæ*, ce Genre se rattache à la première par sa columelle droite et infléchie vers l'extérieur à son extrémité, par son échancrure basale, quoique celle-ci soit moins profonde que chez *Cancellaria*, et que chez ses deux Sous-Genres *Solatia* et *Tribia*. *Merica* se distingue, en outre, par l'absence d'ombilic, par son bourrelet non lamelleux, par son labre plus vertical, par ses plis moins saillants que ceux de *Cancellaria*, mais mieux marqués que ceux de *Solatia*, etc.

Observ. — D'après la comparaison des deux diagnoses de M. Jousseaume, et si l'on fait abstraction de l'ornementation, *Nevia* est absolument synonyme de *Merica* : le type (*C. spirata* Lamk.) a beaucoup d'analogie avec certaines espèces que M. Jousseaume a lui-même désignées comme de vrais *Merica* (*C. Spengleriana* Desh., par exemple); il y a des *Merica* à peine costulés, et des *Nevia* qui ne sont pas absolument lisses, de sorte que, d'un groupe à l'autre, il y a des transitions graduelles : c'est ce qui démontre l'inutilité de cette nouvelle coupe.

Quant à *Contortia*, Sacco, que j'ai précédemment identifié avec *Babylonella* Conr., j'ai constaté que le type (*C. contorta* Bast.) est un *Merica* tout à fait typique ; il n'y a donc aucun motif pour admettre *Contortia* comme Sous-Genre distinct ; d'ailleurs, cette dénomination n'aurait pas pu être conservée, puisqu'elle fait un double emploi évident avec *Contorta* Mühl. 1841.

Répart. stratigr.

Oligocène. — Une espèce classée comme *Contortia*, dans le Tongrien du Piémont : *C. neglecta* Mich[ti]. d'après la Monographie de M. Sacco.

Miocène. — Plusieurs espèces, outre les deux plésiotypes ci-dessus cités, du Bordelais et de l'Australie du Sud, dans le bassin de Vienne : *C. Hebertana* M. Hœrn., *C. Saccoi* et *austriaca* R. Hœrn., d'après la Monographie de MM. Hœrnes et Auinger ; *C. taurofoveolata* Sacco, dans le Tortonien du Piémont ; *C. contorta* Bast., dans le Langhien du Bordelais et dans l'Helvétien de l'Anjou, coll. de l'École des Mines ; la même dans l'Helvétien du Piémont ; *C. dertocontorta* Sacco, dans le Tortonien du Piémont ; *C. tauropercostata* dans l'Helvétien, d'après la Monographie de M. Sacco ; une espèce dans les couches d'Edeghem : *C. exBellardii* Sacco, ma coll., coll. de l'École des Mines. Une espèce dans le Maryland et le New-Jersey, *C. alternata* Conr., d'après la Monographie de Whitfield.

Pliocène. — Une espèce bien caractérisée, dans le Plaisancien et l'Astien du Piémont et de la Sicile : *C. Altavillæ* Libassi, d'après M. Sacco. L'espèce-type à Karikal, coll. Bonnet, et dans les couches supérieures de Java, d'après M. Martin, avec une autre espèce nouvelle : *C. Verbeeki* Mart.

Époque actuelle. — Nombreuses espèces dans toutes les mers, *fide* Adams et Jousseaume.

Scalptia, Jousseaume, 1888. Type : *C. obliquata*, Lamk. Viv.

Taille moyenne ; forme ovoïde, plutôt ventrue ; spire assez courte, subétagée ; protoconche lisse, globuleuse, paucispirée, à nucléus petit, un peu saillant ; tours cancellés, canaliculés près de la suture ; base étroitement ombiliquée, avec un bourrelet peu saillant, parfois sublamelleux. Ouverture subtrigone, élargie au milieu, munie en arrière de deux gouttières divergentes, que sépare un renflement arrondi, terminée en avant par un bec excessivement court et à peine échancré, auquel aboutit le bourrelet basal ; labre à peine incliné en profil, dilaté de face en courbe arrondie, taillé en biseau, épais et costulé à l'intérieur ; columelle droite, à peine infléchie à l'extérieur, à son extrémité, munie de trois plis obliques, les deux postérieurs égaux, assez saillants, l'antérieur souvent confondu avec la torsion de la columelle ; bord columellaire assez épais, ridé, détaché de l'ombilic.

Diagnose complétée d'après une espèce vivante typique : *C. crenifera* Sow., ma coll. ; et d'après des plésiotypes du Tortonien de Stazzano : *S. dertoscalata* Sacco (Pl. I, fig. 8), coll. du Musée de Turin, communiqués par M. Sacco.

Rapp. et diff. — *Scalptia* diffère de *Merica* par quelques caractères qui justifient la séparation d'une Section, mais pas davantage : d'abord l'existence d'une double gouttière dans l'angle inférieur de l'ouverture, conséquence de sa forme subtrigone ; ensuite l'échancrure basale, qui est encore un peu moins profonde, et l'ombilic qui n'est pas clos ; enfin les plis, qui sont plus transverses, plus épais, plus égaux. Chez les individus adultes, l'inflexion columellaire et l'échancrure basale ont une tendance à s'atténuer, de sorte qu'on pourrait penser que ce sont des *Trigonostominæ* ; cependant leur columelle n'est jamais aussi nettement déviée vers la gauche que chez *Gulia*, par exemple, et ils conservent toujours une légère sinuosité sur le contour supérieur de l'ouverture ; enfin leur ombilic est beaucoup moins largement ouvert.

Répart. stratigr.

Miocène. — L'espèce plésiotype ci-dessus décrite, avec quelques variétés, dans le Tortonien du Piémont et de l'Italie centrale, d'après M. Sacco et coll. de l'Ecole des Mines ; autre espèce (classée comme *Gulia* par M. Jousseaume), dans le Langhien du Bordelais : *C. Deshayesi* Desm., ma coll.

Époque actuelle. — Nombreuses espèces dans l'Océan Indien, la Polynésie, les mers de Chine, la mer Rouge, d'après M. Jousseaume et d'après le Manuel de Tryon.

Gergovia ([1]), *nov. sect.* Type : *C. platypleura*, Tate. Eoc.

Taille petite ; forme ventrue, ovoïdo-conique ; spire un peu allongée, étagée, à galbe légèrement conoïdal ; protoconche lisse,

([1]) N'ayant pu dédier cette section nouvelle au Dr Jousseaume, dont le nom a déjà été employé en histoire naturelle, je choisis le nom de la rue habitée, dans Paris, par notre savant confrère.

paucispirée, globuleuse, à nucléus en goutte de suif; tours plans, munis à la suture d'une profonde et large rainure, canaliculée, crénelée par des côtes aplaties ou obsolètes, que traversent des filets spiraux; base arrondie, perforée par une fente ombilicale assez étroite, que circonscrit un gros bourrelet arrondi. Ouverture ovale, assez large à la partie inférieure, où elle paraît dépourvue de gouttière, terminée en avant par un bec étroit et échancré, auquel aboutit le bourrelet basal; labre mince, un peu oblique, intérieurement muni de costules peu nombreuses, qui commencent à une certaine distance du bord et se prolongent à l'intérieur; columelle presque droite, légèrement infléchie vers l'extérieur à la naissance du bec, munie de deux plis médians, égaux et transverses; bord columellaire nul en arrière, où le péristome est interrompu, étroit et détaché de l'ombilic du côté antérieur, se raccordant au contour supérieur de l'échancrure.

Diagnose faite d'après un échantillon de l'espèce-type de Muddy Creek (Pl. I, fig. 6), ma coll.

Rapp. et diff. — Par ses deux plis columellaires, par sa forme générale et par sa fente ombilicale, cette petite coquille a certainement des points de ressemblance avec un autre Genre éocénique que l'on trouvera ci-après, *Svelletla*; mais elle s'en distingue essentiellement par son bec échancré et par son bourrelet basal, par l'absence de varices et par sa rampe suturale. C'est une forme bien distincte, que je crois plutôt proche de *Merica*, dans le voisinage de *Scalptia*, près de qui je la place, à titre de nouvelle Section du même Genre *Merica*.

Répart. stratigr.

Eocene. — L'espèce-type dans l'Australie du Sud, ma coll.

Aphera, H. et A. Adams, 1853. Type : *C. tessellata*, Sow. Viv.

Test épais. Taille moyenne; forme olivoïde; spire courte, à galbe conoïdal; protoconche lisse, paucispirée, petite, non globuleuse; tours un peu convexes, à sutures profondes, non canaliculées, ornés de plis obliques d'accroissement, cancellés ou plutôt décussés, ponctués dans les intervalles par des sillons spiraux; dernier tour très grand, ovale, à base imperforée, presque dépourvue de bourrelet, avec un léger renflement sur le cou. Ouverture semilunaire, munie en arrière d'une étroite gouttière, terminée en avant par une échancrure large et peu profonde; labre un peu incliné, antécurrent vers la suture, épais, crénelé ou costulé à l'intérieur; columelle un peu excavée en arrière, un peu infléchie à droite du côté antérieur, munie de deux ou trois plis épais, obliques, les deux postérieurs plus saillants, l'antérieur disparaissant parfois ou se confondant avec l'inflexion de la columelle; bord columellaire épais, calleux, largement étendu sur la base et quelquefois chagriné en arrière, se raccordant en avant avec le contour supérieur de la sinuosité basale.

Diagnose refaite d'après un plésiotype de l'Helvétien du Piémont : *C. Bronni* Bell. (Pl. I, fig. 11), coll. du Musée de Turin.

Rapp. et diff. — Les différences entre cette coupe et *Merica* n'ont, à mon avis, qu'une importance sous-générique : outre la forme générale de la coquille, il y a le développement du bord columellaire, la diminution de l'échancrure basale, l'embryon moins développé, l'absence presque totale de bourrelet basal, enfin l'inclinaison du labre. M. Sacco, qui a classé, avec raison, le plésiotype ci-dessus décrit, dans le groupe *Aphera* (mais en attribuant à ce groupe une valeur générique), y rapporte également une coquille qu'on trouvera ci-après dans un nouveau Sous-Genre : *C. Dufouri* Grat. La figure qu'il en donne (Pl. III, fig. 76) me paraît être simplement une variété de *C. Bronni*, et elle diffère complètement de l'espèce de Grateloup, principalement par l'absence de rampe suturale et par son échancrure basale.

Répart. stratigr.

Miocène. — Le plésiotype et ses variétés, dans l'Helvétien des environs de Turin; autre espèce dans ces mêmes gisements : *A. ovatocrassa* Sacco, d'après la figure publiée par cet auteur.

Epoque actuelle. — Le type sur les côtes occidentales de l'Amérique centrale, d'après le Manuel de Tryon, coll. de l'Ecole des Mines.

BROCCHINIA, Jousseaume, 1888.

BROCCHINIA, *sensu stricto*. Type : *C. mitræformis*, Br. Plioc.

Taille petite ; forme étroite, turriculée ; spire longue, non étagée, à galbe conique ; protoconche lisse, paucispirée ; tours convexes en avant, déprimés en arrière vers la suture, ornés de filets spiraux, obtusément costulés sur leur convexité ; dernier tour très court, arrondi à la base qui est complètement imperforée et dépourvue de bourrelet. Ouverture ovale, petite, avec une étroite gouttière dans l'angle inférieur, terminée en avant par un bec un peu contourné, large et peu profondément échancré sur son contour supérieur ; labre oblique, un peu courbe, faiblement épaissi, costulé à l'intérieur ; columelle droite, faisant un angle de 130° avec la base de l'avant-dernier tour, infléchie vers la droite à son extrémité antérieure, où elle disparaît sans se prolonger jusqu'au bord du bec ; deux plis transverses, peu saillants, plus une torsion antérieure pliciforme ; bord columellaire étroit, un peu calleux, à contour sinueux, se raccordant avec le bec antérieur.

Diagnose refaite d'après des échantillons de l'espèce-type, du Plaisancien de Bologne (Pl. I, fig. 22), ma coll.

Observ. — Le classement de cette coquille est embarrassant : par son test épais, par son bord columellaire calleux, par son bec échancré et par sa columelle infléchie à droite, elle appartient évidemment à la Sous-Famille *Cancellarinæ ;* mais, comme elle n'a pas de bourrelet, elle se rapproche de *Sveltia*, quoiqu'elle n'y ressemble ni par sa forme, ni par son ornementation. Même sa protoconche, qui a la forme d'un dé cylindrique avec un nucléus très petit et saillant (**Fig.** 3 ci-contre), a un aspect tout particulier, et contribue encore à augmenter l'ambiguïté de ses caractères. Si l'on ne tenait pas compte de sa columelle plissée, ni de son bec peu échancré, qui n'est pas un véritable canal, on pourrait presque la confondre avec certains *Siphonalia* du groupe *Coptochetus ;* mais, outre ces différences, elle n'a pas l'embryon dévié des espèces de ce Genre.

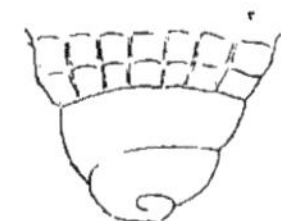
FIG. 3. — *Brocchinia mitræformis*, Brocchi.

Brocchinia

Répart. stratigr.

Eocène. — Une petite espèce douteuse dans l'Australie du Sud et la Tasmanie : *C. Etheridgei* Johnst, ma coll.

Miocène. — L'espèce-type et ses variétés, ainsi qu'une espèce voisine : *B. crassinodosa* Sacco, dans le Tortonien du Piémont, d'après la Monographie de M. Sacco; la même dans le Tortonien du Bordelais, coll. de l'École des Mines, et dans le Tortonien de la Bretagne, ma coll.; la même et une espèce voisine : *C. bicarinata* Hœrn., dans le bassin de Vienne, d'après la Monographie de MM. Hœrnes et Auinger.

Pliocène. — L'espèce-type dans le Plaisancien des Alpes-Maritimes et d'Italie, ma coll.; la même dans le Crag d'Angleterre avec une espèce probable : *C. avara* Say, d'après la Monographie de S. Wood. Une espèce nouvelle dans le Cotentin, à Gourbesville : **B. rissoiæformis** *nob.* (voir l'annexe ci-après, Pl. II, fig. 15), ma coll.

SVELTIA, Jousseaume, 1888.

Sveltia, *sensu stricto*. Type : *C. varicosa*, Br. Plioc.

Taille assez grande; forme turriculée; spire allongée, à galbe conique; procotonche lisse, paucispirée, turbinée, à nucléus petit et obtus; tours convexes, subanguleux, à sutures profondes, non canaliculées, ornés de costules axiales et de filets spiraux plus ou moins fins, avec de courtes épines à l'intersection de l'angle et des costules; base non ombiliquée, à peu près complètement dépourvue de bourrelet. Ouverture ovale, presque sans gouttière dans l'angle inférieur, terminée en avant par une échancrure à peine visible; labre un peu oblique, taillé en biseau, épaissi et costulé à l'intérieur, à quelque distance du bord; columelle un peu excavée, faiblement déviée et rejetée à l'extérieur vers son extrémité, munie de deux ou trois plis, l'antérieur bien distinct sur quelques individus très adultes; bord columellaire calleux, conservant la même largeur sur presque toute son étendue.

Diagnose refaite d'après un échantillon de l'espèce-type du Plaisancien de Castell'Arquato (Pl. I, fig. 19-20), ma coll.

Observ. — Le classement de ce Genre est difficile, parce qu'il a des caractères intermédiaires entre les *Caucellarinæ* et les *Trigonostominæ*;

sa columelle est déjà un peu incurvée, mais elle ne s'infléchit pas vers l'axe, comme celle de *Trigonostoma*; en outre, son ouverture n'est pas trigone. D'autre part, M. Jousseaume indique qu'elle porte deux plis, tandis que j'ai constaté, chez quelques individus de l'espèce-type, un troisième pli antérieur, bien distinct de la torsion columellaire. Enfin l'échancrure est tellement peu indiquée, à la base de l'ouverture, que *Sveltia* se rattache plutôt, à ce point de vue, aux formes suivantes; toutefois la base ne porte qu'un indice de bourrelet. Aussi ai-je, en définitive, placé *Sveltia* dans les *Cancellarinæ*.

Rapp. et diff. — On distingue ce genre de *Narona*, qui a presque la même forme en apparence, par son échancrure beaucoup moins profonde et par sa columelle un peu excavée, par l'absence de bourrelet sur la base, et de gouttière dans l'angle inférieur de l'ouverture.

Répart. stratigr.

Eocene. — Une espèce typique, dans le Claibornien des Etats-Unis: *C. alveata* Conr., ma coll.

Oligocene. — Une espèce dans le Tongrien du Piémont: *C. oblita* Michti, d'après M. Sacco; autre espèce douteuse, dans le Stampien des environs de Paris: *C. Baylei* Bez., ma coll.

Miocene. — L'espèce-type dans le Tortonien du Portugal, du Bassin de Vienne et de l'Italie centrale, ma coll.; plusieurs autres espèces dans l'Helvétien et le Tortonien du Piémont: *C. miocænica* Doderl. *C. parvoturrita*, *dertoscalata* Sacco, *C. Taurinia* et *intermedia* Bell., d'après la Monographie de M. Sacco; dans le Bassin de Vienne: *C. inermis* Pusch, *C. Suessi* R. Hœrn., d'après la Monographie de MM. Hœrnes et Auinger; dans le Tortonien de la Catalogne: *C. cf. inermis*, d'après MM. Almera et Bofill; une espèce dans les couches d'Edeghem en Belgique: *C. Lajonkairei* Nyst, ma coll. Une nouvelle petite espèce dans le Tortonien de Saubrigues: **S. colpodes** *nob.* (Voir l'annexe ci-après, Pl. II, fig. 18-19).

Pliocene. — Le type dans le Plaisancien de Toscane et de Bologne, ma coll.; la même espèce dans le Plaisancien de la Catalogne, d'après MM. Almera et Bofill; plusieurs variétés de *C. intermedia* Bell. et du type, dans le Plaisancien du Piémont, d'après la Monographie de M. Sacco.

Calcarata, Jousseaume, 1888. Type: *C. calcarata*, Br. Plioc.

Taille assez grande; forme étroite, turriculée; spire longue, à galbe conique; protoconche lisse, turbinée, un peu déviée; tours carénés, épineux, faiblement cancellés; base perforée par un ombilic plus ou moins ouvert, circonscrit par un bourrelet assez saillant, sur lequel les côtes forment des épines ou des lamelles rugueuses. Ouverture ovale ou subtrigone, avec une seule gouttière obsolète dans l'angle inférieur, terminée en avant par un bec plus ou moins aigu, très faiblement échancré ; labre un peu oblique, épaissi par la dernière côte, muni de minces filets à l'intérieur; columelle droite, presque sans inflexion à son extrémité antérieure, avec trois plis, celui du milieu plus oblique que les deux autres; bord columellaire assez épais, peu étalé, se raccordant en avant avec le bec basal.

Diagnose refaite d'après un échantillon de l'espèce-type du Plaisancien de Sienne (Pl. I, fig. 4), coll. Bourdot ; et d'après un plésiotype du Plaisancien de Biot, dans les Alpes-Maritimes : *C. lyrata* Br. (Pl. I, fig. 5), ma coll.

Rapp. et diff. — Outre la différence de forme, qui est réellement importante, le Sous-Genre *Calcarata* se distingue de *Merica* et de *Scalptia* : par la disposition de ses plis columellaires, dont le médian est le plus oblique ; par sa columelle encore moins infléchie du côté antérieur ; par son échancrure extrêmement faible, surtout à l'âge adulte ; par sa protoconche moins globuleuse, à nucléus embryonnaire plus petit. En outre, si on le compare à *Scalptia*, on trouve qu'il n'a qu'une seule gouttière postérieure, et que son labre est moins dilaté au milieu ; enfin le labre est un peu plus oblique que chez *Merica*.

J'ai placé *Calcarata* dans le genre *Sveltia*, qui a presque la même forme, avec une ornementation différente ; il est vrai que sa base est plus largement ombiliquée et munie d'un bourrelet plus saillant; mais l'échancrure de l'ouverture est aussi faible que celle de *Sveltia*, et sa protoconche est à peu près pareille.

D'autre part, il est incontestable que *Calcarata* a de nombreuses analogies avec *Trigonostoma* : si on compare les individus adultes, on trouve que leur columelle n'a presque plus aucune déviation vers la droite, et que leur échancrure se réduit à une bien faible sinuosité du contour supérieur ; néanmoins il n'y a pas identité complète entre les deux formes, on peut donc encore admettre, à la rigueur, que ces individus appartiennent à la Sous-Famille *Cancellinæ*, avec une oblitération — due à leur âge — des caractères des échantillons plus jeunes, pour lesquels le doute n'est pas possible. Il résulte de ce fait que, pour la comparaison et le classement des Genres des Gastropodes, il n'est pas plus sûr de prendre des exemplaires très âgés que des exemplaires trop jeunes.

Répart. stratigr.

MIOCÈNE. — L'espèce-type dans le Tortonien du Portugal et du Piémont, ma coll.; dans le bassin de la Vienne : le plésiotype, ma coll., et l'espèce-type, d'après la Monographie de MM. Hœrnes et Auinger.

PLIOCÈNE. — L'espèce-type dans le Plaisancien des Alpes-Maritimes et d'Italie, ma coll., coll. Bourdot; le plésiotype ci-dessus figuré, dans le Plaisancien de la Catalogne, des Alpes-Maritimes et d'Italie, ma coll.; dans le Plaisancien de la Catalogne : variétés du type, *C. quadrulata*, et du plésiotype, *C. angusta* Almera et Bofill, d'après la Monographie de ces auteurs.

ANEURYSTOMA (1), *nov. subgenus*. Type : *C. Dufouri*, Grat. Mioc.

Taille au-dessous de la moyenne; forme ovale, auriculaire; spire courte, étagée, à galbe un peu conoïdal; protoconche lisse, déprimée, paucispirée, à nucléus petit et obtus; tours à peine convexes, munis d'une étroite rampe aplatie près de la suture, élégamment cancellés, dépourvus de varices; dernier tour très grand par rapport à la spire, ovoïde à la base qui porte une étroite fente ombilicale, bordée par un mince cordon crénelé. Ouverture dilatée, ovale, versante et dépourvue de gouttière à sa partie inférieure, à peine anguleuse à son extrémité antérieure, sans aucun bec ni aucune échancrure; labre assez mince, oblique, un peu incurvé en profil, largement développé, lacinié sur son contour, et costulé à l'intérieur, à une certaine distance du bord; columelle un peu excavée au milieu, faiblement infléchie vers la droite à son extrémité antérieure, munie de trois plis obliques, inégaux et inéquidistants, les deux antérieurs plus rapprochés; bord columellaire peu épais, très largement étalé sur la base dans sa région inférieure, étroit et détaché de la fente ombilicale, se terminant en pointe à l'angle supérieur.

Diagnose faite d'après un échantillon de l'espèce-type, provenant du Tortonien de Saubrigues (Pl. I, fig. 23-24), ma coll.

Rapp. et diff. — Ce nouveau Sous-Genre doit être évidemment placé dans le voisinage de *Sveltia;* car, si l'on compare les deux diagnoses, on

(1) Ανευρυς, dilaté; στομα, bouche.

trouve qu'elles ne diffèrent que par des caractères d'une importance sous-générique, tels que la forme, l'ornementation, l'ombilic, la disposition des plis ; mais la protoconche, la courbe de la columelle, l'inclinaison du labre, l'extrémité antérieure de l'ouverture, sont tout à fait semblables ; l'absence d'une gouttière inférieure, la présence d'un bourrelet rudimentaire, sont également des indices d'une grande affinité entre ces deux formes, malgré leur aspect extérieur tout à fait différent. M. Sacco, dans sa grande Monographie, a proposé de classer *C. Dufouri* dans le Sous-Genre *Aphera*, bien que ce dernier ait pour type une coquille échancrée à la base, à columelle très calleuse, munie de deux plis principaux et de plis secondaires, avec un labre très épais et crénelé à l'intérieur ; bref, il n'y a, selon moi, aucune ressemblance entre *Aphera tessellata* et *Ancur. Dufouri*.

Répart. stratigr.

Eocene. — Une espèce bien caractérisée dans le Sud de l'Australie : *C. gradata* Tate (*non* Hœrnes) (¹), ma coll. ; une espèce dans le Claibornien des Etats-Unis : *C. dictyella* Cossm., ma coll.

Miocene. — L'espèce-type dans le Tortonien des Landes, ma coll. et dans le bassin de Vienne, d'après M. R. Hœrnes.

★

TRIGONOSTOMA, Blainville 1826.

Trigonostoma, *sensu stricto*. Type : *C. trigonostoma*, Desh. Viv.

Taille moyenne ou assez grande ; forme turriculée ; spire disjointe ou très étagée, à galbe conique ; protoconche lisse, paucispirée, formant un petit bouton arrondi et obtus ; tours carénés, avec une large rampe lisse et excavée au-dessus de la suture, cancellés sur leur région antérieure ; base très largement ombiliquée, avec une carène plissée, aboutissant au bec antérieur. Ouverture complètement trigone, munie d'une gouttière non échancrée à l'angle inférieur et à son extrémité antérieure ; labre vertical, taillé en biseau, costulé à l'intérieur ; bord columellaire légèrement concave, à peine infléchi vers l'axe en avant, muni de trois plis dont deux assez saillants et enfoncés, l'antérieur souvent très

(¹) Il y a lieu de corriger ce double emploi ; je propose donc : **A. Tatei**, *nob* effacé chez les individus adultes ; bord columellaire étroit, épais, lisse, faisant un angle à son point de jonction avec le bec antérieur.

Diagnose refaite d'après le type vivant, et d'après un plésiotype de l'Eocène de Claiborne : *C. impressa* Conr. (Pl. I, fig. 25), ma coll. ; protoconche grossie de la même espèce (**Fig. 4** ci-contre) ; autre plésiotype de l'Astezan : *C. umbilicaris* Br. (Pl. II, fig. 1-2), coll. du Musée géol. de Turin, communiqué par M. Sacco ; vue en plan d'une autre espèce de l'Astezan : *C. scabra* (Pl. I, fig. 13), coll. de l'Ecole des Mines.

FIG. 4. — *Trigonostoma impressum* Conr.

Rapp. et diff. — Ce n'est pas seulement par sa forme étagée, scalaroïde, ou par son ouverture trigone, que ce Genre se distingue des *Cancellinæ* ; mais c'est surtout par l'inflexion de la columelle, qui est creuse au milieu, et qui se dévie à son extrémité antérieure vers l'axe de la coquille, au lieu de se rejeter plus ou moins visiblement à l'extérieur, comme cela a lieu chez les coquilles de la précédente Sous-Famille. En outre, bien qu'il y ait un bec à la base de l'ouverture, celle-ci n'est nullement échancrée, de sorte que ses deux bords se joignent sans former aucune sinuosité appréciable, quand on regarde la coquille en plan du côté de la base. D'autre part, l'ombilic étant très largement ouvert en entonnoir, n'est pas circonscrit par un bourrelet, mais par une carène ou crête plus ou moins tranchante, sur laquelle les côtes axiales découpent des crénelures en chevrons, parfois très saillantes, ou même subépineuses. Les plis de la columelle sont au nombre de trois, minces et obliques ; ils sont profondément situés, et on ne les aperçoit bien qu'en sondant l'intérieur de l'ouverture ; celui du haut, quand il n'est pas oblitéré par l'âge, est toujours distinct de la torsion de la columelle.

Répart. stratigr.

ÉOCÈNE. — Plusieurs espèces dans le Claibornien de l'Alabama : *C. babylonica* Lea, *C. gemmata* et *impressa* Conr., *C. propegemmata* de Greg., ma coll.

OLIGOCÈNE. — Une espèce douteuse dans le Tongrien du Piémont (*fide* Sacco).

MIOCÈNE. — Plusieurs espèces dans le Tortonien des Landes : *C. spinifera* Grat., ma coll., *C. umbilicaris* Br., coll. Bourdot ; dans le Tortonien du Piémont et du Bassin de Vienne : *C. gradata* et *Michelini* Bell., *C. subacuminata* d'Orb., *C. canaliculata* Hœrn. *C. Schrokingeri* et *hidasensis* R. Hœrn., d'après les Monographies de MM. Sacco et R. Hœrnes ; l'une d'elles : *C. canaliculata*, dans les couches d'Edeghem, coll. Bourdot; une variété de *C. gradata* dans le Tortonien de la Catalogne: *C. Masferreri* Alm. et Bof., d'après la Monographie de MM. Almera et Bofill.

Pliocene. — Plusieurs espèces dans le Plaisancien d'Italie : *C. umbilicaris* Br., *C. Bellardii* de Stef., *C. scabra* Desh., *C. ampullacea* Br., d'après la Monographie de M. Sacco; cette dernière espèce, et une autre, voisine de *C. spinifera : C. foveata* Alm. et Bof., dans le Plaisancien de la Catalogne, d'après la Monographie de MM. Almera et Bofill. Une espèce dans le Pliocène des Etats-Unis: *C. sericea* Dall, d'après l'étude de cet auteur sur le Tertiaire de la Floride. Deux espèces bien caractérisées, dans les couches récentes de Java : *C. tjibaliungensis* Mart. et *C. crispata* Sow., d'après la Monographie de M. Martin ; cette dernière dans le Pliocène de Karikal, coll. Bonnet.

Epoque actuelle. — Quatre espèces, outre le type, à Ceylan, à la Nouvelle-Guinée, sur les côtes de l'Amérique centrale, d'après M. Jousseaume et d'après le Manuel de Tryon.

Ventrilia, Jousseaume 1888. Type: *V. ventrilia*, Jouss. Viv.

(= *Gulia*, Jouss. 1888).

Taille grande; forme ventrue, ovoïde; spire étagée, largement canaliculée à la suture, à galbe conique; protoconche petite, globuleuse, lisse, paucispirée, à nucléus un peu dévié; tours cancellés, avec une rampe postérieure fortement crénelée; base plus ou moins largement ombiliquée, portant un large bourrelet arrondi. Ouverture subtrigone, avec une gouttière étroite et profonde dans l'angle inférieur de gauche, terminée en avant par un angle arrondi, sans canal ni échancrure; contour supérieur à peine sinueux au point où aboutit le bourrelet basal; labre assez épais, lisse à l'intérieur, ou muni de nombreux filets minces et parallèles, très obliquement incliné à gauche de l'axe, du côté antérieur ; columelle très concave, portant deux plis très obliques et peu saillants, une torsion antérieure rudimentaire remplace le troisième pli; bord columellaire très large et très épais, détaché de l'ombilic, portant quelquefois des rides obsolètes, à la place du pli antérieur.

Diagnose refaite d'après un plésiotype du Burdigalien de Léognan : *C. acutangula* Faujas (Pl. I, fig. 12 et 14), ma coll.

Observ. — La description ci-dessus, faite d'après un échantillon de l'espèce-type du Genre *Gulia* Jouss., ne diffère de la diagnose du Genre *Ventrilia*, que par des nuances d'une valeur purement spécifique ; ces différences ne portent que sur la forme et l'ornementation de la coquille, sur l'existence ou l'absence de plis à l'intérieur du labre, — et cela tient souvent à l'âge des individus qu'on étudie. Dans ces conditions, il me paraît évident qu'il y a eu, de la part de l'auteur de ces deux Genres, une superfétation de nomenclature, qui est peut-être due à ce que le premier (*Gulia*) a été uniquement créé pour des espèces fossiles, tandis que l'autre (*Ventrilia*) ne comprend que des coquilles vivantes : or il est notoire que la fossilisation comporte une modification du test, qui a généralement de l'influence sur quelques caractères d'importance secondaire. Je n'hésite donc pas à considérer ces deux Genres comme synonymes ; mais j'aurais préféré, si cela eût été possible, sans violer les règles de priorité, conserver *Gulia*, plutôt que *Ventrilia*, qui est précisément le nom de l'espèce-type.

Rapp. et diff. — La coquille adulte de *Ventrilia* se distingue de *Cancellaria* : par l'absence complète d'échancrure sur le contour supérieur de l'ouverture, qui est à peine entaillée dans le jeune âge ; par sa columelle incurvée, munie de plis obliques, se réduisant généralement à deux ; en outre, l'ombilic est plus ouvert, le bord columellaire est bien plus largement étalé sur la base ; enfin l'ouverture est, dans son ensemble, plus trigone. D'autre part, *Ventrilia* se distingue de *Trigonostoma*, — qui est de la même Sous-Famille, — par son ombilic moins large et par son bourrelet moins caréné, par sa columelle encore plus incurvée, par ses plis columellaires moins saillants et ordinairement moins nombreux ; mais il y a, surtout en ce qui concerne les plis columellaires, des espèces intermédiaires qu'il est bien difficile de classer dans une de ces subdivisions plutôt que dans l'autre, de sorte qu'à mon avis *Ventrilia* ne doit être pris que comme une Section de *Trigonostoma* ; peut-être même eût-il été préférable de ne pas l'en séparer, et, en tous cas, il est d'autant moins admissible de subdiviser encore *Ventrilia* et de conserver *Gulia*.

Répart. stratigr.

Eocene. — Une espèce globuleuse, à large ombilic et à deux plis, dans l'Australie : *C. calvulata* Tate, ma coll.

Miocene. — Le plésiotype (*C. acutangula*) dans le Burdigalien de l'Aquitaine, ma coll., dans l'Helvétien de l'Anjou, coll. Dumas, dans le Tortonien du Piémont (*fide* Sacco); une espèce voisine, dans le Bassin de Vienne : *C. Puschi* R. Hœrn., d'après la Monographie de MM. Hœrnes et Auinger. Plusieurs autres espèces dans le Burdigalien de l'Aquitaine : *C. Geslini* Bast., ma coll., *C. trochlearis*, coll. Dumas ; dans le Tortonien du Comtat Venaissin : *C. druentica*, *Gaudryi* et *Deydieri* Fontannes, d'après les figures données par l'auteur ; autre espèce : *C. scrobiculata* Hœrn., dans le bassin de Vienne (*fide* R. Hœrnes), et dans le Tortonien d'Italie, ma coll.

Pliocène. — Une espèce bien caractérisée dans l'Astien d'Italie : *C. cassidea* Br., coll. de l'Ecole des Mines. Plusieurs espèces dans la Caroline du Sud : *C. tenera* Phil., *C. subthomasiæ* Dall, d'après la Monographie de cet auteur sur le Tertiaire de la Floride. Une espèce probable aux Açores : *C. parcestriata* Bronn, d'après la figure donnée par M. Mayer-Eymar.

Epoque actuelle. — Cinq ou six espèces, sur les côtes d'Amérique et aux Philippines, d'après M. Jousseaume.

Ovilia, Jousseaume, 1888. Type : *C. doliolaris*, Bast. Mioc.

Taille moyenne ; forme globuleuse, presque sphérique ou piroïde ; spire très courte, le dernier tour formant toute la coquille, ornée de costules ou de rubans spiraux, et décussée par des stries d'accroissement ; protoconche lisse, petite, paucispirée, à nucléus un peu saillant ; tours peu nombreux, cerclés, à sutures canaliculées ; dernier tour très ventru, orné comme la spire, jusque sur la base qui est largement ombiliquée à l'âge adulte, avec un gros bourrelet arrondi, non lamelleux, mais plissé. Ouverture large, piriforme, avec une gouttière échancrant le péristome, dans l'angle inférieur, terminée en avant par un bec étroit, recourbé, et entaillé par une échancrure assez profonde, quand la coquille a atteint sa taille définitive ; labre dilaté, arrondi, lacinié à l'intérieur ; columelle excavée, munie de deux plis peu visibles et très enfoncés à l'intérieur ; bord columellaire mince et largement étalé en arrière, formant en avant une étroite lamelle détachée de l'ombilic.

Diagnose refaite d'après un échantillon de l'espèce-type, du Burdigalien de Saucats (Pl. II, fig. 4-5), coll. de l'Ecole des Mines.

Rapp. et diff. — Il y a de réelles différences entre ce Sous-Genre et les autres Sections du Genre *Trigonostoma* : d'abord la forme dolioïde de la coquille, son labre arrondi et son ouverture piriforme, parfois échancrée en avant; l'ornementation non cancellée est aussi un caractère distinctif, dont il y a lieu de tenir compté dans une certaine mesure. Les plis ressemblent beaucoup à ceux de *Ventrilia*, et l'ombilic est aussi largement ouvert que chez les *Trigonostoma* typiques. Malgré l'échancrure adventive de la base, je n'hésite pas à classer ce Sous-Genre dans la Sous-Famille *Trigonostominæ*, à cause de l'inclinaison de la columelle vers l'axe; en effet, l'échancrure est entaillée aux dépens du bourrelet basal, et elle ne commence à se contourner qu'au-delà de l'extrémité de la columelle, sans modifier son inclinaison typique.

Répart. stratigr.

MIOCÈNE. — L'espèce-type dans le Burdigalien de l'Aquitaine, coll. de l'Ecole des Mines, ma coll.; la même (var. *umbilicina* Sacco) dans l'Helvétien du Piémont, coll. du Musée géol. de Turin; autre espèce presque lisse, dans l'Helvétien du Piémont: *C. Bernardi* Mayer, d'après la Monographie de M. Sacco.

EPOQUE ACTUELLE. — Deux espèces (dont une à columelle triplissée?), sur les côtes du Pérou, d'après M. Jousseaume.

SVELTELLA, Cossmann, 1889.

SVELTELLA, *sensu stricto*. Type: *C. quantula*, Desh. Eoc.

Taille très petite; forme turriculée, étroite, fusoïde; spire longue, à galbe conique; protoconche lisse, petite, paucispirée, à nucléus obtus; tours convexes, non étagés, variqueux, cancellés; base ovale, atténuée, avec une fente ombilicale très étroite, non bordée par un bourrelet. Ouverture subtrigone, munie d'une gouttière peu apparente dans l'angle inférieur, terminée en avant par un bec court, pointu, sans échancrure sur son contour supérieur; labre épaissi par une faible varice, un peu sinueux et excavé en arrière, crénelé à l'intérieur; columelle à peu près droite, non infléchie en avant, se raccordant en courbe avec le contour supérieur du bec, munie de deux plis transverses et très rapprochés, au milieu de sa hauteur, sans aucune apparence d'un troisième pli antérieur; bord columellaire étroit, presque nul en arrière, détaché de la fente ombilicale en avant.

Diagnose faite d'après un échantillon de l'espèce-type, du Calcaire grossier de Parnes (Pl. I, fig. 21), coll. Bourdot.

Rapp. et diff. — Ce Genre se distingue de *Sveltia* par sa petite taille, par son ouverture subtrigone, plus pointue et encore moins échancrée à la base, par ses plis columellaires transverses et médians, par ses varices obsolètes et par sa fente ombilicale. On ne peut le rapprocher de *Trigonostoma*, à cause de sa forme non étagée, de l'absence d'ombilic et de bourrelet basal. D'autre part, il est facile de le distinguer, à première vue, des *Uxia* qui se trouvent dans les mêmes gisements, à cause de sa plication et de l'absence d'échancrure basale. Dans ces conditions, *Sveltella* est un Genre bien distinct, et non pas seulement une Section, comme je le croyais d'abord, quand je l'ai instituée, en 1889, dans le 4e fascicule de mon « Catalogue illustré » (p. 226).

Répart. stratigr.

Eocène. — Quatre espèces, y compris le type, aux trois niveaux du Bassin de Paris : *C. Bezançoni* de Rainc. *C. semiclathrata* Morlet, *C. nana* Desh., ma coll. Deux espèces dans le Claibornien des Etats-Unis : *C. parva* Lea, ma coll., *C. mericana*, d'après la figure donnée par M. Gilb. Harris. Une espèce à plis bifurqués, dans le Bassin de Nantes : *C. bifurcoplicata* Cossm., coll. Dautzenberg ; une espèce bien caractérisée dans le Bartonien d'Angleterre : *C. microstoma* Newton, d'après la figure donnée par l'auteur. Une espèce dans l'Australie du Sud : *C. capillata* Tate, ma coll.

Oligocène. — Deux espèces dans l'Oligocène inférieur de l'Allemagne du Nord : *C. hordeola* et *nitida* von Kœnen, d'après la Monographie de cet auteur.

Miocène. — Une espèce typique, dans le Tortonien des Landes : **S. Dumasi** *nov. sp.* (voir l'annexe ci-après, pl. II, fig. 12) ; une espèce dans l'Helvétien du Piémont : *S. fusospinosa* Sacco, d'après la Monographie de cet auteur.

Epoque actuelle. — Trois espèces bien caractérisées : au Japon, sur les côtes du Chili et aux îles Canaries, d'après les figures du Manuel de Tryon [1].

[1] L'une d'elles (*C. parva* Phil.) doit changer de nom, pour cause de double emploi avec l'espèce de Lea, ci-dessus citée ; je propose en conséquence : **S. Philippii**, *nob.*

★

ADMETE, Kröyer, 1842.

ADMETE, *sensu stricto*. Type : *A. viridula* Fabr. Viv.

Test peu épais. Taille au-dessous de la moyenne ; forme buccinoïde ; spire un peu allongée, pointue, à galbe conique ; protoconche lisse, petite, obtuse ; tours convexes, non étagés à la suture, souvent costulés et toujours ornés de filets spiraux, qui persistent seuls sur la base, laquelle est complètement dépourvue d'ombilic et de bourrelet. Ouverture ovale, sans gouttière postérieure, terminée en avant par un bec recourbé et échancré ; labre mince, oblique, en courbe arrondie au milieu, lisse à l'intérieur ; columelle un peu excavée en arrière, tordue en avant et rejetée à l'extérieur comme le bec, munie de trois plis obliques, égaux, parallèles, peu saillants, dont l'antérieur coïncide avec la torsion columellaire et se raccorde sans discontinuité avec le bec basal ; bord columellaire nul à la partie inférieure, très mince et peu distinct en avant.

Diagnose refaite d'après des échantillons de l'espèce-type, fossile du Crag de Butley (Pl. I, fig. 26), ma coll.

Observ. — C'est avec raison que la plupart des auteurs admettent cette coquille comme type d'un Genre absolument distinct de *Cancellaria* ; le peu d'épaisseur du test et l'habitat boréal de ce mollusque indiquent déjà qu'il s'agit d'un animal dont l'organisation doit être différente. Je vais même plus loin en proposant *Admete* comme Genre-type d'une Sous-Famille distincte : ADMETINÆ, dont les membres sont invariablement caractérisés par la contorsion de leur bec antérieur, par l'absence de bourrelet basal, par la diminution ou la disparition complète du bord columellaire, enfin par la disposition particulière du pli antérieur, dont le prolongement ininterrompu limite le bec et l'échancrure basale. Il arrive souvent que les deux autres plis sont tellement enfoncés à l'intérieur de l'ouverture qu'on pourrait croire qu il n'y a que le premier ; cela dépend de l'âge de la coquille, et de l'état de conservation du labre, qui ne permet d'examiner la columelle à l'intérieur que quand il est mutilé, — ce qui arrive fréquemment, parce qu'il est mince. C'est à cette cause qu'il faut attribuer les différences profondes que l'on constate, pour la plication columellaire, lorsqu'on passe en revue les figures reproduites par les auteurs qui ont publié des espèces d'*Admete*.

Répart. stratigr.

PLIOCENE. — L'espèce-type dans le Crag, ma coll.

EPOQUE ACTUELLE. — Plusieurs espèces ou variétés du type, dans les régions boréales ou australes (Ile de Kuerguélen), d'après le Manuel de Tryon.

BONELLITIA, Jousseaume, 1888. Type: *C. Bonellii*, Bell. Plioc.

(= *Admetula*, Cossm. 1889).

Taille moyenne ; forme ovoïde, buccinoïde ; spire médiocrement allongée, non étagée, à galbe conique ; protoconche lisse, peu saillante, paucispirée, à nucléus parfois un peu rétus, de sorte que le sommet embryonnaire semble aplati ; tours convexes cancellés, presque toujours variqueux, dépourvus de rampe suturale ; base convexe, sans aucune fente ombilicale, ni aucune trace de bourrelet. Ouverture ovale, dépourvue de gouttière distincte dans l'angle inférieur, terminée en avant par un bec assez large, un peu contourné et rejeté vers la droite, à peine échancré sur son contour supérieur ; labre peu épais, muni, à quelque distance du bord, de costules internes correspondant à la dernière varice ; columelle un peu excavée en arrière, tordue au bord du bec, portant trois plis inégaux, les deux inférieurs un peu plus obliques et moins saillants que la lamelle antérieure qui se raccorde avec le contour supérieur du bec ; bord columellaire très court, s'enfonçant en spirale dans l'intérieur de l'ouverture, vers la moitié de la hauteur de la columelle, immédiatement sous les plis, et formant en avant un rebord peu calleux, très étroit, qui ne se raccorde pas avec le bec.

Diagnose refaite d'après un échantillon de l'espèce-type, du Plaisancien de Biot (Pl. I, fig. 18), ma coll.; et d'après un plésiotype de l'Eocène supérieur de Barton : *C. evulsa* Sol. (Pl. II, fig. 6-7), ma coll.

Observ. — Ainsi que l'a fait remarquer M. Sacco, dans sa Monographie des Mollusques tertiaires du Piémont, il y a des individus de *C. Bonellii* qui ont des varices, de sorte que la principale différence, que j'avais signalée entre *Admetula* et *Bonellitia*, n'a pas le caractère de constance que je lui attribuais, quand j'ai proposé *Admetula* (Catal. illustré IV, p. 228, 1889). D'autre part, après un nouvel examen comparatif des types de ces deux sections, j'ai constaté que les autres caractères sont à peu près identiques, même la disposition des plis et la forme de l'embryon; il n'y a donc aucun motif pour maintenir la séparation que j'ai arbitrairement faite. Toutefois il est bien regrettable que les lois de la priorité m'obligent à conserver une dénomination aussi mal formée que *Bonellitia* : strictement, au point de vue de l'orthographe, elle ne fait pas double emploi avec *Bonellia* Desh. 1838 (= *Niso*); mais, comme c'est à Bonelli, et non pas à Bonelliti, qu'est dédié le Genre de M. Jousseaume, il y a virtuellement un double emploi qu'eût évité l'adoption du nom *Admetula*, que j'ai proposé une année plus tard.

Rapp. et diff. — Il y a de réelles différences entre *Bonellitia* et *Admete*: d'abord le test est un peu plus épais chez *Bonellitia*, qui porte généralement des varices; ensuite les plis columellaires sont moins réguliers, moins parallèles que ceux d'*Admete*; d'autre part, le bec est moins long, moins échancré, moins contourné; en outre, le bord columellaire est un peu plus visible du côté antérieur; enfin, ainsi que l'indique la **Fig.** 5 ci-contre (*B. evulsa*), la protoconche est un peu différente, plus aplatie au sommet. Cependant ces caractères distinctifs ne me paraissent pas dépasser la valeur d'une Section; M. Jousseaume lui-même, qui attribue à toutes ses divisions l'importance de Genres, reconnaît que *Bonellitia* est très voisin d'*Admete*. C'est une preuve de plus de la nécessité d'admettre, dans la classification de chaque famille, les trois degrés (Genres, Sous-Genres et Sections), qui permettent de grouper plus rationnellement, selon leurs affinités, les coquilles avec une méthode, en quelque sorte, hiérarchique.

Fig. 5. — *Bonellitia evulsa*, Sol.

Répart. stratigr.

Senonien. — Une espèce douteuse dans la Craie de Maëstricht : *C. similis* Kaunhowen, d'après la Monographie de cet auteur [1].

[1] Il y a lieu de changer ce nom spécifique, qui fait double emploi avec l'espèce vivante de Sowerby; je propose, pour l'espèce du Limbourg : **B. præevulsa** *nob.*

Eocène. — Six espèces, outre le plésiotype ci-dessus figuré, aux trois niveaux du Bassin de Paris, et l'une d'elles en Angleterre : *C. dubia* Desh., *C. læviuscula* Sow., *C. striatulata* Desh., *C. sinuosa*, *Bernayi* et *sphæricula* Cossm., ma coll. et coll. Bernay ; une espèce probable dans le Vicentin, à San Giovanni Ilarione : *C. margaritata* Vinassa de Regny, d'après la figure donnée par l'auteur. Plusieurs espèces bien caractérisées, aux États-Unis : *C. tortiplica* Conr. *C. alvaniopsis* et *Pemrosei* Gilb. Harr., ma coll. Une autre espèce typique dans l'Australie du Sud : *C. varicifera* Ten. Woods, ma coll.

Oligocène. — Nombreuses espèces dans le Tongrien de la Belgique et de l'Allemagne du Nord : *C. pseudoevulsa* et *subevulsa* d'Orb. ma coll., *C. lævigata*, *tumida*, *tumescens*, *rugosa*, *lima*, *tenuistriata*, *interstrialis*, *ovata* von Kœnen, *C. nitens* Beyr., d'après la Monographie de M. von Kœnen.

Miocène. — Plusieurs espèces dans l'Helvétien et le Tortonien du Piémont : *C. Bonellii* Bell. *C. serrata* Bronn, *C. taurinia* et *multicostata* Bell., *C. tauroconvexula* Sacco, d'après la Monographie de cet auteur ; l'une d'elles : *C. serrata*, dans l'Helvétien de l'Anjou, coll. Dumas ; une autre : *C. taurinia*, dans l'Helvétien de la Touraine, coll. Dumas.

Pliocène. — Deux des espèces précitées, dans le Plaisancien des Alpes-Maritimes et du Piémont : *C. serrata* et *Bonellii*, ma coll. ; les mêmes dans le Plaisancien de la Catalogne, d'après la Monographie de MM. Almera et Bofill.

Coptostoma, *nov. sect.* Type : *C. quadrata*, Sow. Eoc.

Taille au-dessous de la moyenne ; forme limnéoïde ; spire un peu allongée, subulée, à galbe conique ; protoconche lisse, paucispirée, obtuse, à nucléus petit, non rétus ; tours un peu convexes, à sutures profondes, finement cancellés, non variqueux ; base ovale, imperforée, sans bourrelet. Ouverture fusoïde, étroitement canaliculée dans l'angle inférieur, subtronquée et échancrée en avant ; labre oblique, assez mince, lacinié à l'intérieur ; columelle régulièrement excavée, munie de trois plis, les deux inférieurs obliques et presque parallèles, l'antérieur plus lamelleux, tout à fait transverse, formant la troncature du bec échancré ; pas de bord columellaire, mais seulement une callosité indistincte entre les plis.

Diagnose établie d'après des échantillons de l'espèce-type de Barton (Pl. II, fig. 9-10), ma coll. ; espèce plésiotype, à labre plus droit et à tours sillonnés, dans le Calcaire grossier de Chaussy : *C. chaussyensis* Cossm. (Pl. II, fig. 11), coll. Bourdot.

Rapp. et diff. — Je ne puis classer cette singulière coquille dans aucune es deux Sections précédentes; elle s'écarte d'*Admete* par la forme tout à ait tronquée du bec antérieur, par le pli columellaire qui ne se contourne as obliquement, comme chez *A. viridula;* et qui forme, au contraire, une amelle presque horizontale; cette disposition se rapproche, il est vrai, u pli antérieur de *Bonellitia*, mais jamais, chez ce dernier, la troncature du bec n'est aussi nette sur le cou, du côté de la base; en utre, *Coptostoma* n'a pas de varices, il a le labre lacinié et non costulé; nfin la protoconche n'est pas rétuse, et le nucléus embryonnaire fait une etite saillie. Il me paraît donc indispensable de séparer, en créant cette ouvelle Section, *C. quadrata* que M. Jousseaume a confondu avec *Merica*, uoiqu'il appartienne à une autre Sous-Famille, et que M. Sacco place ans le Genre *Aphera*, précisément remarquable par son large bord columellaire. D'autre part, *Coptostoma* ne peut se confondre avec *Aneurysma*, quoique sa forme soit analogue, parce que ce dernier n'a pas d'échanrure basale, et qu'il possède un large bord columellaire.

épart. stratigr.

Eocene. — L'espèce-type dans le Bassin anglais, ma coll.; le plésiotype dans le Calcaire grossier des environs de Paris, coll. Bourdot.

Oligocene. — Une variété de l'espèce-type, dans le Tongrien de l'Allemagne du Nord : *C. planistria* von Kœnen, d'après la Monographie de cet auteur.

abylonella, Conrad, 1865. Type : *C. elevata*, Lea. Eoc.

Taille petite; forme étroite, fusoïde; spire longue, non étagée, galbe conique; protoconche lisse, paucispirée, à nucléus non aillant; tours convexes, à sutures peu profondes, cancellés, variueux; base ovale, atténuée, imperforée, sans bourrelet. Ouverure ovale, courte, sans gouttière postérieure, terminée en avant ar un bec très court et peu échancré; labre très oblique, épaissi ar la dernière varice, crénelé à l'intérieur; columelle à peu près erticale, faisant un angle de 150° avec la base de l'avant-dernier tour, munie de trois plis obliques, les deux inférieurs plus saillants et plus écartés, l'antérieur plus oblique, souvent peu visible, se raccordant presque sans inflexion avec le contour supérieur du bec; bord columellaire très mince, se réduisant à une couche de vernis vis-à-vis des plis.

Diagnose refaite d'après un échantillon de l'espèce-type, de Claiborne (Pl. II, fig. 8), ma coll.

Rapp. et diff. — Cette coquille a les rapports les plus intimes avec *Bonellitia* et *Admete*; aussi je comprends que, quand on n'a à sa disposition que les figures imparfaites de l'ouvrage de Lea, on la place comme l'a fait M. Sacco, dans le genre *Admete*. Toutefois, elle se distingue de ces deux Sections par la disposition de ses plis, l'antérieur est moins saillant et plus oblique que les deux autres, de sorte que le bec est moins contourné que celui d'*Admete*, moins échancré que celui de *Bonellitia*, et surtout que celui de *Coptostoma*, chez qui la disposition des plis est précisément inverse. Les varices, l'ornementation, les crénelures du labre, rapprochent davantage *Babylonella* de *Bonellitia*, de sorte que, si je n'attachais pas une réelle importance, d'une valeur « sectionnelle », à la disposition des plis, à la profondeur de l'échancrure du bec, et à la forme générale, j'aurais substitué la dénomination *Babylonella*, bien antérieure, au nom *Bonellitia*, dont j'ai signalé ci-dessus la formation incorrecte.

Répart. stratigr.

Senonien. — Une espèce bien caractérisée, dans les sables de Vaals, près Aix-la-Chapelle : *C. nitidula* Mull., coll. de « Technische Hochschule », communiquée par M. Holzapfel.

Eocene. — L'espèce-type dans le Claibornien des Etats-Unis, ma coll.

Oligocene. — Une espèce dans le Tongrien de la Belgique et de l'Allemagne du Nord, et dans le Stampien du bassin de Mayence, confondue avec *C. subangulosa* par M. von Kœnen, mais évidemment distincte : *C. minuta* Braun, ma coll.

Miocene. — Une espèce dans le bassin de Vienne et dans le Piémont : *C. Nysti* Hœrn., d'après la Monographie de M. Sacco.

Pliocene. — Une espèce dans le Plaisancien d'Italie, classée par M. Sacco dans le genre *Admete*, comme var. de *C. fusiformis* Cantr. : *C. urcianensis* d'Anc., ma coll. ; autre espèce de l'Astien du Piémont, confondue avec *C. costellifera* Sow., d'après la Monographie de M. Sacco; deux espèces dans le Crag d'Angleterre : *C. subangulosa* et *gracilenta* S. Wood, d'après la Monographie de cet auteur.

UXIA, Jousseaume, 1888.

Uxia, *sensu stricto*. Type : *C. costulata*, Lamk. Eoc.

Taille au-dessous de la moyenne ; forme ovoïde, plus ou moins allongée ; spire conoïde, de longueur variable ; protoconche lisse, globuleuse, paucispirée, formant généralement un gros bouton obtus, à nucléus aplati ou un peu rétus ; tours un peu convexes, costulés, cancellés ou réticulés, séparés par des sutures presque toujours canaliculées ; varices axiales irrégulièrement disséminées sur toute la surface, jusque sur le dernier tour, qui est ovale, plus ou moins ventru ; base imperforée, sans aucun bourrelet. Ouverture ovale, assez étroite, ordinairement peu élevée, avec une étroite gouttière dans l'angle postérieur, tronquée en avant par une échancrure assez profonde ; labre presque vertical, épaissi par la dernière varice, crénelé à l'intérieur ; columelle droite, munie de trois plis égaux et parallèles, peu obliques et épais, l'antérieur confondu avec la torsion columellaire, se raccordant sans discontinuité avec le contour supérieur de l'échancrure ; bord columellaire large et calleux, souvent ridé ou même denté dans sa région postérieure, un peu détaché en avant, et se terminant en pointe contre l'échancrure.

Diagnose refaite d'après un échantillon de l'espèce-type, provenant du calcaire grossier de Villiers (Pl. I, fig. 16-17), ma coll. ; protoconche grossie (**Fig. 6** ci-contre).

Fig. 6. — *Uxia costulata*, Lamk.

Rapp. et diff. — Quoique *Uxia* se rapproche des *Cancellarinæ* par son échancrure basale et par la forme de sa columelle, je le place dans la Sous-Famille *Admetinæ*, à cause de la disposition du pli antérieur, qui se prolonge et se raccorde avec le contour supérieur, tandis qu'il est toujours distinct chez *Merica*, par exemple ; en outre, comme l'indique la figure **6** ci-dessus, la protoconche est beaucoup plus globuleuse et disproportionnée que chez aucun des premiers Genres de *Cancellarinæ*, et le nucléus embryonnaire est rétus, comme chez la plupart des *Admetinæ* ; enfin le labre se termine un peu plus en avant que le bord opposé, au point où il fait une courbe pour former le contour supérieur de l'échancrure. Les crénelures internes du labre se transforment, chez certaines espèces, en de véritables dents, comme chez les *Tritonidæ*, le bord columellaire est beaucoup plus étendu en arrière, et plus épais en avant que chez les autres *Admetinæ*.

Répart. stratigr.

SENONIEN. — Une espèce bien caractérisée, dans les sables de Vaals près Aix-la-Chapelle : *C. Dunkeri*, d'après le type communiqué par M. Holzapfel; deux espèces probables dans la Craie de Maëstricht : *C. Kunraedensis* et *minima* [1] Kaunhowen, d'après les figures des empreintes et contremoulages de la Monographie de cet auteur. Une espèce douteuse dans la Craie de New-Jersey : *Merica suballa*, Conr., d'après la figure de la Monographie de Whitfield.

PALEOCENE. — Deux espèces certaines dans les sables de Bracheux : *C. infracocænica* Cossm., ma coll., *C. Cloezi* Cossm., d'après mon Catalogue de l'Eocène; plusieurs espèces dans le Calcaire de Mons : *C. Malaisei*, *Duponti*, *Mourloni*, *Crepini*, *incompta* Briart et Cornet, d'après la Monographie de ces auteurs.

EOCENE. — Nombreuses espèces aux trois niveaux du Bassin parisien : *C. costulata* Lamk. *C. rhabdota* Bayan, *C. diadema* Watelet, *C. crenulata*, *delecta*; *separata*, *dentifera* Desh. *C. Danieli*, *Cossmanni* et *multiensis* Morlet, *C. angusta* Wat., *C. parnensis* Cossm., etc., ma coll.; quelques espèces dans le Bartonien d'Angleterre : *C. nassæformis* Wood, ma coll. Une espèce typique dans l'Australie du Sud : *C. epidromiformis* Tate, ma coll.

OLIGOCENE. — Plusieurs espèces dans le Stampien du bassin de Mayence : *C. ringens* Sandb., ma coll., *C. Brauniana* Nyst, coll. de l'Ecole des Mines; plusieurs espèces dans le Tongrien inférieur de l'Allemagne du Nord et de la Belgique : *C. labratula*, *egregia*, *harpa* von Kœn, *C. granulata* Nyst, d'après la Monographie de M. von Kœnen; une espèce dans le Tongrien du Piémont : *C. deperdita* Mich[ti]., d'après M. Sacco.

MIOCENE. — Une espèce dans le Tortonien de Saubrigues : *C. cf. buccinula* Lamk., ma coll.

PLESIOCERITHIUM, Cossmann, 1889.

PLESIOCERITHIUM, *sensu str.* Type : *Canc. Magloirei*, Mell. Eoc.

Taille petite ; forme turriculée, cérithiale ; spire assez longue, scaliforme, à galbe conique; protoconche lisse, globuleuse, à

(1) Cette dénomination fait double emploi avec l'espèce vivante de Reeve ; je propose donc de la remplacer par : **U. Kaunhoweni** *nob.*

nucléus petit et peu saillant; tours étagés par une rampe déclive au-dessus de la suture, ornés de carènes saillantes sur la partie antérieure, et de lamelles d'accroissement qui persistent seules sur la rampe inférieure, avec des nodosités à leur intersection; dernier tour court, orné comme la spire, à base un peu excavée, imperforée, sans aucune trace de bourrelet sur le cou, qui est à peu près droit.

Ouverture trapézoïdale, avec une gouttière dans l'angle inférieur, terminée en avant par un bec rétréci et échancré, à peine dévié vers l'extérieur; labre mince, oblique, lisse ou légèrement lacinié à l'intérieur; columelle droite, ou à peine excavée, munie de trois plis obliques, les deux inférieurs s'enroulant jusque sur le cou, l'antérieur limitant le bec subcanaliculé; pas de bord columellaire.

Diagnose complétée d'après des échantillons de l'espèce-type, d'Aizy et de Sapicourt, dans le Suessonien (Pl. II, fig. 3), ma coll.

Rapp. et diff. — Quoique cette coquille ait une forme et une ornementation absolument différente de celles des autres *Admetinæ*, elle se rattache cependant à cette Sous-Famille par le peu d'épaisseur de son test, par l'absence de bourrelet et de bord columellaire, enfin par la disposition du pli antérieur, qui contourne le bec; mais elle est particulièrement caractérisée par le prolongement des deux plis inférieurs, qui continuent, sur le cou, comme des chaînettes faisant partie de l'ornementation de la base. Son ornementation cancellée et lamelleuse a plutôt de l'analogie avec celle de *Cerithioderma* Conr. (= *Mesostoma* Desh.); mais, outre que sa protoconche est beaucoup plus globuleuse, les plis de sa columelle et l'échancrure de son bec antérieur ne permettent pas de pousser plus loin ce rapprochement.

Répart. stratigr.

ÉOCÈNE. — L'espèce-type, extrêmement rare, dans le Suessonien du Nord du bassin de Paris.

MASSLYA, H. et A. Adams, 1853.

MASSLYA, *sensu stricto*. Type : *M. corrugata*, Hinds. Viv.

Taille au-dessous de la moyenne, forme étroite, fusoïde; spire courte, à galbe un peu conoïdal; protoconche lisse, globuleuse, à

Masslya

nucléus petit et peu saillant ; tours convexes, séparés par des sutures peu profondes, ornés de rides axiales et de sillons spiraux, non variqueux ; dernier tour très grand par rapport à la spire, ovale, atténué à la base, qui est haute, imperforée, dépourvue de bourrelet. Ouverture fusoïde, assez étroite, munie d'une gouttière anguleuse à sa partie inférieure, terminée en avant par une large échancrure ou sinuosité basale, sans bec ; labre presque droit [épaissi avec l'âge et costulé à l'intérieur] ; columelle excavée en arc dans toute sa hauteur, infléchie à droite en avant, munie de deux plis très obliques et peu saillants, le troisième confondu avec la torsion columellaire antérieure ; bord columellaire à peu près nul en arrière, étroit, à peine calleux vis-à-vis des plis.

Diagnose refaite (sauf les sept mots entre crochets qui ne s'appliquent pas), d'après un plésiotype du Tortonien de Saubrigues : *C. Laurensi* Grat. (Pl. II, fig. 13-14), ma coll.

Observ. — Ce n'est pas sans hésitation que je rapporte ce fossile à un Genre, qui ne m'est connu que par une figure, plus ou moins exactement reproduite dans le Manuel de Tryon ; cependant les caractères sont à peu près identiques, et je suis confirmé dans cette opinion par une interprétation analogue de M. Sacco, au sujet d'une autre espèce très voisine de mon plésiotype. Dans ces conditions, il eût été téméraire de proposer une dénomination nouvelle, avant d'être absolument sûr que ces formes fossiles s'écartent réellement de l'espèce vivante. Quant au classement du Genre *Masslya*, on voit, par la diagnose ci-dessus, que c'est une forme de la Sous-Famille *Admetinæ*, qui diffère d'*Admete* par des caractères, importants il est vrai, mais qui s'en rapproche par le peu d'épaisseur du test et du bord columellaire, par l'absence d'un bourrelet basal, de sorte que le classement que je propose n'a rien d'anormal, malgré ces différences.

Rapp. et diff. — On distingue *Masslya* d'*Admete* : par sa faible échancrure basale, par sa columelle moins tordue, par la disparition du troisième pli antérieur ; mais c'est surtout de *Coptostoma* que *Masslya* se rapproche par sa forme générale ; toutefois il s'en écarte complètement par la sinuosité du contour supérieur, au lieu d'une échancrure, et par l'absence d'une lamelle transverse à l'extrémité antérieure de la columelle. Quant au rapprochement que M. Sacco indique entre *C. Laurensi* et *C. Dufouri*, il me paraît inadmissible, et il a dû être causé par la défectuosité des figures de l'Atlas de Grateloup, que M. Sacco avait seulement à sa disposition; mais il suffit d'avoir les échantillons des deux espèces sous les yeux, pour se convaincre que *C. Laurensi* n'est pas le jeune âge de *C. Dufouri*, et que même ces deux coquilles appartiennent à deux Sous-Familles tout à fait distinctes.

Répart. stratigr.

Miocène. — Outre le plésiotype du Tortonien des Landes, ci-dessus décrit, et cité par M. von Kœnen dans le Langhien de l'Allemagne du Nord, par M. R. Hœrnes dans le Bassin de Vienne, une espèce dans l'Helvétien du Piémont: *C. labrosa* Bell., d'après la Monographie de M. Sacco.

Epoque actuelle. — L'espèce-type, rarissime, dans la baie de Guayaquil, d'après le Manuel de Tryon.

RHACHIGLOSSA (*Schizopoda*)

OLIVIDÆ, d'Orbigny.

Coquille, lisse, polie, généralement étroite et allongée; spire assez courte, partiellement ou totalement recouverte par un vernis calleux, qui est le prolongement du bord columellaire; dernier tour grand, ovoïde, dont la surfacedorsale porte, le plus souvent, une zone médiane non vernissée, avec des lignes axiales d'accroissement; au-dessus de cette zone, existe toujours un épaississement calleux et verni, dénommé « limbe basal », et formé par les accroissements de l'échancrure antérieure.

Ouverture souvent très étroite, munie en arrière d'une gouttière creusée dans la callosité columellaire et entaillant la suture plus ou moins profondément; l'échancrure, qui tronque la partie antérieure de l'ouverture, est assez large, souvent très profonde, toujours épaissie sur son contour supérieur; labre assez épais, lisse à l'intérieur, presque vertical, rétrocurrent en arrière, souvent muni, sur son contour, d'un denticule antérieur qui correspond à un sillon compris entre le limbe et la zone non vernissée;

columelle tordue plus ou moins obliquement, munie d'un bourrelet antérieur et spiral, qui porte souvent des plissements; le reste du bord columellaire est calleux, et quelquefois ridé en arrière ; opercule non constant.

Observ. — Cette Famille est homogène; les coquilles que l'on y classe se distinguent par le vernis que sécrète leur manteau, sur toute la surface de la spire et sur la partie antérieure de la base; la torsion antérieure de la columelle est également caractéristique, bien différente des plis que l'on constate chez les *Volutidæ* et les *Marginellidæ*. Enfin le labre est toujours muni, en arrière, d'une sinuosité rétrocurrente, qui coïncide avec la suture.

La Famille *Olividæ* est actuellement divisée en deux Sous-Familles: *Olivinæ* et *Ancillinæ*, selon que les sutures sont rainurées, ou qu'elles sont recouvertes par le vernis qui envahit toute la spire. Quant à la troisième division, indiquée dans le Manuel de Tryon (*Harpinæ*), elle a été séparée, avec raison, par Troschel, comme une Famille distincte, que nous étudierons après celle-ci.

Les *Olividæ* ne commencent guère à apparaître, d'une manière absolument certaine, qu'à la partie tout à fait supérieure du Système crétacique, et leur développement va en croissant jusqu'à l'Époque actuelle.

Tableau des Genres, Sous-Genres et Sections.

★

Genre	Sous-Genre	Section	Sous-Famille
OLIVA (Plis et rides transverses sur tout le bord columellaire)	OLIVA (Forme ovoïdo-cylindrique, protoconche obtuse)	**Oliva** (Plis serrés, rides nombreuses)	Olivinæ (Sutures rainurées)
		Neocylindrus (Subcylindrique, quatre plis)	
		Strephona (Ovoïde, 3 plis, rides épaisses)	
		Carmione (A) (Ovoïde, côte columellaire)	
		Galeolella (B) (Spire recouverte, plis écartés)	

OLIVANCILLARIA (Plis et rides obliques sur tout le bord colum.)	OLIVANCILLARIA (Forme ventrue, protoconche globul.)		
	AGARONIA (Forme élancée, protoconche pointue)	*Agaronia* (Columelle excavée)	
		Anazola (C) (Columelle bombée)	
OLIVELLA (Tours résorbés, pas d'opercule)	OLIVELLA (Columelle excavée, pas de rides)	*Olivella* (Plusieurs plis)	Olivinæ (*Suite*) (Sutures rainurées)
		Dactylidia (Un pli et des plissements)	
		Callianax (Un seul pli large et bifide)	
	LAMPRODOMA (Columelle droite, rides)		

★

ANCILLA (Columelle plissée)	ANCILLA (Non ombiliquée, plis peu obliques)	*Ancilla* (Pas de denticule)	
		Sparella (Denticule labial)	
		Alocospira (Sillons spiraux)	
		Baryspira (Sinus à la base de la columelle)	
		Ancillina (Plis effacés)	
	Eburna (D) (Ombiliquée)		Ancillinæ (Sutures comblées)
	Chiloptygma (E) (Dent pariétale)		
	TORTOLIVA (Plis très obliques, spire courte)	*Tortoliva* (Sutures visibles)	
		Sparellina (Sutures invisibles)	
		Olivula (Surface ornée)	
	Anaulacia (F) (Cymbiforme, pas de callosité columellaire)		
MONOPTYGMA (Un gros pli médian)			

Genres, Sous-Genres et Sections non signalés à l'état fossile.

A. — Carmione, Gray, 1858. — Type : *O. inflata* Lamk. Remarquable par sa forme ovale, par sa spire courte, presque rétuse, avec une callosité très saillante, bordant la rainure suturale ; le principal caractère est l'existence invariable d'une côte rugueuse, qui sépare la région des plis columellaires de celle des rides pariétales ; en outre, le bord columellaire est très étalé en avant, sur le limbe basal.

B. — Galeola, Gray, 1858. — Type : *O. carneola* Lamk. Cette coquille, assez petite, se distingue par la callosité tectiforme qui recouvre sa spire, d'ailleurs très courte, de sorte que la rainure suturale ne fait qu'une seule circonvolution ; trois plis columellaires, dont l'écartement augmente d'avant en arrière ; bord columellaire peu calleux. Je ne connais pas d'autre espèce que le type, dans cette Section. Toutefois la dénomination *Galeola*, déjà employée par Klein, en 1734, ne peut être conservée ; je propose donc d'y substituer : **Galeolella**, *nobis*.

C. — Anazola, Gray, 1858. — Type : *O. acuminata* Lamk. Par sa forme et par sa protoconche, cette Section se rapproche beaucoup plus du Sous-Genre *Agaronia*, que d'*Olivancillaria s. s.*, comme l'a indiqué Fischer ; elle se distingue, d'ailleurs, des deux par la courbure de son bord columellaire, qui ressemble plutôt à celle d'*Oliva s. s.*

D. — Eburna, Lamk. 1801 (*sensu primitivo, non Dipsaccus* Klein). — Type : *A. glabrata* Lin. Forme d'*Ancilla* ventru, à columelle très excavée, dont le bord externe ne recouvre pas la fente ombilicale, largement ouverte jusque vers la partie inférieure de l'ouverture ; de cet ombilic sortent : un bourrelet calleux, contigu à celui qui porte les plissements très obsolètes de la columelle ; et un large limbe, bordé en dessous par une étroite rainure, à laquelle correspond un denticule labial. Fischer a fait remarquer que Lamarck, après avoir créé *Eburna* pour cette espèce, y a ajouté, en 1822, d'autres coquilles bucciniformes, et a ainsi recomposé exactement le Genre *Dipsaccus* Klein 1753), qui s'applique à ces dernières coquilles ; il y a donc lieu de conserver *Eburna* pour désigner la coquille ancilliforme.

E. — Chiloptygma, H. et A. Adams, 1853. — Type : *A. exigua* Sow. Forme de *Sparella*, à test épais et vernissé, à spire courte et olivoïde, avec un petit bouton embryonnaire ; l'ouverture est courte et assez longue ; la columelle porte un bourrelet, avec un ou deux plissements obliques et très obsolètes ; mais le bord columellaire est muni, en arrière, d'une grosse dent pariétale, saillante et transverse, que les auteurs ont jusqu'à présent confondue avec un pli spiral. Je crois qu'il importe de rectifier cette erreur grave ; on doit remarquer, en effet, que, par la position même qu'occupe cette dent, à l'angle inférieur de l'ouverture, beaucoup plus bas que la columelle, ce ne pourrait être tout au plus qu'un pli pariétal ; mais, comme on peut le vérifier sur la figure que j'en donne (Pl. III, fig. 19), cette protubérance ne s'enfonce pas en spirale dans l'ouverture : c'est donc bien une dent isolée. Dans ces conditions, il serait inadmissible de réunir *Chiloptygma* au Genre *Monoptygma*, comme l'a proposé Tryon ; ce dernier possède un véritable pli columellaire, tandis que *Chiloptygma* se rattache au Genre *Ancilla*, puisque c'est, en définitive, un *Sparella* auquel est ajoutée une dent pariétale.

F. — Anaulacia, Gray, 1847 (= *Cymbancilla*, Fischer 1881). — Type : *A. mauritiana* Desh. Forme de *Cymba*, à spire extrêmement courte et vernissée, à ouverture très ample ; la columelle, tout à fait droite, ne porte qu'un seul plissement très oblique et très obsolète, sur un bourrelet peu saillant, séparé du limbe par une large dépression ; il n'y a pas de callosité columellaire ; l'échancrure basale se réduit à une large troncature.

Genre à éliminer de la Famille.

Ancillopsis. Conrad, 1865. — Type : *A. altilis* Conr. Eocène. Dans le « Check list » du « Smithsonian Institute », Conrad a désigné sous ce nom plusieurs coquilles (*A. altilis*, *scamba*, *subglobosa* et *tenera*) classées dans la Famille *Dactylidæ* (= *Olividæ*). Le type de ce Genre, qu'il n'a pas caractérisé, est vraisemblablement la première de ces coquilles : *A. altilis*, qui est un *Buccinanops* absolument certain, d'après la comparaison que j'ai faite d'un excellent individu de cette espèce, que je possède de Claiborne. La seconde espèce (*A. scamba*) a une forme d'*Ancilla* encore plus trompeuse, et cependant ses autres caractères sont exactement ceux des *Bullia*. Or l'animal de *Buccinanops* et de *Bullia* est complètement de la Famille *Nassidæ*, et n'a aucun rapport avec celui des *Ancillinæ*. La coquille elle-même présente des différences capitales, telles que la forme excavée de la columelle, qui ne porte jamais de pli ni de bourrelet tordu, ou la spire qui, dans la partie non recouverte par la callosité, porte une ornementation axiale, surtout visible vers le sommet, tandis qu'on n'en observe pas la moindre trace chez les *Olividæ*. Il résulte de là qu'*Ancillopsis* est synonyme de *Buccinanops* ou de *Bullia*, et qu'il n'y a pas lieu de l'admettre dans la Famille *Olividæ*.

★

OLIVA, Bruguière, 1789.

(= *Dactylus*, Klein 1753 ; = *Porphyria*, Bolten 1798, *non* *Porphyria*, Briss. 1760 ; = *Ispidula*, Gray 1847).

Taille très variable, plutôt grande ou moyenne ; forme ovoïdo-cylindrique ; spire très courte, subulée ; protoconche paucispirée, globuleuse, à nucléus obtus, non saillant ; tours plans ou concaves, séparés par de profondes rainures, que borde une callosité spirale ; base du dernier tour portant, en avant, un limbe calleux, divisé en plusieurs zones, et aboutissant à l'échancrure antérieure. Ouverture presque aussi haute que le dernier tour, très étroite ou linéaire en arrière, peu dilatée en avant, à bords souvent parallèles, entaillée dans la rainure suturale, profondément et largement échancrée à la base ; labre épais, lisse à l'intérieur, presque vertical, rétrocurrent au-dessus de la rainure suturale ; columelle courte, oblique ou excavée ; bord columellaire calleux, plissé ou ridé sur toute sa hauteur, les plis antérieurs correspondant généralement aux divisions du limbe basal.

Type (*auctorum*) : *O. porphyria*, Linné.

Neocylindrus, Fischer, 1883. Type : *O. tessellata*, Lamk. Viv.

Forme subcylindrique ; spire un peu acuminée ; labre obtusément bordé à l'extérieur ; columelle excavée, munie de trois plis principaux assez saillants, minces, obliques, et de plissements accessoires ; bord columellaire portant un certain nombre de rides courtes, parallèles et transverses ; limbe basal limité par une strie, avec un bourrelet très obtus, compris entre deux dépressions faiblement excavées, et correspondant aux accroissements de l'échancrure.

Diagnose faite d'après un plésiotype du Miocène des États-Unis : *O. carolinensis* Conr. (Pl. II, fig. 20 et 24), ma coll. ; autre plésiotype du Miocène de Mérignac : *O. Dufresnei* Bast. (Pl. II, fig. 30-31), ma coll.

Observ. — La synonymie du genre *Oliva* est très contestée ; les auteurs qui, comme Fischer, ont fréquemment adopté des dénominations de Klein, quand elles sont correctement formées et binominales, proposent de reprendre *Dactylus*, quoique ce nom soit antérieur à l'édition-type de Linné, qui, aux termes des règles fixées par les Congrès, sert de point de départ à la nomenclature. Cependant Fischer lui-même conserve *Oliva*, et il se borne à ajouter à la fin que le Genre devrait plutôt porter le nom *Dactylus;* il a donc hésité, comme la grande majorité des conchyliologistes, à remplacer une dénomination universellement admise, par un nom exhumé, si je puis m'exprimer ainsi. Je suis cet exemple, et j'adopte *Oliva*, de préférence à *Dactylus*. Quant à Bellardi, il a repris *Porphyria*, que je considère comme complètement synonyme d'*Oliva*, puisque l'espèce-type (*O. textilina*) ne diffère que par des caractères spécifiques de l'espèce considérée comme le type du Genre *Oliva;* d'ailleurs il existait déjà, avant Bolten, un Genre *Porphyrio* chez les Oiseaux. Enfin, en ce qui concerne *Ispidula* Gray (qui devrait s'écrire *Hispidula*), j'ai vainement cherché par quels caractères, autres que la taille et l'ornementation, l'espèce-type (*O. hispidula* Lamk.) se distingue d'*O. porphyria*, et je déclare que si, comme espèces vivantes, il est possible de séparer ces deux coquilles, il est matériellement impossible d'y trouver des différences sectionnelles, surtout à l'état fossile.

Dans l'énumération des Sections que Fischer a admises dans le Genre *Oliva*, est indiquée une nouvelle coupe *Neocylindrus*, dont il a simplement désigné l'espèce-type ; or il se trouve que c'est précisément à cette Section qu'il y a lieu de rapporter les espèces du Tertiaire supérieur, qui ne sont pas de véritables *Oliva*, tandis que les autres Sections, créées par Gray ou par Mörch, n'ont pas de représentants à l'état fossile, et ne se distinguent guère de la forme typique. J'ai comblé cette lacune en donnant ci-dessus une diagnose complète de *Neocylindrus*, qui n'avait pas encore été caractérisé d'une manière précise, et j'indique ci-après quelles sont les différences qui permettent de le séparer d'*Oliva*.

Rapp. et diff. — *Neocylindrus* se distingue d'*Oliva* par son galbe subcylindrique, par ses plis columellaires moins nombreux et plus saillants, au nombre de trois en général, auxquels s'ajoutent parfois, du côté antérieur, quelques plissements fins et serrés, tandis que, chez *Oliva*, tous ces plissements sont égaux, peu visibles et qu'on en compte cinq ou six au-dessus de la rainure qui limite la région columellaire antérieure ; les rides pariétales, situées au-dessous de cette région, sont moins serrées et plus transverses chez *Neocylindrus* ; d'autre part, le bord pariétal présente généralement, du côté postérieur, une légère dépression excavée. Enfin, tandis que le rebord calleux des tours de spire est contigu à la suture, chez *Oliva* et chez la plupart de ses autres Sections, il s'étale presque jusqu'à la moitié de la hauteur de chaque tour, chez *Neocylindrus*. Ce sont là des différences peu importantes, et susceptibles, tout au plus, de caractériser une Section, sans avoir même une valeur sous-générique ; d'ailleurs Fischer lui-même n'a proposé *Neocylindrus* que comme Section d'*Oliva*.

Répart. stratigr.

Miocène. — Les deux espèces plésiotypes ci-dessus figurées, dans le

Oliva

Langhien du Bordelais et dans la Caroline du Sud, ma coll.; la première existe aussi dans le Boldérien de Belgique, ma coll., dans l'Helvétien de la Touraine, d'après la liste préliminaire de MM. Dollfus et Dautzenberg, dans l'Helvétien de l'Anjou, coll. Dumas, dans l'Helvétien de la Vienne, coll. Courjault. Plusieurs espèces dans l'Helvétien du Piémont : *Porphyria marginata*, *scalaris*, *curta*, *picholina*, *cylindracea*, *malthata*, *longispina*, *inflata* et *fusiformis* (1). Bell., ma coll. et d'après Bellardi. Une espèce dans les couches de Galveston (Texas), rapportée par M. Gilbert Harris à *O. reticularis* Lamk., d'après la figure de cet auteur.

PLIOCÈNE. — Une espèce actuelle dans les couches de la Floride : *O. litterata* Lamk., d'après M. Dall qui y réunit d'ailleurs *O. carolinensis* du Miocène. Plusieurs espèces dans les couches récentes de Java : *O. sondiana*, *tricincta*, *tjaringinensis* Martin, *O. rufa*. Duclos, d'après la Monographie de M. Martin. Une autre espèce vivante, dans le gisement de la Martinique : *O. reticularis* Lamk., ma coll. ; deux espèces actuelles dans les couches récentes de Karikal : *O. irisans* et *mustelina* Lamk., coll. Bonnet.

EPOQUE ACTUELLE. — Nombreuses espèces dans les mers exotiques, d'après Fischer et d'après le Manuel de Tryon.

STREPHONA, Mörch, 1852. Type : *O. flammulata*, Lamk. Viv.

Taille moyenne; forme ovoïde; spire courte, extraconique; protoconche globuleuse, polygyrée, à nucléus obtus sans saillie; tours plans, subulés, séparés par des sutures étroitement rainurées, sans callosité spirale apparente; limbe basal calleux, peu distinct à sa limite inférieure. Ouverture rétrécie en arrière, un peu dilatée en avant, à bords non parallèles; labre médiocrement épais, non bordé, lisse à l'intérieur, vertical, rétrocurrent à la suture; columelle courte, à peine excavée, munie de trois plis épais, peu saillants et souvent bifides; bord columellaire, mince, peu visible, muni de rides pariétales, larges, peu nombreuses, quelquefois bifides.

(1) Ces deux dernières espèces doivent changer de nom, pour cause de double emploi; à la place d'*O. inflata*, je propose : **O. Bellardii** *nob.*, et pour remplacer *O. fusiformis* : **O. ceppiensis** *nob.*

Diagnose refaite d'après l'espèce-type vivante, fossile dans le Bassin de Vienne : *O. flammulata*, provenant de Lapugy (Pl. II, fig. 29), ma coll.

Rapp. et diff. — Cette section se distingue d'*Oliva* et de *Neocylindrus*, par ses plis et par ses rides moins nombreux et épais, généralement bifides, par sa callosité columellaire et juxtasuturale, peu épaisse, à peine visible ; en outre, le galbe de la coquille est plus ovoïde que celui de *Neocylindrus*. La spire est plus allongée que celle de *Carmione*, qui a d'ailleurs une callosité juxtasuturale beaucoup plus épaisse, et un bord columellaire très large. Malgré ces différences, *Strephona* n'est tout au plus qu'une Section du Genre *Oliva*. Ce n'est pas sans difficulté que j'ai réussi à grouper ces caractères distinctifs, qui n'ont jamais été signalés jusqu'à présent, pour justifier la conservation des dénominations créées par Mörch ou par Gray, sur la simple désignation du type qu'ils avaient en vue.

Répart. stratigr.

Miocène. — L'espèce-type dans le Tortonien de Lapugy, d'après M. R. Hœrnes [contestée par Bellardi, qui la réunit, à tort, avec *Neocylindrus Dufresnei*, tandis que j'ai vérifié que mon échantillon est identique à ceux vivant dans les Indes Occidentales] ; la même espèce dans le Tortonien des Landes, coll. Dumas.

Pliocène. — Une espèce de l'époque actuelle, dans les couches récentes de Java : *O. australis* Duclos, d'après la Monographie de M. Martin.

Époque actuelle. — Plusieurs espèces aux Antilles et dans la mer des Indes, d'après le Manuel de Tryon.

OLIVANCILLARIA, d'Orbigny, 1839.

(= *Utriculina*, Gray 1847 ; = *Claneophila*, Gray 1858 ; = *Lintricula*, H. et A. Adams 1853 ; = *Scaphula*, Swains., *non* Benson, *nec* Mégerle).

Forme ventrue ou élancée ; protoconche globuleuse ou pointue ; spire plus ou moins courte, généralement subulée ; sutures rainurées ; limbe basal assez large ; ouverture un peu dilatée, très largement échancrée à la base ; labre mince, courbe, rétrocurrent à la suture ; columelle tordue en avant, excavée au milieu, munie de plis très obliques et enroulés sur un bourrelet calleux, qui est bien distinct du limbe ; rides pariétales obliques, souvent peu visibles.

Type : *O. Braziliana*, Lamk. Viv.

Agaronia, Gray, 1839. Type : *O. hiatula*, Gm. Viv.
(= *Hiatula*, Swains. 1840, *non* Mod. 1793, *nec* Lacép. 1800.)

Taille assez grande; forme élancée, ovoïdo-conique ; spire un peu allongée, subulée, pointue ; protoconche petite, paucispirée, à nucléus arrondi et subdévié ; sutures étroitement rainurées ; tours un peu convexes en arrière, un peu excavés en avant, au-dessous de la callosité spirale qui borde la rainure suturale ; dernier tour ovale ; limbe basal très large, calleux, avec un renflement médian très obsolète, qui correspond aux accroissements de l'échancrure. Ouverture rétrécie en arrière, où elle se termine par une gouttière aiguë, dilatée en avant, et tronquée à la base par une échancrure largement arrondie et assez profonde ; labre mince, non bordé, lisse à l'intérieur, presque vertical, un peu sinueux, légèrement proéminent au-dessous du point où aboutit le limbe, rétrocurrent sur la rainure suturale ; columelle excavée, avec un large pli tordu à son extrémité antérieure, et cinq plissements beaucoup plus petits et très obliques, dans sa région médiane ; enfin quelques rides pariétales non moins obliques et presque imperceptibles ; bord columellaire peu distinct du limbe.

Diagnose refaite d'après des échantillons de l'espèce-type, et d'après un plésiotype du Miocène de Saucats ; *O. Basterotina* Defr. (Pl. II, fig. 21 et 23), ma coll. ; autre plésiotype éocénique, du Bois Gouët, dans les environs de Nantes : *O. Dubuissoni* Vass. (Pl. II, fig. 22), ma coll.

Observ. — En ce qui concerne d'abord le Genre *Olivancillaria*, *Utricula* et *Clancophila* sont complètement synonymes ; quant à *Lintricula* qui remplace *Scaphula*, déjà employé quatre fois en Histoire naturelle, Fischer indique comme type : *O. vesica* Gm, probablement par suite d'une erreur typographique; or Tryon, dans son Manuel, n'a répertorié que *O. vescita* Gm., qu'il considère comme synonyme de *O. auricularis* Lamk., c'est-à-dire d'une espèce extrêmement voisine d'*O. Braziliana*, qui est le type du Genre *Olivancillaria;* d'ailleurs, les caractères qu'indique Fischer, pour le Sous-Genre *Lintricula*, sont exactement ceux d'*O. Braziliana*, de sorte que le doute sur cette identité générique n'est pas possible, et que *Lintricula* doit tomber en synonyme d'*Olivancillaria*.

Quant à la dénomination *Hiatula* Swainson, outre qu'elle s'applique aux mêmes formes qu'*Agaronia*, — ce qui la rend superflue, — elle ne pourrait être conservée, Lacépède l'ayant, dès le siècle dernier, appliquée à un Genre de Poissons.

Rapp. et diff. — La séparation du Genre *Olivancillaria*, et particulièrement de son Sous-Genre *Agaronia*, est amplement justifiée.

Tout d'abord, si on compare *Olivancillaria* avec *Oliva* et avec ses Sections, on trouve : non seulement que la columelle est excavée et beaucoup plus obliquement plissée, que les rides pariétales y sont à peine indiquées, que l'ouverture est tout à fait différente, plus dilatée, et que l'échancrure basale est très large, moins profonde; mais encore, que le limbe basal est beaucoup plus large, et surtout que le labre a une saillie proéminente en avant, comparable à celle qui caractérise le Genre *Olivella*, et correspondant déjà à un indice d'existence d'une zone assez large, au-dessous du limbe, sur le milieu de la surface dorsale du dernier tour; cette zone n'est pas nettement délimitée, mais elle est indiquée par le zigzag des stries d'accroissement. En résumé, *Olivancillaria* est comme le trait d'union entre *Oliva* et *Olivella*.

Si l'on compare maintenant *Agaronia* à *Olivancillaria s. s.*, on remarque : non seulement une différence capitale dans la forme de la coquille, subglobuleuse chez *O. Braziliana*, élancée chez *A. hiatula;* mais, en outre, une disposition tout autre de la protoconche, qui est bien plus petite chez *Agaronia;* enfin la callosité juxtasuturale des tours de spire est moins forte que chez *Olivancillaria*, de sorte que le sommet de la spire n'a pas la même apparence d'un petit bouton en saillie sur un ellipsoïde, et que la spire est, au contraire, subulée et pointue.

Répart. stratigr.

Eocène. — Deux espèces bien caractérisées par l'obliquité de leurs plis, dans le Bassin de Nantes : *O. Dubuissoni* Vass. et *O. oxyspira* Cossm., ma coll. Une autre espèce dans le Claibornien des États-Unis : *O. alabamiensis* Conr., ma coll.

Miocène. — Le plésiotype ci-dessus signalé, dans le Langhien du Bordelais, ma coll. ; une espèce dans l'Helvétien de la Touraine : *O. plicaria* Lamk., coll. Dumas, détermination d'après la liste préliminaire de MM. Dollfus et Dautzenberg.

Pliocène. — Une espèce vivante, dans les couches récentes de Java :

O. subulata Lamk., et var. *odengensis* Martin, d'après la Monographie de cet auteur.

Époque actuelle. — Quelques espèces au Brésil, sur les côtes occidentales d'Afrique, et dans l'Australasie, d'après le Manuel de Tryon.

OLIVELLA, Swainson, 1835.

Taille moyenne ou assez petite ; cloisons internes des tours résorbées ; plis columellaires obliques ; opercule ovale.

Olivella, *s. str.* Néotype (*sec.* Ficher) : *O. jaspidea*, Gm. Viv. (= *Olivina*, d'Orb. 1839 ; = *Micans*, Gray. 1858).

Forme ovoïdo-conique ; spire un peu allongée, aiguë, subulée ; protoconche petite, subglobuleuse, paucispirée, à nucléus un peu dévié ; tours non convexes, divisés en deux régions par la callosité vernissée qui borde la rainure juxtasuturale, et qui s'étend plus ou moins largement, limitée en dessous par une faible dépression ; limbe basal calleux, souvent assez large, partagé en deux zones, dont l'antérieure correspond aux accroissements de l'échancrure ; au-dessous du limbe, la surface dorsale du dernier tour porte généralement une étroite bande moins vernissée, surtout chez les espèces fossiles, limitée par une ligne que forme la déviation coudée des accroissements du test, et qui aboutit à une sinuosité du labre.

Ouverture très étroite en arrière, avec une gouttière profondément échancrée dans la suture, un peu dilatée en avant, et largement entaillée dans la callosité du limbe basal ; labre presque vertical, proéminent en avant vis-à-vis du limbe, arrondi et rétrocurrent vers la suture ; columelle excavée au-dessous des plis, qui sont au nombre de quatre ou cinq, un peu obliques, inégaux, prolongés sur le bord presque jusque sur la base ; très rarement, des rides pariétales au-dessous de l'excavation de la columelle; bord columellaire quelquefois très calleux en arrière, confondu en avant avec le limbe.

Diagnose complétée d'après des échantillons de l'espèce-type, et d'après un plésiotype de l'Eocène du Bois Gouët, dans le Bassin de Nantes : *O. impressa* Vass. (Pl. III, fig. 14-15), ma coll. Proto-conche grossie d'*O. mitreola* Lamk. (**Fig. 7** ci-contre).

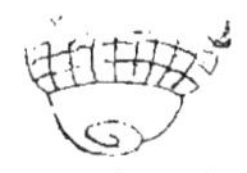

Fig. 7.— *Olivella mitreola*, Lamk.

Observ. — Le type du Genre *Olivella* n'étant pas explicitement désigné par Swainson, je prends, à l'exemple de Fischer, comme néotype, *O. jaspidea* qui résume les caractères principaux de la diagnose, et qui est l'une des espèces les plus répandues; c'est d'ailleurs un groupe moins riche en espèces qu'*Oliva*, et quand on n'a pas la ressource de la coloration pour les distinguer les unes des autres, il est bien difficile de les séparer. La dénomination *Olivina* d'Orb. est citée par Fischer comme synonyme d'*Olivella;* Tryon n'en fait même pas mention, et Zittel l'indique comme Section d'*Olivella*, en l'attribuant à Mörch. Je n'ai pas davantage les éléments nécessaires pour contrôler la synonymie de *Micans* Gray ; c'est d'ailleurs un simple adjectif que je vois, avec satisfaction, disparaître de la nomenclature.

Rapp. et diff. — Les véritables caractères différentiels, qui justifient la séparation du Genre *Olivella*, sont d'une constatation très difficile pour les paléontologistes : l'anatomie de l'animal, la résorption des cloisons internes, et l'existence d'un opercule. Cependant, à défaut de ces caractères, on peut encore se guider d'après des indices moins constants, moins nets : d'abord l'excavation de la columelle au-dessous des plis antérieurs, et l'absence de rides sur la région pariétale; ensuite l'existence d'une zone moins brillante que le reste de la surface, au-dessous du limbe basal, zone dont le Genre *Olivancillaria* porte déjà la trace; enfin la spire est généralement plus allongée que celle d'*Oliva*.

Si l'on compare *Olivella* avec *Olivancillaria*, qui a aussi une spire allongée, une columelle excavée et une zone dorsale faiblement indiquée, on remarque qu'*Olivella* a, en général, l'ouverture moins dilatée en avant, et surtout que les plis columellaires sont beaucoup moins obliques, moins tranchants et moins écartés, mais plus nombreux que ceux d'*Olivancillaria*.

Répart. stratigr.

Senonien. — Une espèce dans les couches crétaciques supérieures de Fort-Téjon : *O. Matthewsoni* Gabb., d'après la figure de la Paléontologie de la Californie.

Paleocene. — Une espèce très élancée, dans le Calcaire de Mons : *O. acuta* Br. et Corn., ma coll.

Eocene. — Plusieurs espèces bien caractérisées, dans le Bassin de Paris : *O. Laumonti* et *mitreola* Lamk., *O. micans* et *nitidula* Desh., *O. Marmini* Mich., ma coll. ; dans le Bassin de Nantes : *O. impressa* et *gibbosula* Vass., ma coll. ; dans le Vicentin : *O. Juliettæ* de Gregorio, d'après la figure donnée par l'auteur. Une espèce dans le Claibornien de l'Alabama : *O. bombylis* Conr., ma coll.

Oligocene. — Une espèce rapportée à *O. mitreola*, mais probablement différente, dans le Tongrien inférieur de l'Allemagne du Nord, d'après la Monographie de M. von Kœnen ; autre espèce dans le Stampien du Bassin de Paris et à Gaas (Landes) : *O. Prestwichi* Mayer, d'après MM. Cossmann et Lambert. Une espèce bien caractérisée, dans les couches de San Gonini (Vicentin) : *O. æqualis* Fuchs, d'après la figure donnée par cet auteur.

Miocene. — Une espèce dans le Langhien du Bordelais : *O. Grateloupi* d'Orb., ma coll. ; plusieurs espèces dans l'Helvétien des environs de Turin : *O. crassirugosa*, *tumida* Bell., d'après la Monographie de Bellardi. Une espèce dans l'Australie du Sud : *O. nymphalis* Tate, ma coll. Une espèce dans les couches de Galveston : *O. subtexana* Harr., d'après la figure donnée par M. Gilbert Harris.

Pliocene. — Une espèce voisine de *O. nivea* Gm., dans les couches récentes de la Martinique, ma coll.

Epoque actuelle. — Nombreuses espèces aux Indes occidentales, dans les mers de Chine et en Australie, d'après le Manuel de Tryon.

Dactylidia, H. et A. Adams, 1853. Type : *O. mutica*, Say. Viv.

Taille petite ; forme ventrue ; spire courte, conique ; tours plans, subulés ; limbe basal peu large. Ouverture courte, à bords presque parallèles, largement échancrée à la base ; labre mince, à contour un peu convexe, à peine rétrocurrent vers la suture ; columelle un peu excavée, fortement tordue en avant par un pli très saillant, au-dessous duquel il y a des plissements obliques et peu visibles, assez serrés ; callosité columellaire très épaisse, s'étendant en arrière sur toute la surface de l'avant-dernier tour, appliquée en avant sur le limbe.

Diagnose faite d'après un échantillon de l'espèce-type, provenant des côtes de la Caroline du Nord (Pl. II, fig. 25-26), ma coll.

Rapp. et diff. — On peut, à la rigueur, admettre cette Section comme distincte d'*Olivella*, à cause de son pli antérieur tordu, et de la forte callosité qui recouvre toute la hauteur des tours de spire ; en outre, le labre a une disposition un peu différente, et on n'aperçoit pas de zone moins vernissée sur la surface dorsale. A défaut de plésiotype fossile, j'ai fait figurer un échantillon de l'espèce vivante, qui est d'ailleurs peu connue.

Répart. stratigr.

MIOCÈNE. — L'espèce-type dans les couches de Saint-Domingue et de la Caroline du Nord (*sub. nom. O. duplicata* Conr.), d'après Gabb et d'après la Monographie de M. Dall sur la Floride.

PLIOCÈNE. — La même espèce dans les couches de Caloosahatchie (Floride), d'après M. Dall.

EPOQUE ACTUELLE. — Plusieurs espèces sur les côtes d'Amérique, d'après le Manuel de Tryon.

CALLIANAX, H. et A. Adams, 1853.

Type : *O. biplicata*, Sow. Viv.

Taille moyenne ; forme ovoïde, ventrue ; spire assez courte, à galbe conique ; protoconche petite, obtuse ; tours plans, séparés par des rainures étroites et très profondes, presque complètement recouverts par la callosité spirale ; dernier tour très grand, renflé en arrière, ovalement atténué à la base, qui porte un limbe assez large et limité par un sillon oblique. Ouverture assez grande, très étroite en arrière, dilatée au milieu, et profondément échancrée à la base ; labre vertical, arrondi en quart de cercle et rétrocurrent vers la suture ; columelle tordue en avant par un large pli bifide, entièrement dénuée de rides ou de plissements, dans la partie excavée qui est située au-dessous de ce double pli ; callosité columellaire souvent très épaisse en arrière.

Diagnose refaite d'après le type vivant, et d'après un plésiotype de l'Eocène de Barton : *O. Branderi* Sow. (Pl. II, fig. 27), ma coll.

Rapp. et diff. — Cette Section se distingue d'*Olivella* par sa forme ventrue, par son unique pli bifide, sans rides ni plissements au-dessous de lui, par son ouverture plus large, et par sa callosité columellaire qui recouvre une plus grande largeur des tours de spire. Si on la compare à *Dactylidia*, qui a aussi une forme ventrue et une très forte callosité columellaire, on remarque immédiatement qu'elle s'en distingue par son pli bifide et par l'absence d'autres plissements.

Répart. stratigr.

Eocène. — Le plésiotype ci-dessus figuré, dans le Bassin anglo-parisien, ma coll.

Miocène. — Une espèce douteuse dans l'Helvétien des environs de Turin : *O. obliquata*, Bell., ma coll.

Pliocène. — Une espèce dans les couches à silex de Tampa (Floride) : *O. lata* Dall, d'après la Monographie de cet auteur.

Epoque actuelle. — Deux espèces : l'une (le type) sur les côtes de Californie ; l'autre en Patagonie, d'après le Manuel de Tryon.

Lamprodoma, Swainson, 1835. Type : *O. volutella*, Lamk. Viv.

(= *Ramola*, Gray 1858).

Taille au-dessous de la moyenne; forme assez étroite, cylindracée, peu atténuée en avant; spire un peu allongée, subulée, à galbe parfaitement conique ; protoconche subglobuleuse, paucispirée, à nucléus très obtus, plus petite chez le type vivant que chez les plésiotypes fossiles, la disproportion entre l'embryon et la spire, décroissant à mesure que l'on se rapproche de l'Epoque actuelle, à partir de l'Eocène; tours plans, séparés par de profondes rainures, presque totalement recouverts par la callosité spirale, qui est peu épaisse; dernier tour grand, non ventru, à peine plus étroit à la base qu'en arrière ; limbe calleux, divisé par un sillon en deux zones inégales, sans région non vernissée au-dessous de lui.

Ouverture longue, étroite, très anguleuse en arrière, à peine dilatée en avant, où elle est largement et profondément échancrée; labre mince, à contour un peu incliné à droite de l'axe du côté antérieur, rétrocurrent vers la suture ; columelle faiblement et obliquement tordue à la base, non excavée au milieu, à peu près rectiligne dans son ensemble, munie, vis-à-vis le limbe, de cinq à huit plis égaux, équidistants, très obliques, médiocrement saillants, et au dessous, de rides pariétales souvent peu visibles; bord columellaire très mince, à peine plus épaissi dans l'angle inférieur de l'ouverture.

Diagnose faite d'après le type vivant et d'après un plésiotype du Miocène de Dax: *O. subclavula* d'Orb. (Pl. II, fig. 28), ma coll.

Rapp. et diff. — Par ses plis et ses rides columellaires, aussi bien que par l'absence d'une zone non vernissée sous le limbe, ce Sous-Genre se rapproche plus des véritables *Oliva* que d'*Olivella*, avec lequel il n'a de rapports que par sa forme élancée et par sa spire allongée. Fischer en fait une Section d'*Olivella*, tandis que Tryon le place au début des *Oliva*, comme une forme intermédiaire entre les deux Genres; on ne sera complètement fixé que quand on aura vérifié si les cloisons internes des tours se résorbent, et si l'animal possède un opercule, comme il en existe chez *Olivella*. *Lamprodoma* n'est d'ailleurs représenté, à chaque niveau, que par un très petit nombre de formes.

Répart. stratigr.

Eocène. — Une espèce dans l'Australie du Sud : *O. angustata* Tate, ma coll. (Vue de l'embryon grossi, **Fig. 8** ci-contre); autre espèce dans les couches nummulitiques de la chaîne d'Hala (Inde): *O. pupa* Sow., d'après la Monographie de d'Archiac et Haime.

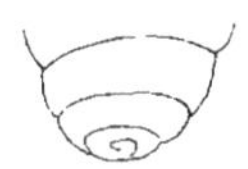

Fig. 8. — *Lamprodoma angustata*, Tate.

Oligocène. — Une espèce bien caractérisée dans le Vicksburgien des Etats-Unis : *O. mississipiensis* Conr., ma coll.; une espèce douteuse dans le Vicentin : *O. Zitteli* Fuchs, d'après la figure publiée par l'auteur, qui indique que la columelle n'est pas ridée (?).

Miocène. — L'espèce plésiotype ci dessus figurée, dans le Langhien du Bordelais, ma coll.; dans le Tortonien de l'Italie, d'après Bellardi; dans le Bassin de Vienne, d'après la Monographie de MM. R. Hœrnes et Auinger (toutefois cette dernière provenance est contestée par Bellardi). Une espèce dans les couches de Galveston : *O. galvestonensis* Harr., d'après la diagnose et la figure données par M. Gilbert Harris.

Pliocène. — Une espèce incertaine dans les couches récentes de la Nouvelle-Zélande : *O. neozelandica* Hutton, d'après la description publiée par cet auteur.

Epoque actuelle. — L'espèce-type dans les Antilles, ma coll.

★

ANCILLA, Lamarck, 1799.

(= *Anaulax* Roisy 1805; = *Ancillaria* Lamk. 1811;
= *Ancillus* Montf. 1810.)

Sutures recouvertes par un émail vernissé, qui cache généralement toute la spire; limbe basal calleux et luisant, correspondant aux accroissements de l'échancrure; zone dorsale non vernissée, plus ou moins large. Ouverture plus ou moins dilatée, ordinairement tronquée par une large échancrure basale; labre peu convexe, rétrocurrent vers la suture; columelle fortement tordue, plissée en avant, excavée au milieu; bord columellaire très calleux, surtout en arrière.

Ancilla, *s. restr.* [Cossm.] Néotype : *A. buccinoides*, Lk. Eoc.
(= *Amalda* H. et A. Adams 1853; = *Sandella*, Gray 1857.)

Taille grande; forme ovoïdo-conique; spire assez longue, pointue, subulée; protoconche petite, globuleuse, paucispirée, à nucléus obtus et dévié; tours non convexes, à sutures indiquées, sous le vernis qui les recouvre, par une dépression plus ou moins visible, parfois très profondément excavée; sur l'avant-dernier tour et le dernier tour, la callosité vernissée est limitée par un sillon, qui forme une suture artificielle, à quelque distance de la dépression suturale; dernier tour grand, ovoïde, plus ou moins ventru, avec une large zone non vernissée qui est plus visible chez les échantillons fossiles que sur leurs congénères de l'Epoque actuelle, atténué ou même étranglé à la base qui porte un limbe très calleux, assez large, divisé par un sillon médian aboutissant au milieu et au bas de l'échancrure.

Ouverture à peu près égale à la moitié de la hauteur totale, entaillée en arrière dans le vernis calleux qui recouvre la suture, largement échancrée à la base par un profond sinus, muni d'un rebord en biseau ; labre mince à son contour, lisse à l'intérieur, à peu près vertical, un peu convexe, arrondi en avant, sinueux et un peu rétrocurrent en arrière ; columelle droite, coudée à sa jonction avec la base de l'avant-dernier tour, très brièvement tordue à son extrémité antérieure, portant en avant quatre ou cinq plis obliques, égaux et peu saillants ; bord columellaire épais, peu étalé sur la base, cachant les plis antérieurs dans l'intérieur de l'ouverture.

Diagnose refaite d'après un échantillon du néotype, du Calcaire grossier de Villiers (Pl. III, fig. 5-6), ma coll.

Observ. — Ainsi que l'a indiqué Fischer, dans son Manuel, la dénomination *Ancilla*, qui ne fait nullement double emploi avec *Ancylus*, doit être conservée, de préférence à *Ancillaria*, comme étant la première en date ; d'ailleurs, si le double emploi eût réellement existé, la correction *Ancillaria*, faite par Lamarck en 1811, n'aurait pu être admise, puisque *Anaulax* est antérieur et que ce nom s'applique effectivement à la même coquille ; il en est de même pour *Ancillus*, qui n'est, au surplus, que le terme masculin d'*Ancilla*.

En ce qui concerne le choix du type de ce Genre, il y a une incertitude complète, motivée en partie par l'élimination successive des espèces qui ont été ultérieurement prises comme types de Sous-Genres ou de Sections par d'autres auteurs. Fischer n'indique, dans son Manuel, aucune espèce vivante pour *Ancilla s. s.*, et il se borne à citer comme exemple fossile : *A. subulata* Lamk., qui est simplement une variété d'*A. buccinoides*, dans les sables du Suessonien. Dans le « Manuel of Conchology » de Tryon, la première espèce citée est : *A. cinnamomea* Lamk., dont l'une des variétés est précisément *A. ventricosa* Lamk., c'est-à-dire le type de la section *Sparella* qui, comme on le verra ci-après, présente des caractères distinctifs suffisants. Dans ces conditions, comme rien ne prouve que Lamarck n'ait pas eu effectivement en vue la forme fossile, quand il a créé le Genre *Ancilla*, il n'y a pas d'obstacle à ce que l'on admette désormais, comme néotype, *A. buccinoides*, espèce caractéristique et bien connue, du Calcaire grossier des environs de Paris, la plus ancienne, en date, des *Ancilla* éocéniques.

Cela posé, il suffit de rattacher à ce néotype celles des espèces vivantes qui ont la même forme et qui présentent les mêmes caractères génériques, c'est-à-dire principalement : A. *Tankervillei* Sow., que H. et A. Adams ont précisément pris pour type de leur Genre *Amalda*, et que Gray a choisi comme type de son Genre *Sandella;* il n'y a, en effet, entre cette coquille et *A. buccinoides*, d'autres différences que dans l'excavation un peu plus profonde qui indique la position des sutures sous le vernis calleux. Ces deux dénominations doivent donc être considérées comme synonymes d'*Ancilla* (*sensu restricto*).

Rapp. et diff. — Comparé aux *Olivinæ*, *Ancilla* s'en distingue surtout par ses sutures que comble le vernis dont est recouverte toute la spire, sauf la zone dorsale du dernier tour; le labre est moins profondément rétrocurrent en arrière; enfin le limbe **basal** est divisé par un sillon, au lieu d'un bourrelet.

Répart. stratigr.

Senonien. — Il y a lieu d'éliminer *A. cretacea* Müller, qui, d'après la Monographie de M. Holzapfel sur la Craie d'Aix-la-Chapelle, ne provient pas d'un gisement crétacique. Quant à *A. elongata* (¹) Gabb, du Crétacé supérieur de la Californie, c'est un moule interne; mais Gabb affirme que la contre-empreinte a bien les caractères superficiels des *Ancilla*, et notamment, que les sutures y sont oblitérées; ce serait donc un ancêtre d'*A. buccinoides*.

Paleocene. — Une espèce confondue avec *A. buccinoides*, mais probablement nouvelle, dans le Calcaire de Mons, d'après Briart et Cornet.

Eocene. — Outre le néotype, trois espèces dans le Bassin de Paris : *A. Lamarcki*, *obesula*, *glandina* Desh., ma coll.; autre espèce voisine d'*A. buccinoides*, dans le Vicentin : *A. pinoides* de Greg. (à l'exclusion des variétés qui sont bien distinctes), d'après la Monographie de M. de Gregorio. Une espèce très étroite, dans l'Australie du Sud : *A. lanceolata* Tate, ma coll.

Oligocene. — Une espèce confondue avec *A. buccinoides*, mais vraisemblablement distincte, dans les couches de Headon et de Brockenhurst, en Angleterre, ma coll.

Miocene. — Une espèce de petite taille, dans l'Helvétien du Piémont : *A. Sismondiana* d'Orb. ma coll.

Pliocene. — Une grande espèce dans les couches récentes de Java : *A. Vernedei* Sow., d'après la Monographie de M. Martin.

Epoque actuelle. — Deux ou trois espèces, dans les Indes occidentales, les mers de Chine, l'Australie et l'Océan Indien, d'après le Manuel de Tryon.

(¹) Quel que soit le Genre auquel appartient réellement ce fossile, il ne peut être conservé avec le nom *elongata*, qui avait été employé, dès 1847, par Michelotti; je propose, pour le remplacer : **A. Gabbi,** *nobis*.

SPARELLA, Gray, 1857. Type : *A. ventricosa*, Lamk. Viv.

Taille moyenne; forme ventrue ou olivoïde ; spire très courte, subulée, conoïde, souvent mucronée à la pointe, par la saillie de la protoconche paucispirée, dont le nucléus est terminé en goutte de suif ; tours complètement recouverts par la callosité vernissée, à sutures indistinctes ; dernier tour très grand, ovale, atténué en avant, non vernissé sur les deux tiers environ de sa surface dorsale ; entre cette zone terne et le limbe basal, qui est calleux et luisant, s'étend une bande étroite, encore plus terne, encadrée par deux sillons superficiels, qui correspondent à une double inflexion des stries d'accroissement.

Ouverture peu élevée, assez large, rétrécie dans l'angle inférieur, terminée en avant par une très large et peu profonde échancrure ; labre à peu près vertical et rectiligne, peu rétrocurrent en arrière, portant invariablement un denticule antérieur, auquel aboutit l'un des deux sillons de la surface dorsale ; columelle excavée, très obliquement tordue à la base, avec cinq ou six plissements obliques, souvent très obsolètes ; bord columellaire assez mince en avant, calleux, et largement étalé du côté postérieur, envahissant toute la spire, jusqu'à une faible distance du sommet.

Diagnose faite d'après trois plésiotypes fossiles : *A. dubia* Desh. (Pl. III, fig. 7), de l'Eocène moyen de Villiers ; *A. aperta* Vasseur (Pl. III, fig. 12), du Bois Gouët près de Nantes ; *A. obsoleta* Br. (Pl. III, fig. 13), du Miocène supérieur de Saubrigues ; tous les trois de ma collection.

Rapp. et diff. — Outre la forme générale, qui est différente, et la callosité columellaire, qui est beaucoup plus épaisse en arrière, et qui comble plus complètement les sutures, *Sparella* se distingue surtout par l'existence d'un denticule à la partie antérieure du labre, tandis qu'il n'y a aucune saillie sur le contour du labre d'*Ancilla s. s.* Ce denticule correspond à l'étroite bande comprise entre le limbe et la zone non vernissée, bande qui n'existe jamais chez *A. buccinoides*, ni chez ses congénères. Toutefois ces différences, malgré leur constance, ne méritent pas, à mon avis, qu'on attribue à *Sparella* plus que la valeur d'une Section démembrée aux dépens du Genre principal.

Répart. stratigr.

Paléocène. — Une espèce à bande et à denticules bien visibles, dans les couches de Copenhague : *A. flexuosa* von Kœnen, d'après la figure donnée par cet auteur.

Eocène. — Outre les deux plésiotypes ci-dessus figurés, plusieurs autres espèces dans le Bassin de Paris : *A. olivula* Lamk., *A. arenaria* Cossm., ma coll.; dans le Bassin de Nantes : *A. Ripaudi* et *Douvillei* Vass., ma coll.; dans le Bartonien d'Angleterre : *A. fusiformis* Dixon, ma coll. Deux espèces dans les couches nummulitiques des environs de Pau : *A. spissa* et *nana* A. Rouault, d'après les figures données par cet auteur. Plusieurs espèces dans l'Australie du Sud : *A. pseudaustralis* et *ligata* Tate, *A. Hebera* Hutton, ma coll. Dans le Midway-stage des Etats-Unis : *A. mediavia* Gilb. Harris, ma coll.

Oligocène. — Une espèce non figurée, dans le Piémont : *A. ligustica* Bell. d'après la Monographie de Bellardi. Plusieurs espèces dans le Tongrien inférieur de l'Allemagne du Nord : *A. intermedia*, *obovata*, *unguiculata* von Kœnen, d'après les figures données par l'auteur ; dans les couches de Cassel : *A. Karsteni* Beyr., ma coll.

Miocène. — Outre le plésiotype ci-dessus figuré, — qui est répandu : dans le Tortonien des Landes, de la Bretagne, d'Italie, du Bassin de Vienne, ainsi que dans l'Helvétien de la Touraine, ma coll., dans l'Allemagne du Nord et à Edeghem, d'après M. von Kœnen, — il y a lieu de signaler encore — une espèce dans le Bassin de Vienne : *A. Austriaca* R. Hœrn., d'après la Monographie de MM. Hœrnes et Auinger; une autre espèce dans l'Helvétien du Piémont : *A. Sowerbyi* Mich. d'après la Monographie de Bellardi. Une espèce douteuse dans les couches à silex de la Floride : *A. Shepardi* Dall, d'après la figure donnée par l'auteur.

Pliocène. — Une espèce vivante et typique dans les couches de Karikal : *A. cinnamomea* Lamk., coll. Bonnet; la même dans les couches récentes de Java, d'après la Monographie de M. Martin.

Epoque actuelle. — Plusieurs espèces ou variétés du type, dans la mer Rouge, le golfe Persique, la Polynésie, etc., d'après le Manuel de Tryon.

Alocospira, *nov. sect.* Type : *A. papillata*, Tate. Mioc.

Taille moyenne; forme olivoïde, un peu ventrue; spire peu allongée, à galbe conoïdal, incomplètement recouverte par une callosité assez mince, qui s'étend à peine au-delà de l'axe de la coquille ; protoconche formant un minuscule bouton saillant ; tours de spire subulés, séparés par une dépression peu profonde qui indique la position des sutures sous le vernis, et ornés de sillons spiraux plus ou moins obsolètes, qui séparent des cordonnets peu saillants ; dernier tour ovale, régulièrement atténué en avant, non sillonné au-dessus de la limite du vernis, avec une zone non vernissée assez haute ; une profonde rainure encadrée de deux stries sépare cette zone du limbe basal, qui est lui-même divisé en deux régions par une dépression bien marquée, correspondant aux accroissements de l'échancrure.

Ouverture peu dilatée, ovale au milieu, anguleuse en arrière, tronquée en avant par une échancrure large et peu profonde ; labre mince, presque droit, avec un denticule vis-à-vis du sillon inférieur au limbe ; columelle un peu excavée en courbe régulière, tronquée en avant, près de l'échancrure, portant quatre plis obliques, inégaux et inéquidistants, le postérieur plus épais et plus écarté ; bord columellaire mince et peu calleux, sur lequel se prolongent parfois quelques-uns des sillons de la spire.

Diagnose établie d'après des échantillons de l'espèce-type, du Tertiaire supérieur de l'Australie du Sud (Pl. III, fig. 8-9), ma coll.

Rapp. et diff. — J'ai hésité à séparer cette nouvelle Section de *Sparella*, précisément au moment où je réunissais ensemble plusieurs des coupes antérieurement proposées, et insuffisamment caractérisées à mon avis ; cependant *Alocospira* se distingue par des différences sectionnelles tellement nettes et constantes, que je ne puis considérer les coquilles de ce groupe comme de véritables *Sparella* : d'abord la faible épaisseur de la callosité du bord de l'ouverture, ensuite l'ornementation spirale et tout à fait anormale de la spire, enfin la petitesse de la protoconche. Comparé à *Ancilla s. s.*, *Alocospira* s'en écarte, non seulement par ces caractères, mais en outre, par l'existence d'un sillon bien rainuré sous le limbe basal, et d'un denticule correspondant sur le contour du labre, par l'excavation plus régulière de la columelle, par ses plissements moins égaux. Ainsi qu'on le verra ci-dessous, *Alocospira* est une forme exclusivement australasienne.

Ancilla

Répart. stratigr.

Eocene. — Une espèce assez étroite, dans l'Australie du Sud : *A. sublævis*, T. Woods, ma coll.

Miocene. — L'espèce-type dans l'Australie du Sud, ma coll.

Pliocene. — Une espèce parfaitement caractérisée, dans les couches récentes de Java : *A. Junghuhni* Martin, d'après la figure donnée par cet auteur.

Époque actuelle. — Une espèce et ses variétés, dans les mers de l'Australie : *A. marginata* Lamk., ma coll., et d'après le Manuel de Tryon.

Baryspira, Fischer, 1883. Type : *A. australis*, Sow. Viv.

Taille assez grande; forme très ventrue, variable selon l'âge de la coquille, presque toujours anguleuse en arrière; spire assez courte, à galbe conique à partir de l'angle postérieur; protoconche très petite et pointue ; tours entièrement recouverts par une épaisse callosité vernissée, qui ne laisse aucune trace des sutures; dernier tour ovoïdo-cylindrique, très atténué en avant, en partie recouvert par le vernis, et ne portant qu'une étroite zone non vernissée, séparée par un large sillon du limbe basal et calleux, qui est divisé en deux régions par une strie accompagnée d'une dépression.

Ouverture à peine supérieure à la moitié de la longueur totale, dilatée au milieu, rétrécie à ses deux extrémités, avec une double gouttière obsolète dans l'angle inférieur, terminée en avant par une profonde échancrure ; labre presque vertical, muni d'un cran antérieur qui correspond au sillon sous le limbe, légèrement sinueux et rétrocurrent vers la suture; columelle largement excavée en arc de cercle, se terminant en avant bien en deçà de l'extrémité de l'ouverture, sur le bord d'un sinus creusé dans l'épaisseur d'un bourrelet ; ce dernier est plissé dans le jeune âge, à peu près lisse chez les individus adultes, et séparé, par une profonde dépression, d'une arête assez saillante limitant la région ombilicale d'où sort le limbe basal.

Diagnose complétée d'après des échantillons d'un plésiotype du Miocène : *A. glandiformis* Lamk., du Burdigalien de Saucats (Pl. III, fig. 1, 2), du Tortonien de Saubrigues (Pl. III, fig. 3), de l'Helvétien de Bossée (Pl. III, fig. 4), tous les trois de ma collection.

Rapp. et diff. — Cette Section se distingue des formes précédentes par des caractères beaucoup plus tranchés, non seulement par son galbe ventru, anguleux en arrière, rétréci du côté antérieur, et par l'épaisse callosité qui recouvre toute la spire, mais encore par sa columelle arquée, et surtout par le sinus qui existe à l'extrémité du bourrelet columellaire, à la place où, chez *Sparella*, il n'existe qu'une troncature oblique ; enfin, la faible largeur de la zone non vernissée sur la face dorsale, le dédoublement de la gouttière postérieure de l'ouverture, le faible sinus rétrocurrent du labre, complètent l'ensemble des caractères différentiels qui justifient la création proposée par Fischer ; j'ai d'ailleurs choisi, comme type, la première des deux espèces qu'il cite, dans son Manuel, à titre d'exemple de la section *Baryspira*. Toutefois ce n'est, à mon avis, qu'une Section d'*Ancilla* ; car il y a des espèces qui, avant d'avoir atteint la taille adulte, se rapprochent beaucoup de *Sparella*, et qu'on ne peut en séparer qu'à la condition d'examiner de très près les caractères distinctifs dont il vient d'être question.

Répart. stratigr.

Oligocène. — Une espèce dans le Tongrien des Landes : *A. subinflata* d'Orb., ma coll. ; une autre espèce dans le Vicentin : *A. anomala* Schl., ma coll.

Miocène. — L'espèce plésiotype ci-dessus figurée, avec de nombreuses variétés, répandue dans presque toute l'Europe, ma coll. ; une autre espèce moins ventrue, dans l'Helvétien et le Tortonien du Piémont : *A. patula* Doderl., d'après la Monographie de Bellardi ; variété coniforme, peut-être distincte, dans l'Helvétien de la Touraine (Pl. III, fig. 4), ma coll.

Pliocène. — L'espèce-type dans les couches récentes de Java, d'après la Monographie de M. Martin, et dans les dépôts de la Nouvelle-Zélande, d'après M. Hutton.

Époque actuelle. — Plusieurs espèces voisines ou variétés du type, dans les mers d'Australie, et au cap de Bonne-Espérance, d'après le Manuel de Tryon.

Ancillina, Bellardi, 1882. Type : *A. pusilla*, Fuchs. Mioc.

Taille très petite ; forme étroite, subulée ; spire un peu allongée, à galbe conoïdal, surtout au sommet, recouverte par une callosité vernissée; protoconche un peu étagée, à nucléus petit et saillant; tours croissant rapidement, à sutures à peine indiquées sous le vernis; dernier tour très grand, ovoïdo-conique, arrondi à la base, avec une zone non vernissée qui s'étend sur la moitié environ de sa hauteur; une fine rainure la sépare du limbe basal, qui est calleux et divisé en deux régions très inégales. Ouverture très courte, ovale, peu anguleuse et dépourvue de gouttière postérieure, dilatée en avant et tronquée par une échancrure basale peu profonde; labre mince, droit, à peine rétrocurrent sur la suture; columelle faiblement excavée, très obliquement tordue à son extrémité antérieure, munie d'un bourrelet étroit et aplati, qui ne paraît porter aucune trace de plissements; bord columellaire assez large, calleux, surtout dans l'angle inférieur, où la callosité s'étend jusqu'à la moitié de l'avant-dernier tour.

Diagnose refaite d'après un échantillon de l'espèce-type, de l'Helvétien de Pontlevoy (Pl. III, fig. 18), coll. de l'Ecole des Mines.

Rapp. et diff. — Cette petite coquille ressemble à un *Melanopsis;* aussi Bellardi l'a-t-il classée dans un groupe tout à fait distinct, non seulement à cause de la brièveté de son ouverture, mais encore à cause des caractères de sa columelle non plissée, et de l'absence d'une gouttière dans l'angle inférieur de l'ouverture. Cependant ces différences n'ont, à mon avis, que la valeur d'une Section, attendu que les proportions relatives de l'ouverture et de la spire varient beaucoup chez *Sparella*, et que chez certains individus même, les plissements du bourrelet columellaire ont une tendance à s'effacer. Je n'aurais donc probablement pas conservé la Section *Ancillina* distincte de *Sparella*, si je n'avais eu l'occasion d'en étudier la protoconche, qui est absolument différente; c'est un caractère distinctif assez important, et précisément le seul qu'aucun auteur n'ait encore signalé. Or il existe, dans l'Eocène inférieur du Bassin de Paris, un très petit *A. arenaria* Cossm., qu'on pourrait être tenté de classer dans cette Section, à cause de sa petite taille et de son ouverture courte; mais, outre que cette espèce a un bourrelet columellaire plissé et une gouttière dans l'angle inférieur de l'ouverture, j'ai vérifié qu'elle a une protoconche obtuse: c'est donc bien un *Sparella*, comme je l'ai catalogué ci-dessus.

Répart. stratigr.

Miocène. — L'espèce-type ci-dessus figurée, dans l'Helvétien de la Touraine, coll. de l'Ecole des Mines; dans le Tortonien du Bassin de Vienne, d'après MM. Hœrnes et Auinger; dans l'Helvétien du Piémont, d'après la Monographie de Bellardi.

Tortoliva, Conrad, 1865. Type: *Oliva texana*, Conr. Eoc.

(=*Ancillarina*, Bell. 1882.)

Taille au-dessous de la moyenne; forme subcylindrique, peu dilatée en avant; spire très courte, à galbe conoïdal, incomplètement recouverte par la callosité vernissée; protoconche globuleuse, paucispirée, à nucléus en goutte de suif, formant un petit bouton saillant sur la spire; deux ou trois tours (outre les tours embryonnaires), croissant rapidement, à sutures obliques, bordées, profondes, toujours visibles jusqu'à l'avant-dernier tour, quelquefois même non comblées jusqu'au dernier tour, qui est à peine ovalisé, peu atténué du côté antérieur, et qui forme presque toute la coquille; surface dorsale exempte de vernis dans la plus grande partie de sa hauteur, portant quelquefois (sur de jeunes individus) des traces de stries spirales, et marquée par les stries d'accroissement, qui font un coude à gauche sur un étroit ruban, au-dessous d'un limbe large et calleux, correspondant aux accroissements de l'échancrure.

Ouverture très allongée, subtriangulaire, très étroite en arrière, où une gouttière entaille la callosité dans la suture, largement et peu profondément échancrée à la base, où un large rebord, visible sur le limbe, quoique obsolète, suit extérieurement le contour de l'échancrure; labre à peu près vertical, avec un petit cran antérieur correspondant à la déviation des accroissements, peu rétrocurrent en arrière vers la suture; columelle très longue, un peu incurvée, presque verticalement tordue par un bourrelet subcaréné, qui porte plusieurs plissements très obliques; bord columellaire assez mince au milieu, calleux en arrière, peu étalé sur la base.

Diagnose refaite d'après des échantillons d'une espèce plésiotype du Calcaire grossier de Mouchy : *A. canalifera* Lamk. (Pl. III, fig. 16-17), ma coll. Protoconche grossie de la même espèce (**Fig. 9**), ci-contre).

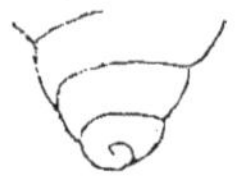

FIG. 9. — *Tortoliva canalifera*, Lamk.

Observ. — Vérification faite d'après la figure d'*Oliva texana*, il n'est pas possible de contester l'identité générique de cette espèce avec le type du Genre *Ancillarina* Bell. ; ce dernier est, par conséquent, synonyme de *Tortoliva*, qui est bien antérieur. Fischer a d'ailleurs signalé cette éventualité, mais avec un point de doute, qui est actuellement levé ; quant à Tryon, il émet l'avis que *Tortoliva* est synonyme d'*Agaronia*, hypothèse qui me paraît absolument dénuée de fondement.

Rapp. et diff. — Ce n'est pas seulement par sa forme et par ses sutures visibles, que ce Sous-Genre se distingue d'*Ancilla*, mais encore par ses plis très obliques, par le rebord de l'échancrure basale, et par l'absence d'un sillon divisant le limbe calleux. Si on le compare aux *Olivinæ*, on remarque que les sutures, quoique partiellement visibles, ne sont pas rainurées, et que les plis columellaires sont tout à fait différents de ceux des *Agaronia*, par exemple.

Répart. stratigr.

ÉOCÈNE. — L'espèce plésiotype ci-dessus figurée, et ses variétés, aux trois niveaux du Bassin de Paris, dans le Bassin de Nantes, dans le Bartonien d'Angleterre, ma coll. L'espèce-type dans le Texas, d'après le Manuel de Tryon.

OLIGOCÈNE. — Une espèce assez variable, dans le Tongrien inférieur de l'Allemagne du Nord : *A. canalis* von Kœnen, d'après les figures données par l'auteur ; une autre espèce dans les environs de Gênes : *A. apenninica* Bell., d'après la figure donnée par l'auteur.

MIOCÈNE. — Une espèce dans le Burdigalien du Bordelais, et dans l'Helvétien des Landes : *A. suturalis* Bon., ma coll. ; la même dans l'Helvétien du Piémont, d'après la Monographie de Bellardi ; une espèce voisine du type, mais distincte, dans l'Helvétien de Touraine : *A. subcanalifera* d'Orb., d'après la liste préliminaire de MM. Dollfus et Dautzenberg.

SPARELLINA, Fischer, 1883. Type : *A. candida*, Lamk. Viv.

Taille au-dessous de la moyenne ; forme olivoïde, étroite ; spire très courte, à galbe conoïdal, complètement recouverte par le vernis, sauf la protoconche paucispirée, qui forme un petit bouton brillant, globuleux et obtus; tours très peu nombreux, à sutures invisibles, le dernier formant presque toute la coquille, en général peu ventru, dépourvu de zone non vernissée, séparé du limbe basal, qui est très large, par un sillon étroit; limbe peu calleux, divisé en deux régions inégales par une ligne oblique et superficielle.

Ouverture très allongée, rétrécie dans l'angle inférieur, où une gouttière entaille la suture, dilatée en avant, largement et peu profondément échancrée à la base; labre à peu près vertical, portant en avant un denticule très petit et pointu, qui correspond au sillon sous le limbe, sinueux et peu rétrocurrent en arrière sur la suture, prolongé, au-delà de celle-ci, par des stries antécurrentes, jusque sur le vernis de l'avant-dernier tour; columelle égale à la moitié de la hauteur de l'ouverture, faisant un angle très ouvert avec la base de l'avant-dernier tour, garnie d'un large bourrelet antérieur, qui est séparé du limbe par une large rainure, et qui est muni de six ou sept plissements très obliques et peu saillants; bord columellaire peu calleux, non étalé.

Diagnose complétée d'après des échantillons fossiles de l'espèce-type, provenant du Pliocène de Karikal (Pl. III, fig. 20-21), coll. Bonnet.

Rapp. et diff. — Cette Section diffère de *Tortoliva* : non seulement parce que ses tours sont invisibles sous le vernis de la spire, mais encore parce que le dernier tour ne porte pas de zone non vernissée, par son denticule labial plus pointu, par sa columelle plus courte, faisant un angle avec la base de l'avant-dernier tour, et munie d'un bourrelet plus large, avec des plissements plus nombreux et plus égaux. Si on la compare à *Sparella*, on trouve que sa spire est plus courte, que son ouverture est beaucoup plus allongée, qu'elle est dépourvue de la zone dorsale qui existe toujours chez *Sparella*, enfin et surtout, que les plis columellaires sont beaucoup plus obliques. Elle n'a pas le galbe ventru de *Baryspira*, ni sa columelle excavée, ni son sinus à l'extrémité antérieure. C'est donc avec juste raison que Fischer a séparé cette Section, tout en la rapprochant de *Tortoliva*.

Répart. stratigr.

Pliocène. — L'espèce-type dans les couches de Karikal (identique aux individus actuels, que je possède précisément de Karikal même): autre espèce vivante, dans les couches récentes de Java : *A. ampla* Gmelin, d'après la Monographie de M. Martin.

Epoque actuelle. — Deux espèces, peut-être identiques, dans l'Océan Indien, ma coll.

Olivula, Conrad, 1832. Type : *O. staminea*, Conr. Eoc.

Taille moyenne ; forme subcylindrique, étroite ; spire très courte, incomplètement recouverte par la callosité, à galbe conoïdal ; protoconche formant un petit bouton proboscidiforme, à nucléus obtus; tours peu nombreux, parfois étagés aux sutures, qui sont toujours imprimées sur la callosité non vernissée; dernier tour formant presque toute la coquille, légèrement ovale au milieu, à peine atténué du côté antérieur ; surface couverte de sillons spiraux, réguliers, très fins, croisés par des plis d'accroissement irréguliers, qui persistent seuls sur la couche calleuse de la partie inférieure du dernier tour et de la spire, et qui font un angle de 90° environ, à la hauteur de la suture ; base un peu atténuée, avec une nouvelle dépression oblique, à une grande distance du limbe basal, qui est subdivisé en trois régions à peu près égales par deux gradins, celle du milieu correspondant aux accroissements de l'échancrure.

Ouverture longue, peu rétrécie en arrière, où une gouttière assez large entaille profondément la suture, dilatée en avant, où elle est tronquée par une large échancrure; labre un peu épais, lisse à l'intérieur, presque vertical, dépourvu de denticule antérieur, subitement rétrocurrent à la gouttière suturale; columelle à peine excavée, tordue au milieu par un bourrelet, qui est isolé du limbe par une profonde rainure, et qui porte six plis très obliques, croissant d'avant en arrière ; bord columellaire mince et peu étalé.

Diagnose refaite d'après des échantillons de l'espèce-type, de Claiborne (Pl. III, fig. 10-11), ma coll.

Rapp. et diff. — Contrairement à l'opinion que j'ai précédemment exprimée, à deux reprises (Catal. Eoc. Suppl. App. II, p. 41, et Moll. éoc.

Loire-Infér., I, p. 321), je considère actuellement comme distincts *Tortoliva* et *Olivula* qui, après un examen plus approfondi, présentent les différences sectionnelles ci-après résumées : en admettant même que l'on ne tienne aucun compte de l'ornementation spirale, qui n'est pas toujours complètement effacée chez les jeunes individus de *Tortoliva*, et que l'on n'attache pas d'importance à l'absence d'un cran ou d'un denticule à la partie antérieure du labre, par suite de l'oblitération du ruban dorsal chez *Olivula*, il y a lieu d'observer que le limbe basal est divisé en trois zones chez cette dernière Section, tandis qu'il n'y en a que deux chez *Tortoliva*; en outre, les plissements columellaires sont moins verticaux chez *Olivula* ; ils sont moins nombreux et croissent plus régulièrement ; enfin la callosité inférieure s'élève moins haut sur le dernier tour ; elle est mieux limitée et plus fortement plissée par les accroissements, qui font un coude bien plus aigu sur la suture, et celle-ci n'est jamais imprimée au dernier tour de *Tortoliva*, comme elle l'est chez *Olivula*.

Répart. stratigr.
Eocene. — Une espèce dans le Claibornien des Etats-Unis, ma coll.

MONOPTYGMA, Lea, 1833.

Monoptygma, *sensu stricto*. Type : *M. limneoides*, Conr. Eoc.

Taille petite, ou à peine moyenne ; forme ancilloïde, en fuseau ; spire un peu allongée, subulée, à galbe conique, aiguë au sommet, entièrement recouverte par le vernis ; protoconche obtuse et paucispirée ; tours peu nombreux, à sutures absolument indistinctes ; dernier tour grand, ovale et un peu renflé au milieu, régulièrement atténué à la base, paraissant dépourvu de zone non vernissée sur sa surface dorsale, sauf à peu de distance au-dessous du limbe, où l'on distingue d'abord une strie oblique, puis un large ruban terne ; limbe basal peu calleux, large, obtusément divisé en trois régions.

Ouverture peu allongée, à peine dilatée, avec une gouttière très obsolète dans l'angle inférieur, terminée en avant par une échancrure assez large et très peu profonde ; labre assez mince, légèrement convexe, à peine rétrocurrent vers la suture ; columelle excavée en avant, avec un bourrelet faiblement calleux, étroit, non plissé, dont l'enroulement tordu forme, au milieu de la hauteur de l'ouverture, une énorme saillie, lamelleuse et spirale, au-dessous de laquelle le bord columellaire est encore excavé; callosité peu épaisse, large, un peu étalée sur la base, s'étendant en arrière sur l'avant-dernier tour.

Diagnose faite d'après des échantillons de l'espèce-type, de Claiborne dans l'Alabama (Pl. III, fig. 24-25), ma coll.

Rapp. et diff. — Bien que cette coquille ait la forme caractéristique d'un *Ancilla*, elle doit être classée dans un Genre complètement distinct, non seulement à cause de la disparition des plis sur la partie antérieure de la columelle, qui ne porte qu'un bourrelet excavé et très étroit, mais encore à cause de la saillie que forme la torsion de ce bourrelet, beaucoup plus bas que les plissements des *Ancilla;* c'est bien une lamelle spirale, qui s'enfonce dans l'ouverture qu'elle rétrécit au milieu, et ce n'est pas une dent, ou une protubérance calleuse, comme celle de *Chiloptygma.* Il y a donc là un caractère générique, d'une importance exceptionnelle, qui justifie la séparation complète de cette forme. Le vernis calleux s'étend d'ailleurs, sur le dernier tour, beaucoup plus en avant que chez la plupart des *Ancillinæ;* il ne reste sous le limbe qu'un étroit ruban, dont la surface rugueuse est striée par les accroissements.

Répart. stratigr.

Eocene. — L'espèce-type, également connue sous le nom de *M. alabamiensis* Lea, ainsi que ses variétés : *A. curta* Conr., etc., dans le Claibornien des Etats-Unis, ma coll.

HARPIDÆ, Troschel.

Coquille ventrue, généralement costulée, à spire assez courte; protoconche globuleuse ; ouverture ample, échancrée en avant par un sinus plus ou moins profond, auquel aboutit un bourrelet basal ; labre droit, épaissi par la dernière côte, légèrement sinueux en arrière, et antécurrent vers la suture ; columelle inclinée vers l'axe à son extrémité antérieure, un peu excavée, non plissée, avec un léger bombement indiquant l'enroulement du bourrelet basal sous le vernis du bord columellaire, qui est plus ou moins étalé sur la base, et parfois jusque sur l'avant-dernier tour. Pas d'opercule.

Rapp. et diff. — Cette Famille a été créée par Troschel, aux dépens des *Olividæ*, et cette séparation est justifiée : non seulement à cause des différences que présente l'anatomie de l'animal, dans la forme du pied et dans la formule de la radule; mais aussi à cause des caractères de la coquille, qui a un galbe et des ornements bien distincts, et surtout à cause de la disposition de la columelle, qui n'est pas tordue en avant par un bourrelet plissé, mais qui atteint ou dépasse le niveau de l'échancrure basale, en s'inclinant légèrement vers l'axe, au lieu de rejoindre le contour supérieur en se recourbant vers l'extérieur, comme cela a lieu chez *Oliva* et chez *Ancilla*. A ce dernier point de vue, *Harpa* se rapproche davantage des *Volutidæ;* mais, outre que la columelle n'est pas plissée, le labre se termine en arrière par un sinus peu profond, dont le contour est antécurrent vers la suture, et les côtes, quand il y en a, suivent cette inflexion, de sorte qu'elles recouvrent la rainure suturale.

Tableau des Genres, Sous-Genres et Sections.

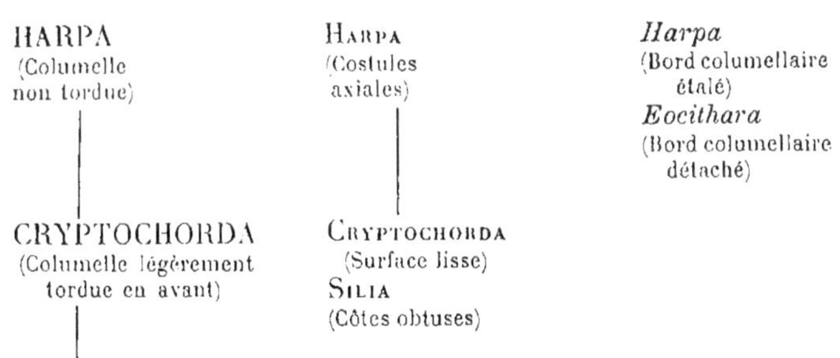

HARPA, Lamarck, 1799.

(= *Cithara*, Klein 1753.)

HARPA, *sensu stricto*. Type : *H. ventricosa*, Lamk. Viv.

Taille souvent grande; forme ventrue, ovale, arrondie; spire courte, étagée, à galbe à peu près conique; protoconche lisse, petite, globuleuse, à nucléus planorbulaire; tours anguleux ou arrondis, avec une rampe suturale, oblique ou excavée, partiellement ou même entièrement recouverts par un vernis qui empâte les côtes; dernier tour très grand, orné de côtes un peu courbées, généralement lamelleuses, dont les intervalles sont treillissés; bourrelet basal étroit et saillant, limité à l'extérieur par une dépression profonde, et sur lequel les côtes, en se repliant, forment des crochets, indiquant les arrêts de l'accroissement de l'échancrure.

Ouverture très dilatée, dépourvue de gouttière dans l'angle inférieur, terminée en avant par une échancrure arrondie, à laquelle aboutit intérieurement une gouttière obsolète; labre vertical, un peu épaissi à son contour par la dernière côte, qui forme en arrière une sinuosité peu profonde et se replie à droite sous le vernis de l'avant-dernier tour, dans l'épaisseur duquel elle se perd; columelle peu incurvée, rejetée vers l'axe en avant, portant au milieu un très faible bombement, qui correspond à l'enroulement du bourrelet basal; bord columellaire lisse, calleux en avant, mince en arrière, recouvrant non seulement la région ombilicale, mais une partie de la base, l'avant-dernier tour, et quelquefois même les premiers, jusqu'à la protoconche.

Diagnose complétée d'après des échantillons de l'espèce-type, et d'après un plésiotype du Miocène des environs de Bordeaux : *Harpa Brochoni* Benoist (Pl. IV, fig. 3), coll. Degrange-Touzin.

Observ. — L'adoption du nom *Harpa*, de préférence à *Cithara*, ne doit donner lieu à aucune hésitation, dès l'instant qu'aux termes des règles de la nomenclature, fixées par le Congrès de Bologne, les écrits de Klein antérieurs à la douzième édition de Linné (1766), et non basés sur la méthode binominale, n'ont aucun droit de priorité, quant aux noms de Genres. Cependant, dans son Manuel, Fischer attribue à Rhumphius (1705) le nom *Harpa ;* mais il doit être entendu que c'est uniquement parce que Lamarck a repris cette dénomination, qu'elle a prévalu sur toute autre.

Répart. stratigr.

Oligocène. — Une espèce dans le Piémont, plus voisine des formes vivantes que des *Eocithara* éocéniques : *H. Bellardii* Sacco, d'après la Monographie de cet auteur.

Miocène. — L'espèce plésiotype ci-dessus figurée, et encore inédite, dans le Burdigalien de l'Aquitaine, coll. Degrange-Touzin. Autre espèce dans l'Helvétien du Piémont : *H. Josephinæ* Sacco, d'après la Monographie de cet auteur.

Epoque actuelle. — Plusieurs espèces dans les mers tropicales, ma collection.

Eocithara, Fischer, 1883. Type : *Harpa mutica*, Lamk. Eoc.

Taille moyenne; forme ventrue; spire peu allongée, à galbe conique; protoconche lisse, globuleuse, composée de trois tours, à nucléus déprimé et obtus; tours convexes, séparés par des sutures peu profondes, non vernissées; dernier tour grand, ovale, arrondi en arrière, orné de lamelles plus ou moins écartées, un peu sinueuses, antécurrentes à la suture, sur laquelle elles se replient et qu'elles recouvrent d'une manière presque continue; surface treillissée plus ou moins finement dans l'intervalle des côtes.

Ouverture médiocrement dilatée, avec une gouttière dans l'angle inférieur, munie en avant d'une étroite et profonde échancrure; labre légèrement incurvé, épaissi par la dernière côte, à peine sinueux à la suture, et se raccordant avec le bord opposé; columelle un peu bombée au milieu par l'enroulement spiral du bourrelet sous la callosité du bord, légèrement infléchie vers l'axe à son extrémité antérieure; bord columellaire calleux, assez large, quoique peu étalé, limité du côté de la base dans toute son étendue, ne s'étendant pas sur l'avant-dernier tour, détaché en avant, et découvrant généralement une petite fente ombilicale.

Diagnose faite d'après un échantillon de l'espèce-type, du Calcaire grossier de Chaussy (Pl. III, fig. 22-23), ma coll. Protoconche de la même espèce, grossie (**Fig. 10** ci-contre).

Fig. 10. — *Eocithara mutica*, Lamk.

Rapp. et diff. — La séparation de cette Section, proposée par Fischer dans son Manuel de Conchyliologie, est fondée sur quelques caractères différentiels, dont j'ai vérifié la constance : d'abord et surtout la disposition du bord columellaire, qui forme une lèvre calleuse assez large, non étalée sur la base, ni sur les tours de spire, et limitée à l'extérieur par un biseau bien distinct; ce bord se détache, en outre, du côté antérieur et découvre une fente ombilicale, plus ou moins profonde, au lieu de s'étendre jusque sur le bourrelet basal; d'autre part, l'échancrure siphonale est plus étroite et plus profondément entaillée dans ce bourrelet, de sorte que, quand on regarde la coquille du côté du dos, cette entaille forme presque un demi-cercle ; enfin les costules se replient plus complètement sur la suture, et elles la recouvrent en se joignant les unes aux autres ; toutefois ce dernier caractère est moins visible chez les *Eocithara* de l'Australie du Sud, qui ont d'ailleurs une protoconche plus globuleuse, ainsi que je l'ai constaté, d'une manière générale, sur la plupart des fossiles de cette provenance, qui ont fréquemment des embryons très aberrants; on s'en convaincra par l'inspection de la **Fig. 11** ci-contre, qui représente la protoconche d'*E. tenuis* Tate.

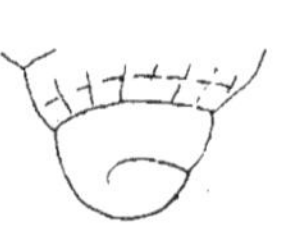

Fig. 11. — *Eocithara tenuis*, Tate.

Répart. stratigr.

Eocene. — Deux espèces dans le Bassin de Paris: le type et *H. elegans* Desh., ma coll.; cette dernière espèce dans le Bassin de Nantes, coll. Bourdot. Plusieurs espèces dans l'Australie : *H. sulcosa*, *lamellifera*, *pachychila*, *spirata*, *tenuis*, Tate, ma coll.

Oligocene. — Une espèce probable, dans le Tongrien de Gaas : *H. submutica* d'Orb. (= *H. mutica* Grat.), d'après l'Atlas de Grateloup.

CRYPTOCHORDA, Mörch, 1858.

(= *Buccinopsis* Bayle *in coll.*, *non* Jeffreys 1867, *nec* Conrad 1857 ; = *Harpopsis* Mayer-Eymar 1877.)

Cryptochorda, *s. str.* Type : *Buccinum stromboides*, Herman. Eoc.

Taille assez grande ; forme ovoïde, un peu ventrue ; spire peu allongée, faiblement étagée aux sutures, presque entièrement recouverte par le vernis ; protoconche lisse, globuleuse, composée de quatre tours, formant une petite calotte subulée, à nucléus en goutte de suif ; tours arrondis, avec une légère dépression près de la suture, qui n'est pas visible à cause de l'émail ; dernier tour grand, ovale en arrière, excavé à la base, souvent plissé par des accroissements irréguliers, portant, sur la dépression basale, cinq ou six filets obliques; bourrelet d'accroissement de l'échancrure à peine saillant, limité par une côte oblique, marqué par des crochets obsolètes.

Ouverture un peu dilatée, avec une gouttière entaillée dans l'angle inférieur, terminée en avant par une très profonde échancrure; labre presque vertical, épaissi et bordé à son contour, sinueux vers la suture; columelle avec une double inflexion en *S*, excavée en arrière, bombée au milieu par l'enroulement du bourrelet basal sous le vernis, faiblement tordue et incurvée vers l'axe, du côté antérieur où elle se termine plus haut que le bord opposé, à l'angle supérieur, de l'échancrure; bord columellaire mince, vernissé, étalé sur toute la base du dernier tour, et envahissant la spire.

Diagnose refaite d'après des échantillons de l'espèce-type, du Calcaire grossier de Mouchy (Pl. IV, fig. 1 et 4), ma coll.

Observ. — Fischer a rectifié, dans son Manuel, la dénomination de ce Genre, et il a rétabli le nom antérieurement proposé par Mörch, de sorte qu'il y a lieu de reléguer dans la synonymie *Harpopsis*, que Mayer a créé, dans son Mémoire sur les environs d'Einsiedeln, dans l'intention de corriger un double emploi, non publié par Bayle, mais inscrit sur les étiquettes de la Collection de l'École des Mines de Paris.

Rapp. et diff. — Le classement de ce Genre, exclusivement connu à l'état fossile, a été l'objet de tergiversations : Mayer-Eymar l'a rapproché des *Harpidæ*, et il l'a baptisé *Harpopsis*; Fischer le classe, au contraire, dans la Famille *Volutidæ*, en se basant sur l'analogie de la coquille en question avec celle de *Zidona*; en ce qui me concerne, j'ai, à deux reprises (Catal. Toc., 1889, IV, p. 192, et Moll. Eoc. Loire-Infér., 1896, I, p. 97), adopté cette opinion, et j'ai même insisté sur les motifs donnés par Fischer en faveur de ce rapprochement. Cependant, aujourd'hui, après un nouvel examen comparatif, j'en reviens à l'avis de Mayer, et je suis d'avis que *Cryptochorda* est une forme de *Harpidæ*.

En effet, autant que je puis en juger par la figure du Manuel de Tryon, *Zidona* (à part le prolongement anormal de son sommet) a la columelle véritablement plissée, incurvée dans toute son étendue, le labre non échancré à la suture; tandis que *Cryptochorda* porte simplement, comme tous les *Harpa*, sur sa columelle bisinueuse, la trace très obsolète de l'enroulement du bourrelet basal; en outre, le contour de son labre forme, à la suture, un crochet qui rappelle tout à fait celui d'*Eocithara*; il est vrai que *C. stromboides* s'écarte des espèces de cette dernière Section par sa surface à peu près lisse, par sa spire vernissée, par son bourrelet non saillant, et par les stries obliques de sa base; mais, comme la columelle a exactement la même disposition, que la protoconche se rapproche plus de celle des *Harpidæ* que des embryons de *Volutidæ*, la prépondérance des caractères semblables à ceux de la première de ces deux Familles justifie le classement que j'adopte, tandis que les caractères différentiels ont une importance qui ne nécessite que la séparation d'un Genre distinct de *Harpa*.

Répart. stratigr.

Paléocène. — L'espèce-type dans le Calcaire de Mons, avec une autre espèce : *Harpopsis tritonoides* Briart et Cornet, d'après la Monographie de ces deux auteurs.

Eocène. — L'espèce-type aux trois niveaux du Bassin de Paris, dans le Bartonien d'Angleterre, dans le Bassin de Nantes, ma coll.; la même dans le Parisien du Nord de la Suisse, d'après M. Mayer-Eymar. Une autre espèce aux Etats-Unis : *C. Mohri* Aldrich, d'après la figure donnée par cet auteur.

? Silia, Mayer-Eymar, 1877 (1). Type : *Harpa Zitteli*, Mayer. Eoc.

« Coquille bucciniforme, enroulée; base terminée par un canal « court, recourbé, échancré; spire courte, conique; tours con- « vexes, à sutures simples; dernier tour très grand, allongé; « labre épais, flexueux. Ouverture allongée, étroite; columelle « presque droite, callosité mince, étroite, obscurément plissée « au milieu; accroissements du canal marqués sur un bourrelet « caréné et plissé. »

Diagnose traduite d'après celle de l'auteur; reproduction originale de l'espèce (**Fig. 12** ci-contre).

Fig. 12. — *Silia Zitteli*, Mayer.

Observ. — N'ayant pas sous les yeux le type de ce Sous-Genre, je ne puis en proposer la suppression d'après l'inspection seule de la figure; mais il me semble que

(1) Umgegend von Einsiedeln, p. 59, Pl. III, fig. 5.

cette nouvelle subdivision créée d'après un simple moule, n'a aucune valeur; il est possible que ce soit un *Cryptochorda*, dont les accroissements aient laissé une trace à l'intérieur du test.

Rapp. et diff. — Mayer indique que *Silia* se distingue de *Harpa* par ses côtes obliques, qui ne se replient pas sur la suture, et que sa forme le rapproche de *Harpopsis* (*Cryptochorda*), dont la columelle a exactement la même disposition. Je me borne à le placer près de ce dernier Genre, jusqu'à ce que l'examen de meilleurs matériaux ait permis de dissiper toute incertitude.

Répart. stratigr.

Eocène. — L'espèce-type dans le Parisien du Nord de la Suisse, d'après M. Mayer-Eymar.

MARGINELLIDÆ, Jousseaume, 1875.

Coquille ovale ou subconoïdale, à spire proéminente ou cachée; protoconche obtuse; surface luisante et émaillée, rarement plissée, jamais sillonnée; sutures recouvertes par le vernis; ouverture étroite, faiblement échancrée à la base, ou à peine sinueuse; labre épaissi à l'extérieur, souvent crénelé à l'intérieur; columelle munie de plis décroissant d'avant en arrière, tantôt lamelleux, tantôt épais. — Pas d'opercule.

Observ. — La classification des Genres, Sous-Genres et trop nombreuses Sections, dont se compose actuellement cette Famille, est extrêmement embarrassante; les caractères distinctifs s'enchevêtrent tellement qu'on est dans l'alternative soit de multiplier exagérément ces subdivisions, soit de les réunir presque toutes entre elles, pour n'en faire que deux ou trois groupes. Depuis Swainson et Gray, qui y admettaient seulement quatre Genres, depuis Adams qui n'en conservait que trois, depuis Kiener, Sowerby et Reeve, qui les rejetaient tous et qui désignaient toutes ces coquilles sous l'unique dénomination *Marginella*, l'étude plus attentive des caractères de la coquille a conduit les conchyliologistes modernes à proposer de nouvelles coupes; M. Jousseaume arrive ainsi à quatorze Genres, et Fischer admet quinze Genres, Sous-Genres ou Sections; l'arrangement de Weinkauff, partiellement adopté par Tryon, comprend deux divisions principales, selon qu'il existe un sinus basal ou qu'il n'y en a pas, et trois Sections dans chacune de ces divisions, avec plusieurs groupes dans chaque Section. Ce dernier classement, plus méthodique que les précédents, se rapproche de celui que j'ai établi ci-après, en ce sens qu'il fait intervenir l'échancrure basale, et par conséquent, le limbe calleux de la surface dorsale; ce caractère, joint à celui de la disposition des plis, m'a permis d'aboutir à un tableau à peu près satisfaisant des subdivisions à conserver dans cette nombreuse Famille.

Tableau des Genres, Sous-Genres et Sections.

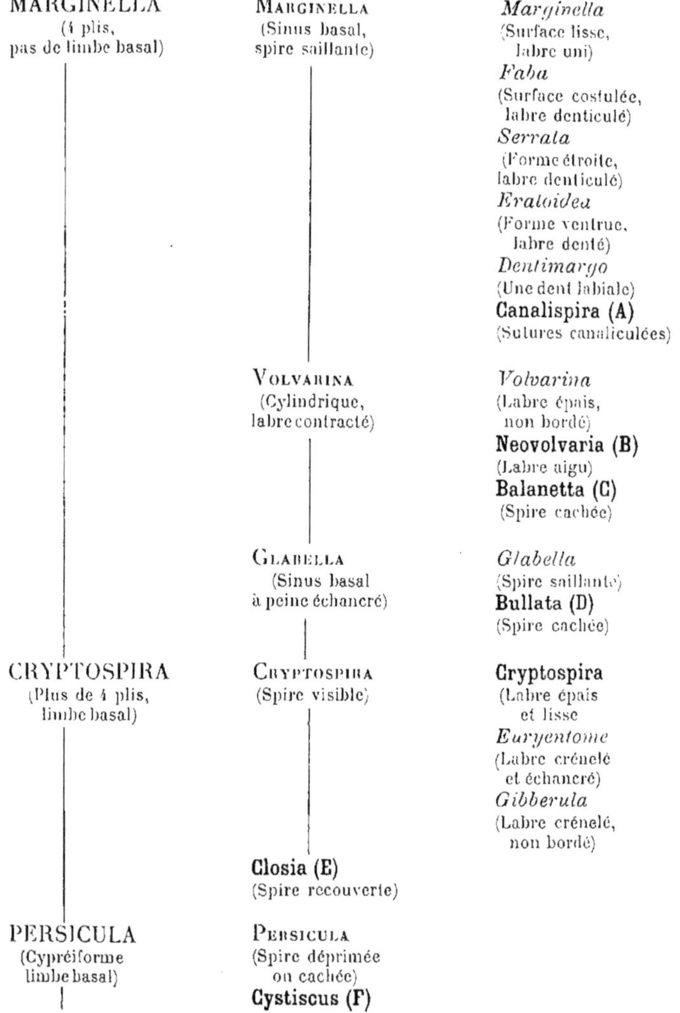

Genres	Sous-Genres	Sections
MARGINELLA (4 plis, pas de limbe basal)	MARGINELLA (Sinus basal, spire saillante)	*Marginella* (Surface lisse, labre uni)
		Faba (Surface costulée, labre denticulé)
		Serrata (Forme étroite, labre denticulé)
		Eratoidea (Forme ventrue, labre denté)
		Dentimargo (Une dent labiale)
		Canalispira (A) (Sutures canaliculées)
	VOLVARINA (Cylindrique, labre contracté)	*Volvarina* (Labre épais, non bordé)
		Neovolvaria (B) (Labre aigu)
		Balanetta (C) (Spire cachée)
	GLABELLA (Sinus basal à peine échancré)	*Glabella* (Spire saillante)
		Bullata (D) (Spire cachée)
CRYPTOSPIRA (Plus de 4 plis, limbe basal)	CRYPTOSPIRA (Spire visible)	**Cryptospira** (Labre épais et lisse)
		Euryentome (Labre crénelé et échancré)
		Gibberula (Labre crénelé, non bordé)
	Closia (E) (Spire recouverte)	
PERSICULA (Cypréiforme limbe basal)	PERSICULA (Spire déprimée ou cachée)	
	Cystiscus (F)	

Genres, Sous-Genres et Sections non signalés à l'état fossile.

(A). CANALISPIRA, Jousseaume 1875. — Type : *M. olivellæformis* Jouss. « Coquille facile à distinguer des autres groupes par sa suture canaliculée, comme dans les Olives. » D'après la figure, la spire est plutôt étagée par une rampe aplatie que canaliculée à la suture; toutefois, comme l'auteur insiste, dans le texte, sur cette rainure suturale, linéaire, identique à celle des *Oliva*, il est probable que le dessinateur a mal interprété les caractères de l'échantillon-type. J'ajoute que le labre est liré à l'intérieur et que l'ouverture est un peu dilatée en avant.

(B). NEOVOLVARIA, Fischer 1883. — Type : *M. pallida* Lin. Cette Section ne semble distincte de *Volvarina s. s.*, que par son labre aigu ; comme il est déjà difficile de trouver des différences génériques entre *Volvarina* et *Marginella*, il paraît excessif de baser une nouvelle subdivision sur la minceur du labre, qui peut être attribuée à ce que les échantillons ne sont pas adultes. La plupart des auteurs, Tryon entre autres, confondent *V. pallida* avec *Volvaria* Lamk., qui, comme on le verra ci-après, n'appartient pas à la Famille *Marginellidæ*.

(C). BALANETTA, Jousseaume 1875. — Type: *M. Baylei* Jouss. Cette Section se distingue de *Volvarina* par la disparition complète de la saillie de la spire, de sorte que la coquille ressemble à un *Bulla*, ou plutôt à un *Bullinella*. Les autres caractères: contraction du labre, plis columellaires, galbe général, sont les mêmes que chez *Volvarina*.

(D). BULLATA, Jousseaume 1875 (= *Volutella* Swainson 1840, *non* Perry 1811). — Type : *M. bullata* Born. Par ses quatre plis columellaires et par l'absence de limbe basal, cette coquille se rattache au Genre *Marginella* ; mais, par son sinus basal à peine creusé, elle appartient, en réalité, au Sous-Genre *Glabella*; elle ne s'en distingue, d'ailleurs, que par sa spire entièrement cachée, et recouverte par une couche de vernis qui comble complètement l'excavation apicale. Le labre est bordé, lisse à l'intérieur ; la gouttière postérieure de l'ouverture atteint presque le sommet. M. Jousseaume a corrigé, avec raison, le double emploi qui a échappé à Swainson ; j'ignore pourquoi Fischer se borne à citer *Bullata* comme synonyme de *Volutella*.

(E). CLOSIA, Gray 1857. — Type: *M. Sarda* Kiener. Coquille ovoïde et globuleuse, à spire cachée par le prolongement du bourrelet labial, qui est denticulé à l'intérieur ; columelle à quatre plis, les deux antérieurs saillants et extérieurement soudés entre eux. Quoique ce Sous-Genre se rapproche de *Bullata*, et par conséquent, des *Marginella* à quatre plis, l'existence d'un limbe basal, bien limité, me décide à le placer dans le Genre *Cryptospira;* ce limbe correspond, d'ailleurs, à une échancrure profonde du contour supérieur, tandis que *Bullata* a un sinus basal à peine indiqué.

(F). CYSTISCUS, Stimpson 1865. — Type : *C. capensis* Stimpson (*non*

M. capensis Dunk.; = *M. cysticus* Redfield). Ce Genre a tout à fait la même diagnose que *Gibberula*, sauf que le nombre des plis columellaires est limité à quatre, et qu'on ne fait pas mention de rides columellaires, la figure n'en indique pas, d'ailleurs. Mais l'animal est différent de celui de *Marginella*, et ces différences ont paru suffisantes pour motiver la création d'un Genre, contesté par certains auteurs ; dans ces conditions, il est possible que certaines espèces fossiles, classées comme *Gibberula*, aient eu, en réalité, un animal de *Cystiscus;* il ne serait alors possible de les distinguer qu'en s'assurant bien qu'elles ne portent pas plus de quatre plis à la columelle.

Genres à éliminer de la Famille.

Pachybathron, Gaskoin 1853. — Type : *P. marginelloideum* Gask. Fischer a classé, avec un point de doute, ce Genre dans la Famille *Marginellidæ*, en faisant remarquer que, si son aspect est celui d'un *Cassis*, ses autres caractères le rapprochent, soit de *Marginella*, soit de *Cypræa*. J'avoue que je ne puis saisir aucun rapport entre cette forme et l'une quelconque des subdivisions des *Marginellidæ* ; la spire et le dernier tour sont ornés, le sommet est aigu, les rides columellaires et pariétales sont très étalées sur le bord, enfin l'échancrure basale est bien plus profonde. Je ne puis donc admettre le classement proposé par Fischer, et je me range à l'avis de Chenu, de Tryon, etc., qui placent *Pachybathron* dans les *Cassididæ*.

Microvoluta, Angas, 1877. — Type : *M. australis* Angas. L'unique petite espèce, qui représente ce Genre, a une forme et des plis de *Mitra*, croissant d'avant en arrière, une protoconche papilleuse, le labre mince, un peu contracté à la base, des sutures bien marquées, la surface lisse et luisante; enfin elle n'a pas d'échancrure basale. Je ne trouve, dans ces caractères, aucun motif pour classer *Microvoluta* dans les *Marginellidæ*, comme l'a proposé Fischer, avec un point de doute. Je trouve, au contraire, que cette coquille se rapproche beaucoup plus soit des *Mitridæ*, soit des *Volutidæ*, et on verra plus loin que j'admets que c'est une forme intermédiaire entre ces deux dernières Familles.

Erato, Risso 1826. — Type: *E. lævis* Donovan. Beaucoup d'auteurs, — notamment Jousseaume et Tryon, — classent ce Genre dans les *Marginellidæ*, à cause de la similitude de la coquille avec la forme extérieure de *Gibberula* ou de *Persicula*. Toutefois l'animal d'*Erato* a des caractères différents. Fischer a fait remarquer, en effet, que les organes de cet animal, et principalement sa radule, sont identiques à ceux de *Trivia*, que c'est un Mollusque très actif, comme les *Cypræa;* enfin que, même en ce qui concerne la coquille, dont les couleurs sont très vives, comme chez tous les *Cypræidæ*, les plis columellaires ne se montrent qu'à l'âge adulte, en même temps que les denticulations du labre, tandis que, chez *Margi-*

nella, les plis columellaires sont apparents à tout âge, bien avant les crénelures labiales, quand elles existent. Pour tous ces motifs, il me paraît qu'il y a lieu de laisser *Erato* dans la Famille *Cypræidæ*.

MARGINELLA, Lamarck, 1801.

(= *Porcellana*, Adanson 1757, *sec.* Fischer)

MARGINELLA, *sensu stricto*. Type: *Voluta glabella*, Lin. Viv.

(= *Simplicoglabella*, Sacco 1889)

Taille rarement grande ; forme ovoïde ou ovale-conique, ventrue en arrière; spire saillante, courte en général, au plus égale à l'ouverture; protoconche paucispirée, obtuse, recouverte par le vernis de la spire, à nucléus déprimé; tours subulés, à sutures linéaires, à peine marquées; surface entièrement lisse et vernissée, dernier tour plus ou moins renflé et arrondi du côté postérieur, régulièrement atténué à la base, qui ne porte aucune trace de limbe à son extrémité antérieure.

Ouverture allongée, assez étroite, surtout en arrière, avec une gouttière un peu échancrée dans l'angle inférieur, tronquée en avant par une faible échancrure basale; labre épais, extérieurement bordé par un bourrelet, qui se prolonge jusque sur le contour supérieur, lisse à l'intérieur, à profil presque vertical, faiblement rétrocurrent près de la suture; columelle oblique, à peu près rectiligne, un peu tordue en avant, munie de quatre plis écartés, peu épais, l'antérieur presque vertical, se raccordant avec le contour supérieur, l'inférieur plus saillant et presque transversal; bord columellaire très mince, non distinct du vernis qui couvre toute la base du dernier tour.

Diagnose refaite d'après deux plésiotypes fossiles: *M. auris-leporis* Br., du Pliocène d'Orciano (Pl. IV, fig. 2); *M. Stephaniæ* Per. da Costa, du Tortonien de Cacella (Pl. III, fig. 31); tous deux de ma collection.

Observ. — Pour définir les véritables *Marginella*, après qu'on en a éli miné les nombreux Sous-Genres et Sections qui peuvent, à la rigueur, en être distingués, il faut moins s'attacher à la forme de la coquille, qui est assez variable, qu'aux caractères suivants : surface lisse, absence de denticulations à l'intérieur du labre, plis columellaires assez minces et écartés. Pour le reste, la spire est plus ou moins courte, l'ouverture est plus ou moins échancrée à la base ; cependant son contour supérieur forme une sinuosité bien marquée, quand on regarde la coquille en plan, posée sur son sommet. Dans ces conditions, je ne vois aucun motif pour distinguer la Section *Simplicoglabella*, proposée par M. Sacco pour quelques espèces du Piémont, qui sont des Marginelles typiques, et qui n'ont, comme on s'en convaincra ci-après, aucun rapport avec le groupe *Glabella*, dans lequel cet auteur place sa nouvelle Section.

Répart. stratigr.

Eocene. — Plusieurs espèces dans le Bassin parisien : *M. nitidula* Desh., *M. entomella* Cossm., ma coll. ; une espèce probable dans l'Australie : *M. inermis* Tate, ma coll.

Oligocene. — Une espèce dans le Tongrien de la Ligurie : *M. degensis* Bell., d'après la Monographie de M. Sacco ; une espèce étroite et à spire courte, dans le Vicentin : *M. paucispira* Fuchs, d'après la figure publiée par l'auteur ; une espèce dans le Tongrien de l'Allemagne du Nord : *M. grandis* von Kœnen, d'après la Monographie de cet auteur.

Miocene. — Outre le plésiotype du Portugal, ci-dessus figuré, et qui se trouve aussi en Corse, d'après M. Locard, plusieurs espèces dans l'Helvétien du Piémont : *M. Borsoni* Bell, *M. taurinensis* Mich., *M. excavata* et *brevispira* Bell., *M. affinis* Sacco, etc., d'après les figures de la Monographie de M. Sacco ; une espèce dans le Bassin de Vienne : *M. Sturi* R. Hœrn., d'après MM. Hœrnes et Auinger.

Pliocene. — Le plésiotype ci-dessus figuré, dans le Messinien de la Toscane, ma coll. ; la même espèce dans le Plaisancien de l'Andalousie, d'après M. Bergeron.

Epoque actuelle. — Plusieurs espèces sur les côtes Ouest de l'Afrique, et sur les côtes Est de l'Amérique, d'après le Manuel de Tryon.

Faba, Fischer, 1883. Type : *M. faba*, Lin. Viv.

(= *Glabella* Tryon, *ex majore parte*, *non Glabella* Swainson)

Taille médiocre ; forme ventrue, conoïdale ; spire courte, à galbe conique, couronnée ; protoconche formant un gros bouton obtus ; dernier tour renflé ou subanguleux en arrière, orné de côtes épaisses et peu saillantes, sur l'angle obsolète de la partie postérieure, et sur la rampe comprise entre cet angle et la suture ; le reste de la surface est lisse, du côté antérieur. Ouverture très étroite, entaillée par une gouttière vers la suture, tronquée à la base par un sinus arrondi, sans échancrure dorsale ; labre oblique, très épais, denticulé à l'intérieur, bordé par un bourrelet externe qui ne dépasse pas la suture ; quatre plis columellaires peu épais, les deux antérieurs obliques, les deux postérieurs tout à fait transversaux ; bord columellaire très mince.

Diagnose faite d'après une espèce vivante, voisine du type : *M. bifasciata* Lin., ma coll. ; et d'après un plésiotype de l'Eocène d'Australie : *M. cassidiformis* Tate (Pl. IV, fig. 6-7), ma coll. ; autre plésiotype de l'Eocène de Ciuppio, dans le Vicentin : *M. phaseolus* Brongn. (Pl. IV, fig. 14), ma coll.

Rapp. et diff. — Fischer n'a pas indiqué, dans son Manuel, les caractères de la nouvelle Section *Faba*, qu'il a proposée ; mais il en a désigné le type, et un examen attentif des caractères de cette coquille m'a convaincu que la création de cette Section est justifiée. Non seulement la spire et la partie postérieure du dernier tour portent des costules qui n'existent jamais chez les vraies Marginelles, mais encore le labre est denticulé à l'intérieur, tandis qu'il est lisse chez *Marginella s. s.* ; en outre, la forme générale de *Faba* est plus trigono-conique, la spire est encore plus courte que celle de *M. glabella ;* enfin le bouton embryonnaire semble être plus gros, surtout chez les plésiotypes fossiles, particulièrement chez les formes australiennes, dont la protoconche prend quelquefois un développement anormal.

Répart. stratigr.

Eocène. — Deux espèces dans l'Australie du Sud : le plésiotype ci-dessus figuré, et *M. Aldingæ* Tate. Une espèce plissée, plus allongée que les précédentes, et plus voisine du type, dans le Vicentin : *M. phaseolus* Brongn., ma coll.

Oligocène. — Une espèce probable dans la formation santacruzienne de Patagonie : *M. quemadensis* v. Ihering, d'après la description et la figure données par l'auteur (Revista do Museu Paulista, II).

Epoque actuelle. — Plusieurs espèces sur les côtes occidentales de l'Afrique, dans la mer Rouge, et en Australie, d'après le Manuel de Tryon.

Serrata, Jousseaume, 1875. Type : *M. serrata*, Gaskoin. Viv.

Taille assez petite ; forme étroite, fusoïde ; spire assez courte, à galbe conoïdal ; protoconche tout à fait obtuse, à nucléus en goutte de suif ; tours peu nombreux, convexes, à sutures linéaires ; surface lisse et vernissée ; dernier tour très allongé, ovoïde, régulièrement atténué à la base, qui ne porte aucun bourrelet. Ouverture très étroite, à peine dilatée en avant, faiblement entaillée par une gouttière suturale, tronquée, sans échancrure à la base, par un sinus aussi large qu'elle ; labre vertical, un peu incurvé, à peine sinueux en arrière, bordé par une large callosité qui forme un bourrelet peu épais, sur le contour duquel des crénelures internes, fines et serrées, découpent souvent des dents de scie, visibles sur le profil du labre ; columelle oblique, munie de cinq plis décroissants, les trois premiers souvent seuls visibles en avant et un peu épais, le quatrième très enfoncé, et le cinquième se réduisant à un renflement parfois imperceptible ; bord columellaire indistinct sur presque toute son étendue, un peu plus calleux vis-à-vis des trois plis antérieurs.

Diagnose refaite d'après la figure de l'espèce-type, et d'après deux plésiotypes de l'Eocène d'Australie : *M. propinqua* Tate (Pl. IV, fig. 11), et *M. Winkleri* Tate (Pl. IV, fig. 22), ma coll.

Rapp. et diff. — Ce groupe de petites espèces se distingue des vraies Marginelles, non seulement par sa forme générale plus fusoïde, moins ventrue, mais encore par les denticulations internes du labre, et par la disposition de ses plis columellaires, plus épais, moins écartés, auxquels s'ajoute un cinquième pli rudimentaire, du côté postérieur. Il y a des échantillons sur lesquels les denticulations labiales sont à peine marquées, ou même totalement effacées ; chez d'autres individus, il ne reste que trois plis columellaires, visibles au premier abord, et il faut une extrême attention pour apercevoir le quatrième ; malgré ces variations, je crois, en résumé, que la subdivision, proposée par M. Jousseaume, est admissible, car elle s'applique à un groupe assez homogène de coquilles qu'on sépare sans difficulté de la forme typique de *Marginella* ; mais sous la réserve d'attribuer à *Serrata* la valeur d'une Section seulement, sans en faire un Genre distinct, comme l'a intitulé M. Jousseaume.

Répart. stratigr.

EOCENE. — Les deux plésiotypes ci-dessus figurés, dans l'Australie, ma coll.

MIOCENE. — Une espèce dans les couches de la Jamaïque et de Saint-Domingue : *M. coniformis* Sow., d'après la figure publiée par Guppy.

PLIOCENE. — Une espèce dans la Floride : *M. Willcoxiana* Dall, d'après la Monographie de cet auteur.

EPOQUE ACTUELLE. — Quatre ou cinq espèces dans l'Océan Indien, et aux Philippines, d'après M. Jousseaume.

ERATOIDEA, Weinkauff, 1878. Type : *M. margarita*, Kiener. Viv. (= *Denticuloglabella*, Sacco 1889)

Taille assez petite; forme ventrue, peu allongée, spire courte, à galbe légèrement extraconique; protoconche très obtuse, vernissée comme la spire; tours convexes, séparés par des sutures enfoncées; dernier tour ovale, arrondi et quelquefois plissé en arrière, régulièrement atténué à la base. Ouverture assez courte, étroite, munie d'une gouttière superficielle dans l'angle inférieur, et d'un sinus basal peu échancré à son extrémité antérieure; labre à peu près vertical, non entaillé à la suture, extérieurement bordé par un large bourrelet, intérieurement crénelé par de courtes dentelures, parfois très écartées, dont la dernière en bas forme une saillie plus forte, à quelque distance de la gouttière postérieure; columelle peu incurvée, munie de quatre plis épais, aussi larges que leurs intervalles, les deux antérieurs obliques, les deux postérieurs transverses; bord columellaire peu distinct, formant quelquefois, en arrière, une saillie calleuse et axiale, qui rejoint le dernier pli columellaire, à l'extrémité inférieure de la gouttière.

Diagnose faite d'après un plésiotype du Pliocène de Karikal : *M. Bonneti* *n. sp.* (Pl. III, fig. 27-28), coll. Bonnet.

Rapp. et diff. — J'ai hésité à conserver cette Section distincte de *Serrata* qui est antérieure ; toutefois, en présence de la forme plus trapue de la coquille, des crénelures du labre, et surtout à cause de l'épaisseur des plis columellaires, *Eratoidea* se distingue assez facilement des espèces allongées et finement denticulées du groupe *Serrata ;* en outre, la gouttière postérieure n'entaille pas le bourrelet du labre, le bord columellaire est plus calleux en arrière qu'en avant, tandis que c'est l'opposé chez *M. serrata*. Pour ces motifs, je n'ai pas supprimé la dénomination proposée par Weinkauff, mais j'ai été obligé de l'interpréter d'une manière très restreinte. J'y réunis d'ailleurs *Denticuloglabella*, qui ne me paraît présenter aucune différence sectionnelle.

Répart. stratigr.

Eocene. — Deux espèces douteuses dans l'Australie du Sud : *M. Wentworthi* et *micula* Tate, ma coll. ; une espèce dans le Bassin de Nantes : *M. mirula* Cossm., coll. Dumas ; deux espèces dans le Claibornien de l'Alabam et dans le Jacksonien du Mississipi : *M. constricta* Conr., *M. constrictoides* Meyer, ma coll.

Miocene. — Une espèce bien caractérisée dans le Tortonien du Piémont : *M. Deshayesi* Mich., d'après la Monographie de M. Sacco. Deux espèces dans les couches de la Nouvelle-Zélande : *M. conica* et *ovata* (1) Harris, d'après le Catalogue « Australasian » de M. Géo. Harris. Une espèce dans la Virginie : *M. denticulata* Conr., et une autre dans les couches à silex de la Floride : *M. Newmanni* Dall, d'après la Monographie de cet auteur.

Pliocene. — L'espèce plésiotype ci-dessus figurée, avec plusieurs variétés, dans l'Inde française.

Epoque actuelle. — Quelques espèces sur la côte atlantique de l'Amérique.

Stazzania, Sacco, 1889. Type : *M. emarginata*, Bon. Mioc.

Taille petite ; forme ventrue, ovale, biconique ; spire courte et obtuse ; protoconche formée d'un bouton indistinct sous la couche vernissée ; tours peu nombreux, un peu convexes, déprimés aux sutures ; dernier tour très grand, renflé en arrière, régulièrement atténué en avant. Ouverture très étroite, à bords parallèles, avec une gouttière plus ou moins entaillée dans l'angle inférieur, tronquée en avant par un sinus peu profond ; labre oblique, épais, lisse à l'intérieur, faiblement bordé à l'extérieur, aplati dans le plan de

(1) Cette dernière espèce doit changer de nom, pour cause de double emploi avec *M. ovata* Lea ; je propose en conséquence : **M. Harrisi**, *nob.*

l'ouverture, portant souvent une petite protubérance, ou un simple renflement, au-dessus de la gouttière suturale; columelle à peu près rectiligne, avec un pli antérieur oblique et raccordé avec le contour supérieur, puis trois autres plis égaux, saillants, équidistants, transverses, écrasés ou plutôt bifurqués à leur extrémité, sur le bord columellaire qui est mince et peu distinct.

Diagnose complétée d'après un échantillon de l'espèce-type, du Tortonien de S. Agata (Pl. IV, fig. 5), ma coll.; et d'après un plésiotype de l'Eocène du Bois Gouët, près de Nantes : *M. dichotomo-ptycha* Cossm. (Pl. IV, fig. 8 et 20), ma coll.

Rapp. et diff. — Cette Section est principalement caractérisée par la disposition de ses plis, dont les trois inférieurs sont invariablement terminés, à l'entrée de l'ouverture, par un contrefort triangulaire ou bifurqué, avec deux branches en V, parfois tellement ouvertes qu'elles se rejoignent d'un pli à l'autre; il y a un autre caractère distinctif, d'une réelle importance, c'est l'aplatissement du labre sur sa face frontale, qui contribue à rétrécir davantage l'ouverture; mais cet épaisissement cesse généralement dans l'angle inférieur, avant d'atteindre la gouttière suturale, de sorte qu'il semble exister une saillie dentiforme au-dessus de cette gouttière, quoique, en réalité, le labre ne porte ni crénelures, ni dents. En résumé, la séparation de cette Section est au moins aussi justifiée que celle des précédentes, et dès l'instant qu'on admet celles-ci, il est nécessaire de distinguer aussi *Stazzania*.

Répart. stratigr.

Eocène. — Plusieurs espèces typiques, dans le Bassin anglo-parisien, et dans la Loire inférieure ou le Cotentin : *M. bifidoplicata* Charlesw., *M. abnormis* Morlet, *M. fragilis* Desh., *M. dichotomoptycha* Cossm., ma coll.; quelques autres espèces parisiennes, à plis seulement écrasés : *M. contabulata* et *acutangula* Desh.; enfin, plusieurs espèces du Calcaire grossier, à plis simplement épais et à renflement labial : *M. eburnea* Lamk., *M. crassula*, *Edwardsi*, *dissimilis* Desh., *M. Chastaingi* Cossm., *M. crenulata* Desh., ma coll.

Oligocène. — Une espèce dans le Stampien des environs de Paris : *M. Bezançoni* Cossm. et Lamb., ma coll. Une espèce dans les environs de Vérone : *M. eratoides* Fuchs, ma coll.; trois autres espèces dans le Vicentin : *M. obtusa*, *lugensis* et *amphiconus* Fuchs, d'après les figures publiées par l'auteur; deux autres espèces dans la Vénétie : *M. Brongniarti* Desh. et *M. quinquiesplicata* (1) Oppenh., d'après

(1) Cette dernière espèce doit changer de nom, pour cause de double emploi avec l'espèce vivante. (*M. quinqueplicata*): je propose en conséquence : **M. Oppenheimi**, *nobis*.

les Notes de M. Oppenheim; deux espèces dans les Tongrien de l'Allemagne du Nord : *M. intumescens* et *pergracilis* von Kœnen, d'après la Monographie de cet auteur.

Miocène. — Outre le type, dans le Tortonien du Piémont, une espèce dans le Bassin de Vienne : *M. eratoformis* A. Hœrnes et Auinger, d'après la Monographie de ces auteurs.

Dentimargo, *nov. sect.* Type : *M. dentifera*, Lamk. Eoc.

Taille très petite, forme étroite, fusoïde ; spire assez longue, à peu près égale à l'ouverture ; protoconche obtuse et subglobuleuse ; tours un peu convexes, séparés par des sutures profondes et toujours visibles sous le vernis ; dernier tour relativement court, ovale, non ventru, atténué et faiblement excavé à la base. Ouverture assez large, avec une gouttière anguleuse du côté postérieur, obliquement tronquée par un sinus antérieur très peu profond ; labre légèrement convexe, plus ou moins épais, avec un rebord externe parfois aplati, portant à l'intérieur une dent assez aiguë, et quelquefois une costule interne vaguement crénelée ; columelle incurvée, munie de quatre plis minces, obliques, presque parallèles ; bord columellaire indistinct.

Diagnose établie d'après un échantillon de l'espèce-type, du Calcaire grossier de Grignon (Pl. IV, fig. 15), ma coll.

Rapp. et diff. — Il ne m'a pas semblé possible de classer cette petite coquille dans l'une des autres Sections de *Marginella* précédemment énumérées ; elle s'en écarte par sa forme étroite, par sa dent labiale aiguë, et aussi par ses profondes sutures ; elle n'a pas de crénelures comme *Serrata*, et sa spire est plus longue ; ses plis columellaires la rapprochent des *Marginella* typiques ; mais, outre qu'elle n'en a pas le galbe extérieur, elle porte une dent labiale, dont on n'aperçoit jamais la trace chez *M. glabella*.

Il est évident que la création de cette nouvelle subdivision est la conséquence du nombre, déjà considérable, de celles qu'on a proposées avant moi ; cependant, dans cette Famille dont l'arrangement méthodique est très embarrassant, il faut se résigner : soit à admettre un grand nombre de Sections, soit à réunir toutes les formes sous la désignation unique *Marginella* ; or ce dernier parti me paraît trop sommaire, en présence des différences réelles que présentent les coquilles qu'on juxtaposerait ainsi sans aucune taxonomie. Toutefois les caractères distinctifs, que j'ai signalés ci-dessus pour *Dentimargo*, ne dépassent pas l'importance d'une simple Section.

Répart. stratigr.

ÉOCÈNE. — Le type et la variété *arctata* Desh., dans le Bassin de Paris et dans celui de la Loire-Inférieure, ma coll.; une autre espèce dans ce dernier gisement : *M. suturata* Cossm. ; une espèce parisienne, à spire plus courte et à bourrelet plus épais : *M. hordeola* Desh., coll. Cossmann.

OLIGOCÈNE. — Une espèce très voisine de *M. arctata*, dans le Vicentin : *M. gracilis*(1) Fuchs, d'après la figure donnée par cet auteur.

GLABELLA, Swainson, 1840. Type : *M. prunum* Gmelin. Viv.
(= *Prunum* H. et A. Adams 1853; = *Egouena*, Jouss. 1875; = *Porcellana*, Conr. 1862)

Taille assez grande; forme olivoïde, quelquefois un peu ventrue; spire très courte, à galbe conoïdal, à sommet pointu; protoconche petite, obtuse et peu distincte; trois ou quatre tours convexes, à sutures déprimées; dernier tour formant presque toute la coquille, ovale, régulièrement atténué à la base qui n'est pas excavée. Ouverture très étroite en arrière, avec une gouttière échancrant souvent le péristome, un peu dilatée en avant, où elle se termine par une sinuosité à peine entaillée; labre légèrement oblique, un peu convexe, très épais, lisse et réfléchi à l'intérieur, bordé par un bourrelet arrondi qui se prolonge autour de la sinuosité basale, et qui remonte presque toujours sur la spire, parfois jusqu'au sommet, avec une dépression vis-à-vis de la gouttière postérieure; columelle oblique, rectiligne, munie de quatre plis assez épais, les deux antérieurs plus rapprochés l'un de l'autre; bord columellaire souvent calleux et étalé sur la base, toujours limité du côté antérieur, où il se relie avec le bourrelet du contour supérieur.

(1) Il existait déjà *M. gracilis* Edw (1854) ; il y a donc lieu de changer le nom de l'espèce vicentine; je propose en conséquence : **M. Fuchsi**, *nobis*.

Diagnose refaite d'après des échantillons de l'espèce-type, et d'après une nouvelle espèce plésiotype, du Pliocène de Karikal : *M. oligoptycha Cossm* (Pl. III, fig. 29-30), coll. Bonnet.

Rapp. et diff. — Ce Sous-Genre se distingue de *Marginella* par son sinus basal à peine échancré, de sorte que, quand on regarde en plan la coquille posée sur son sommet, le contour supérieur ne paraît presque pas sinueux. D'autre part, les plis columellaires ont une disposition particulière : dans l'espèce que je prends comme plésiotype, les deux plis antérieurs sont très rapprochés, ou même presque confondus en un seul bifide; enfin le bourrelet du labre se prolonge davantage en arrière; il n'est pas rare qu'il atteigne le sommet, tandis que, chez les vraies Marginelles, il ne dépasse pas la suture. Les espèces qui ressemblent à *M. Egouen* Adanson, et que M. Jousseaume a groupées dans son Genre *Egouena*, ont en outre une callosité columellaire largement étalée sur le dernier tour et sur la base; mais ce seul caractère ne me paraît pas suffisamment important pour motiver la création d'une section distincte de *Glabella*. Quant à *Prunum* Adams, le type (*M. marginata* Born) ne présente aucune différence générique qui le distingue de *M. prunum*; la seule particularité que je constate est l'énorme développement du péristome, dont la callosité ne laisse apparaître qu'une partie de la surface dorsale.

Répart. stratigr.

Miocène. — Une espèce de la Virginie et de la Floride, qui a servi de type au Genre *Porcellana*, abandonné depuis par son auteur : *M. bella* Conrad, d'après le Manuel de Tryon et la Monographie de M. Dall.

Pliocène. — Le plésiotype ci-dessus figuré, dans l'Inde française (voir la description à l'annexe ci-après).

Pleistocène. — Une espèce encore vivante, dans les couches récentes de Victoria : *M. turbinata* Sow., d'après le Catalogue de M. Géo. Harris.

Epoque actuelle. — Plusieurs espèces sur les côtes occidentales de l'Afrique et sur les côtes des deux Amériques, d'après le Manuel de Tryon.

Volvarina, Hinds, 1844. Type : *M. triticea*, Lamk. Viv.

Taille au-dessous de la moyenne; forme cylindracée, ou ovoïde et étroite; spire très courte, à peine saillante, à galbe conoïdal; protoconche obtuse ; tours un peu convexes, séparés par des sutures indistinctes; dernier tour formant les 5/6 ou les 7/8 de la longueur totale, légèrement ovale, atténué du côté antérieur. Ouverture très allongée, rétrécie en arrière, avec une gouttière peu profonde, tronquée en avant par un sinus sans échancrure; labre un peu arqué, contracté vers l'ouverture, peu épais, non bordé à l'extérieur, lisse à l'intérieur, rétrocurrent en arc de cercle contre la suture; columelle peu convexe, munie de quatre plis obliques, situés assez en avant, un peu épais, égaux aux rainures qui les séparent; la quatrième rainure est bordée en dessous par un redan qui ressemble à un cinquième pli; bord columellaire peu calleux, assez étroit.

Diagnose refaite d'après un échantillon de l'espèce-type, et d'après un plésiotype du Tortonien de S. Agata, dans les environs de Turin : *M. oblongata* Bon. (Pl. IV, fig. 21), ma coll., don de M. Sacco.

Rapp. et diff. — Les coquilles comprises dans ce Sous-Genre forment un groupe assez homogène, remarquable par la brièveté de la spire, et par le galbe cylindracé du dernier tour; cependant ces caractères ne m'auraient pas paru suffisants pour motiver la distinction d'un Sous-Genre de *Marginella*, attendu qu'il existe des formes intermédiaires, dont le classement serait absolument incertain, si l'on se bornait à ces deux caractères; mais il y a deux autres différences, signalées par M. Jousseaume, qui justifient davantage la séparation proposée par Hinds, et adoptée par la plupart des auteurs, sans que ni les uns ni les autres aient paru y attacher d'importance : d'abord le labre n'est pas bordé par un bourrelet externe, séparé du reste de la surface, ainsi que cela a toujours lieu chez *Marginella*; en second lieu, il se contracte vers le milieu de sa hauteur, et il se réfléchit sur l'ouverture, qu'il rétrécit invariablement sur les deux tiers de la longueur de celle-ci. Enfin je remarque que les plis obliques et très antérieurs, que porte la columelle, paraissent plutôt produits par des rainures que par des saillies lamelleuses, à tel point que la rainure inférieure semble bordée par un cinquième pli; mais, en réalité, ce n'est pas un pli additionnel, c'est seulement un rebord de la région pariétale, sans aucune saillie.

Répart. stratigr.

Éocène. — Deux espèces douteuses, à labre un peu bordé, dans le Bartonien et le Parisien du Bassin de Paris : *M. cylindracea* Desh., *M. Bouryi* Cossm., ma coll.

Miocène. — Deux espèces dans l'Helvétien du Piémont : *M. elongata* Bell. et Mich., *M. parvula* Sacco, ainsi que le plésiotype ci-dessus figuré, du Tortonien, d'après la Monographie de M. Sacco ; une espèce bien caractérisée dans le Bassin de Vienne : *M. Haueri*, R. Hœrnes et Auinger, d'après la Monographie de ces auteurs.

Pliocène. — Une espèce dans le Plaisancien de la Ligurie : *M. Bellardiana* Semper, d'après Bellardi. Une espèce dans les couches récentes de Java : *M. tambacana* Martin, d'après la Monographie de cet auteur. Une espèce vivant encore sur les côtes de la Géorgie, dans la Floride : *M. styria* Dall., d'après cet auteur.

Époque actuelle. — Une quarantaine d'espèces, dans la Méditerranée, sur les côtes occidentales d'Afrique, dans le golfe du Mexique, au Cap, dans l'Australasie, d'après la Monographie de M. Jousseaume.

CRYPTOSPIRA, Hinds, 1844.

Taille moyenne ; forme ovale, parfois ventrue en arrière ; spire à peine saillante, quoique apparente ; limbe basal calleux et bien limité, correspondant aux accroissements de l'échancrure. Ouverture assez étroite, entaillée à son extrémité antérieure ; labre plus ou moins épais, lisse ou plissé à l'intérieur ; cinq plis columellaires, auxquels s'ajoutent fréquemment des rides pariétales plus ou moins nombreuses.

Type : *M. quinqueplicata*, Lamk. Viv.

Observ. — Je ne connais pas de *Cryptospira* (*sensu stricto*) à l'état fossile ; la forme typique se distingue par ses cinq plis, par son labre lisse, quoique Weinkauff et Tryon y rapportent aussi *M. encaustica*, qui a des denticulations labiales, et qu'ils considèrent comme le jeune âge de *M. quinqueplicata* ; je ne partage pas cet avis, et j'estime que les espèces vivantes qui sont dans le même cas appartiennent, de même que *M. encaustica*, à la section *Gibberula*. Dans sa Monographie des couches récentes de Java, M. Martin cite et figure une variété *minor* de l'espèce-type de *Cryptospira*, qui aurait, par conséquent, vécu à l'époque pliocénique. Il figure également, comme provenant des mêmes gisements, une espèce vivante plus étroite : *Cryptospira dactylus* Lamk., des mers de Chine. N'ayant pu me procurer ces échantillons, pour les faire figurer, je me borne à enregistrer ces citations.

EURYENTOME, *nov. sect.* Type : *M. crassilabra* [1], Conr. Eoc.

Taille petite ; forme ovale, subtrigone ; spire courte, mais saillante ; protoconche subglobuleuse, obtuse ; tours peu nombreux, à sutures visibles ; dernier tour très grand, arrondi et ventru en arrière, atténué et excavé à la base ; limbe basal peu distinct. Ouverture étroite, à bords presque parallèles, échancrée en arrière par une profonde gouttière qui entaille le péristome ; échancrure basale peu profonde ; labre un peu oblique, très épais, bordé par un gros bourrelet qui est aplati sur le flanc, sinueux près de la suture et prolongé par une callosité jusque sur la spire ; crénelures fines, irrégulières et nombreuses sur le contour interne du bourrelet labial ; columelle à peine sinueuse, munie d'un pli antérieur très oblique, et de trois à cinq plis transverses, puis de deux ou trois rides pariétales ; bord columellaire calleux, largement étalé jusque vers le limbe.

Diagnose établie d'après des individus de l'espèce-type, de l'Eocène moyen de Claiborne (Pl. IV, fig. 9-10), ma coll.

Rapp. et diff. — La profonde échancrure suturale de cette coquille la distingue immédiatement de *Cryptospira quinqueplicata ;* en outre, elle possède des crénelures labiales et plus de plis que l'espèce vivante, sa callosité columellaire est bien plus étendue, et son limbe est à peine apparent. D'autre part, on ne peut la confondre avec *Eratoidea*, qui n'a jamais plus de quatre plis, et dont le labre n'est pas entaillé à la suture.

Répart. statigr.

EOCENE. — L'espèce-type ci-dessus figurée, dans le Claibornien de l'Alabama, ma coll. ; une autre espèce, à plis columellaires bifides, dans l'Australie du Sud : *M. sulcidens* Tate, ma coll.

[1] Il y a lieu de noter que le nom *crassilabra* a été employé, après Conrad et Lea, pour d'autres types de *Marginella*, par Reeve et par Soverby ; les corrections relatives à ces doubles emplois n'ont pas encore été faites, du moins à ma connaissance. L'espèce-type d'*Euryentome* a pour synonymes : *M. columba* Lea, *M. anatina* Lea, *M. humerosa* Conrad.

Gibberula, Swainson, 1840. Néotype : *Voluta miliaria*, Lin. Viv. (= *Granula*, Jouss. 1875 ; = *Microspira*, Conrad 1862.)

T est mince et vitreux. Taille petite ; forme ovale, tantôt subpiroïde, tantôt cylindracée; spire à peine proéminente, dont le galbe est souvent confondu avec celui du dernier tour, réduite à un nucléus embryonnaire et obtus, plus un ou deux tours peu distincts et très étroits; dernier tour formant à peu près toute la coquille, arrondi et un peu ventru en arrière, à galbe ovale ou conique du côté antérieur ; limbe basal large et calleux, limité par une arête obtuse. Ouverture très étroite en arrière, avec une gouttière anguleuse qui n'entaille pas le péristome, à peine plus dilatée du côté antérieur, où elle est profondément échancrée ; labre peu épais, un peu oblique et excavé en profil, rétrocurrent en arc de cercle vers la suture, non bordé par un bourrelet externe, lisse ou orné de crénelures internes, minces et transversalement allongées; columelle à peine sinueuse, portant généralement deux, trois ou quatre plis antérieurs, assez épais, plus un nombre variable de plis ou de rides pariétales, beaucoup plus minces et plus horizontales que les plis antérieurs ; bord columellaire peu calleux, mais distinct sur toute sa hauteur, appliqué en avant sur une partie du limbe basal.

Diagnose refaite d'après des plésiotypes de l'Eocène : *M. ovata* Lea (= *larvata* Conrad), du Claibornien de l'Alabama (Pl. III, fig. 26); *M. ovulata* Lamk., du Calcaire grossier de Villiers (Pl. IV, fig. 12-13) ; ma coll.

Observ. — MM. Dollfus et Dautzenberg (Moll. Roussillon, I) désignent *M. zonata* Brug. comme type de cette Section ; or cette espèce est de Kiener, et elle est tout à fait différente des formes de ce groupe ; d'autre part, Fischer indique *M. clandestina* comme exemple de *Gibberula*, tandis que c'est un *Persicula* qui n'a pas la spire apparente, comme on le verra ci-après. Dans ces conditions, j'ai dû faire choix d'un néotype, et j'adopte, à cet effet, *Voluta miliaria* Lin., qui est l'espèce la plus connue de cette Section.

Cryptospira

Rapp. et diff. — Les petites coquilles que M. Jousseaume a groupées dans son Genre *Granula* répondent exactement à la diagnose de *Gibberula;* il y a donc lieu d'y réunir *Granula*, comme synonyme postérieur. Ces coquilles s'écartent des *Cryptospira* typiques : non seulement par leur petite taille et par la minceur de leur test, mais encore par leur labre non bordé à l'extérieur, liré à l'intérieur, par leurs plis columellaires plus nombreux, s'étendant généralement jusque sur la région pariétale. D'autre part, on distingue cette Section d'*Euryentome* par l'absence d'une échancrure suturale, par la brièveté de sa spire, ainsi que par son labre, qui n'est pas bordée d'un bourrelet et qui s'applique tangentiellement sur la surface de l'avant-dernier tour.

Répart. stratigr.

Eocene. — Outre les deux plésiotypes ci-dessus figurés, nombreuses espèces dans le Bassin anglo-parisien, dans le Cotentin et dans la Loire-Inférieure : *M. elevata* et *Frederici* Cossm., *M. pusilla* et *vittata* Edw., *M. Cossmanni* Morlet, *M. acutispira* et *suboliva* Cossm., *M. Geslini* Vasseur, *M. cenchridium* Cossm., ma coll. Une espèce ornée de plis axiaux vers le sommet, dans le Claibornien de l'Alabama : *M. plicata* Lea, ma coll. ; autre espèce typique, du même gisement : *M. semen* Lea, ma coll.

Oligocene. — Une espèce bien caractérisée, dans le Stampien de Pierrefitte : *M. stampinensis* Stan. Meunier, ma coll. ; plusieurs espèces dans le Tongrien inférieur de l'Allemagne du Nord : *M. perovalis*, *globulosa*, *bidens*, *conoides*, von Kœnen, d'après la Monographie de cet auteur.

Miocene. — Une espèce voisine de l'un des plésiotypes, dans le Burdigalien de l'Aquitaine et dans l'Helvétien de la Touraine : *M. subovulata* d'Orb., ma coll. ; l'espèce-type dans l'Helvétien de la Vienne, ma coll. ; autre espèce dans l'Helvétien de la Touraine : *M. Hœrnesi* Brus., ma coll. ; la même dans le Bassin de Vienne, d'après MM. R. Hœrnes et Auinger, et dans le Tortonien du Portugal d'après la Monographie de Pereira da Costa ; autre espèce dans le Bassin de Vienne : *M. minuta* Hœrn. et Auinger, d'après la Monographie de ces auteurs. Une espèce des Etats-Unis, type du Sous-Genre *Microspira : M. oviformis* Conrad, d'après le Manuel de Tryon ; deux espèces dans les couches à silex de la Floride : *M. ballista* et *gravida* Dall., d'après la Monographie de cet auteur.

Pliocene. — Une espèce nouvelle, dans les couches récentes de Karikal : *M. tectiformis*, *nob.* (voir la description dans l'annexe ci-après) ; une espèce bien caractérisée dans les couches de Java : *M. Dijki* Martin, d'après la Monographie de cet auteur ; plusieurs espèces dans le Pliocène de la Floride : *M. onchidiella* et *culima* Dall, d'après la Monographie de cet auteur.

Époque actuelle. — Une douzaine d'espèces dans l'Océan Indien, au Cap, en Australie et aux Indes occidentales, d'après M. Jousseaume, et d'après le Manuel de Tryon.

PERSICULA, Schumacher, 1817.

Persicula, *sensu stricto*. Type : *M. cingulata*, Dillw. Viv.

(= *Rabicea*, Gray 1857)

Taille moyenne ou petite ; forme ovoïde plus ou moins globuleuse, parfois assez étroite ; spire déprimée, à peine visible, ou totalement recouverte par le prolongement de la callosité du péristome ; dernier tour embrassant toute la coquille, régulièrement ovale jusqu'au limbe basal qui forme une callosité saillante et bien limitée. Ouverture étroite, à bords parallèles, avec une gouttière canaliculée dans l'angle inférieur, et une profonde échancrure à l'extrémité antérieure ; labre un peu oblique, légèrement excavé, médiocrement épais, à peine bordé à l'extérieur, souvent réfléchi à l'intérieur ; columelle convexe, munie de plis nombreux qui décroissent d'avant en arrière, le premier très épais, se raccordant avec le contour supérieur.

Diagnose complétée d'après des échantillons de l'espèce-type et de *M. cornea* Lamk., ainsi que d'après un plésiotype du Calcaire grossier de Parnes : *M. angystoma* Desh. (Pl. IV, fig. 16), ma coll. ; autre espèce à callus apical styliforme : *M. Goossensi* Cossm. (Pl. IV, fig. 17), ma coll.

Rapp. et diff. — L'animal de *Persicula* est un peu différent de celui de *Marginella* ; le pied est plus étroit, et la formule de la radule est différente ; mais, lorsqu'on n'a que les coquilles à sa disposition, la comparaison de *Persicula*, avec *Closia* par exemple, est plus difficile. On peut cependant établir une ligne de démarcation entre ces deux formes : non seulement à cause du nombre des plis columellaires (quatre chez *Closia* seulement), et de l'absence d'un bourrelet labial chez *Persicula*, mais encore à cause de l'échancrure basale qui paraît être plus profonde chez ce dernier. Il est incontestable que ces caractères distinctifs sont très fugitifs; aussi la plupart des auteurs ont-ils classé les espèces fossiles, tantôt dans le Sous-Genre *Closia*, tantôt dans le Genre *Persicula*; je n'ai pas échappé à cette erreur, dans mon « Catalogue illustré des coquilles foss. de l'Eoc. des env. de Paris », où j'ai rapporté à *Closia* l'espèce que je prends désormais, après un examen plus minutieux, pour plésiotype de *Persicula*. Quant à *Rabicea* Gray, je n'aperçois aucune différence générique qui permette de le séparer de *Persicula cingulata*; c'est une dénomination complètement synonyme, à supprimer selon moi.

Répart. stratigr.

Eocène. — Outre les plésiotypes du Bassin de Paris, ci-dessus figurés, une autre espèce typique dans les Bassins de Paris et de Nantes : *Erato ampulla* Desh., ma coll., autre espèce très étroite, dans la Loire-Inférieure : *M. Dautzenbergi*, Cossm., ma coll.

Pliocène. — Une espèce de très petite taille, dans l'Astien des Alpes-Maritimes et du Piémont, et dans le Plaisancien de la Toscane : *M. clandestina* Br., ma coll. Une espèce dans la Caroline : *M. dacria* Dall, et une autre dans la Floride; *M. amiantula* Dall, d'après la Monographie de cet auteur.

Époque actuelle. — Espèces assez nombreuses, sur la côte occidentale d'Afrique, dans le golfe du Mexique, sur les côtes du Brésil et en Australie, d'après la Monographie de M. Jousseaume, et d'après le Manuel de Tryon.

VOLUTIDÆ, Gray.

Taille généralement grande, ou même très grande; forme allongée, plus ou moins ovale, parfois stromboïde; spire assez courte par rapport au dernier tour; protoconche lisse, très variable, tantôt petite et conoïde, tantôt énorme et bulbiforme, avec un nucléus peu saillant, ou bien, au contraire, mucroné. Ouverture allongée, quelquefois un peu dilatée, tronquée en avant par une échancrure souvent très profonde, quelquefois réduite à une simple sinuosité; labre généralement épais, droit, ou à peine incliné à gauche de l'axe, du côté antérieur, peu ou point sinueux en arrière; columelle calleuse, coudée au milieu, faiblement excavée en arrière, très obliquement tordue en avant, terminée par une pointe qui dépasse généralement l'extrémité opposée du labre, bien au-delà de l'échancrure ; plis columellaires extrêmement variables, au nombre de 3 à 5 en général, parfois très obliques, très minces et très inégaux, tantôt épais, subtransverses et presque égaux, décroissant toujours d'avant en arrière ; bord columellaire plus ou moins épais, ordinairement étalé sur la base ; rarement un opercule.

Observ. — Ainsi qu'on peut s'en rendre compte par la diagnose ci-dessus, les caractères principaux de la coquille des *Volutidæ* (forme générale, protoconche, plis columellaires, opercule, etc...) sont essentiellement variables; aussi la classification des nombreux Genres, proposés dans cette Famille, présente-t-elle de réelles difficultés. Gray s'est principalement guidé d'après l'anatomie de l'animal, et ceux qui l'ont suivi (Adams, Fischer, etc...) ont surtout observé les différences de la dentition ; Crosse, au contraire, s'est presque exclusivement rapporté à la forme de la coquille et aux plis de la columelle. Enfin, tout récemment, dans son importante Monographie du Tertiaire de la Floride, M. Dall a adopté un système tout à fait différent, uniquement basé sur la forme de la protoconche.

D'après M. Dall, la coquille embryonnaire des *Volutidæ* peut être divisée en deux catégories fondamentales : selon que le nucléus est plus ou moins petit, mais arrondi, non saillant; ou bien selon qu'il forme une pointe mucronée, se détachant des autres tours embryonnaires. Il classe les coquilles de la première catégorie dans la division « Volutoïd series », et celles de la seconde, dans « Scaphelloïd series » ; ensuite la première catégorie est subdivisée en plusieurs groupes, selon que la protoconche a un galbe trochiforme, pupiforme, ou bulbiforme ; cette classification étant admise, l'auteur a remarqué que les Volutes de la « Volutoïd serie » sont les plus anciennes, et que, plus on descend profondément dans l'ancienneté stratigraphique de la fossilisation, plus le nucléus est petit, de sorte que M. Dall en conclut que les premiers représentants de cette Famille paraissent descendre des *Fusidæ*, qui les ont précédés dans leur apparition au fond des mers mésozoïques ; tandis que la protoconche des Volutes actuelles est beaucoup plus développée, et que celle de la « Scaphelloïd serie » ne date que de l'Eocène, et encore avec une certaine atténuation, relativement aux *Scaphella* récents.

Ce système est certainement très intéressant au point de vue morphologique ; il est même très exact que plusieurs coquilles de *Volutidæ* se rattachent intimement, par l'intermédiaire des *Mitridæ*, aux premiers *Fasciolaria* ; mais il ne peut servir de base à une classification des *Volutidæ*, attendu que, ainsi que l'auteur l'a lui-même reconnu, certains Genres de la Famille en question sont à la fois représentés dans plusieurs groupes fondés sur la forme de la protoconche; d'autre part, déjà dans l'Eocène, à côté de formes dont l'embryon est aussi petit que celui des espèces crétaciques, on trouve subitement des embryons bulbeux, ressemblant complètement à ceux des Volutes actuelles, surtout dans la région australasienne, qui est la plus riche en *Volutidæ*, et où les protoconches ont toujours un caractère aberrant que j'ai déjà observé en mainte occasion. Il résulte de là que la gradation insensible, que comporte la théorie de M. Dall, pour passer des protoconches crétaciques aux protoconches de l'époque contemporaine, n'existe pas en réalité, que c'est une question d'habitat régional sur le globe terrestre, et qu'on ne peut, par conséquent, en tirer aucune conclusion absolue, même au point de vue morphologique. Les plis columellaires eux-mêmes ne peuvent pas être d'un grand secours, pour établir l'enchaînement phylogénétique des *Volutidæ* ; c'est également un caractère dont l'apparition ne procède pas avec la régularité qu'exige un arbre généalogique. L'échancrure basale, qui ne commence à se montrer que dans les formes éocéniques, subit aussi des variations brusques qui déconcertent l'observateur.

C'est pourquoi, fidèle aux principes que j'ai posés dès le début de ces « Essais », excluant les méthodes qui se guident d'après un seul caractère et qui n'aboutissent qu'à des mécomptes en matière de classification, je préfère adopter une division qui tienne compte, comme je l'ai fait pour toutes les autres Familles, de l'ensemble des caractères, tantôt de la forme générale de la coquille, tantôt de ses plis columellaires, tantôt de sa protoconche, tantôt enfin de son échancrure et accessoirement de son ornementation; puis, quand cette classification est établie d'une manière satisfaisante, je note l'ordre d'apparition des différents Genres dans les couches successives de l'écorce terrestre, et, s'il y a des lacunes inexplicables au point de vue phylogénétique, j'ai du moins la ressource de supposer encore qu'elles seront ultérieurement comblées par la découverte de nouveaux matériaux, provenant des immenses régions fossilifères, encore inexplorées à présent.

Je rappelle, à cette occasion, que j'ai placé dans la Famille *Pleurotomidæ* toute une Sous-Famille *Pholidotominæ*, formée de Genres empruntés à la Famille *Volutidæ* (*auctorum*), munis de plis columellaires, mais présentant invariablement un caractère commun : la présence d'un sinus sutural, dont les accroissements forment des écailles crépues sur toute la spire. A l'appui de ce système, j'ai fait valoir que la protoconche des *Pholidotominæ* n'a pas de rapports avec celle des *Volutidæ*; or il est évident que cet argument est infirmé par les dernières remarques de M. Dall sur la morphologie de la protoconche des coquilles de cette Famille, qui commence précisément par de petits embryons pendant la période crétacique, d'où proviennent exclusivement les *Pholidotominæ*. Toutefois cela ne prouve pas davantage que les *Pholidotominæ* ne sont pas mieux à leur place dans la Famille *Pleurotomidæ*, à cause de leur sinus, et malgré leurs plis columellaires; c'est une question discutable et qui ne paraît pas encore résolue. En tout cas, il est certain que les Genres *Pholidotoma*, *Rostellites*, *Beisselia* et *Gosavia*, dont se compose ma Sous-Famille, très différents par leurs formes et leurs plis columellaires, constituent, par leur sinus sutural et par l'absence d'échancrure basale, un groupe particulier, qui ne pourrait se fondre dans aucun de ceux dont se compose la Famille *Volutidæ*; de sorte que, quel que soit le parti qu'on prenne ultérieurement, soit en la laissant définitivement dans les *Pleurotomidæ*, soit en la rapprochant de nouveau des *Volutidæ*, il y a lieu de laisser intacte cette Sous-Famille, qui constitue un groupe à part. Toutefois, comme on le verra ci-après (voir l'annexe), je propose d'y ajouter encore le Genre *Ficulopsis* Stol. (1867), qui s'y rattache également par son sinus sutural.

Rapp. et diff. — La Famille *Volutidæ* est bien distincte des *Marginellidæ*, qu'on confondait autrefois avec elle, non seulement par sa protoconche peu obtuse et par sa surface non vernissée, mais encore par son échancrure en général plus profonde, à l'extrémité antérieure de l'ouverture, et surtout par la disposition de la columelle, qui se termine en avant par une pointe effilée, recourbée vers l'axe de la coquille, et s'élevant plus haut que l'extrémité opposée du péristome. Du côté des *Mitridæ*, la délimitation est aussi bien tranchée, quoique la forme de certains représentants de ces deux Familles soit quelquefois très semblable; le caractère invariable et certain, à l'aide duquel on peut reconnaître une Mitre d'une Volute, c'est l'ordre de décroissance graduelle de l'épaisseur des plis columellaires; tandis que ces plis décroissent d'avant en arrière chez les *Volutidæ*, ils croissent en sens inverse chez tous les Genres de *Mitridæ*; il s'agit, bien entendu, des plis principaux, du côté antérieur de la columelle, car les plissements transverses de la partie inférieure de la columelle et de la région pariétale, quand il y en a, n'obéissent pas à la même règle, et on en constate l'existence chez certaines formes appartenant à chacune de ces deux Familles.

Tableau des Genres, Sous-Genres et Sections

★

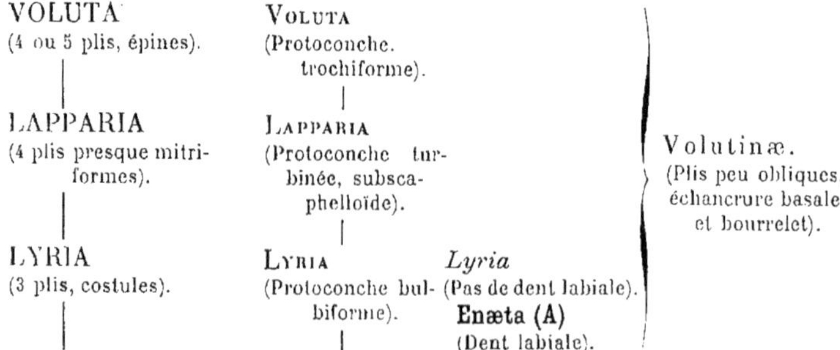

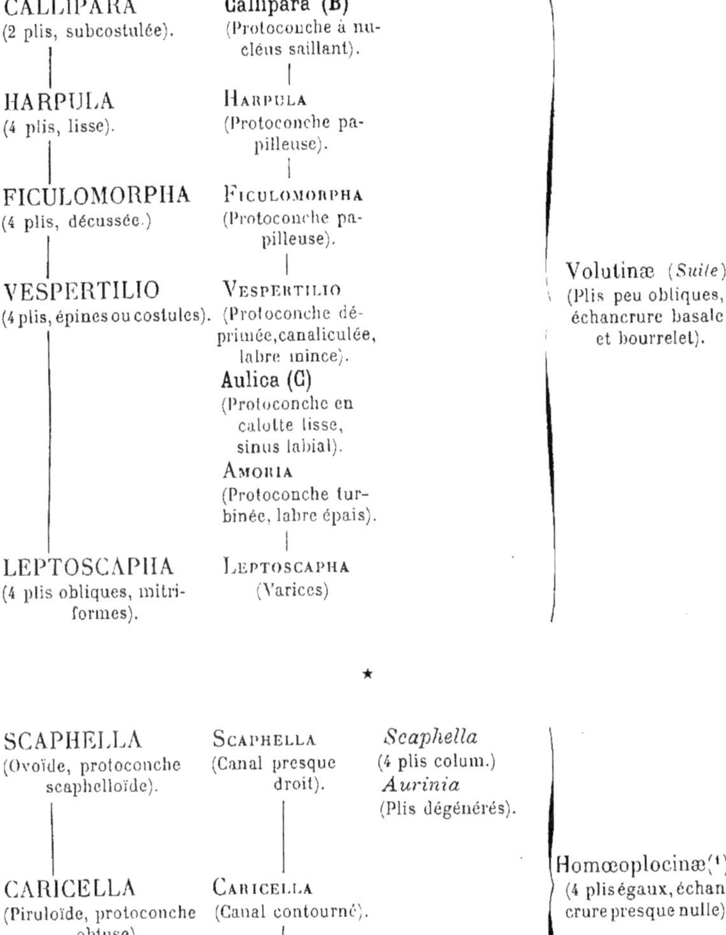

		Volutinæ (*Suite*). (Plis peu obliques, échancrure basale et bourrelet).
CALLIPARA (2 plis, subcostulée).	**Callipara (B)** (Protoconche à nucléus saillant).	
HARPULA (4 plis, lisse).	HARPULA (Protoconche papilleuse).	
FICULOMORPHA (4 plis, décussée.)	FICULOMORPHA (Protoconche papilleuse).	
VESPERTILIO (4 plis, épines ou costules).	VESPERTILIO (Protoconche déprimée, canaliculée, labre mince).	
	Aulica (C) (Protoconche en calotte lisse, sinus labial).	
	AMORIA (Protoconche turbinée, labre épais).	
LEPTOSCAPHA (4 plis obliques, mitriformes).	LEPTOSCAPHA (Varices)	

★

			Homœoplocinæ[1]. (4 plis égaux, échancrure presque nulle).
SCAPHELLA (Ovoïde, protoconche scaphelloïde).	SCAPHELLA (Canal presque droit).	*Scaphella* (4 plis colum.) *Aurinia* (Plis dégénérés).	
CARICELLA (Piruloïde, protoconche obtuse).	CARICELLA (Canal contourné).		
VOLUTOCONUS (Coniforme, protoconche déprimée).	VOLUTOCONUS (Pas de canal).		

(1) Ομοιος, semblable; πλοκος, pli. — Par suite d'une transposition de texte, survenue au cours de l'impression, cette Sous-Famille n'occupe pas, dans le tableau, sa place exacte, après les *Zidoninæ*, à la page 104.

★

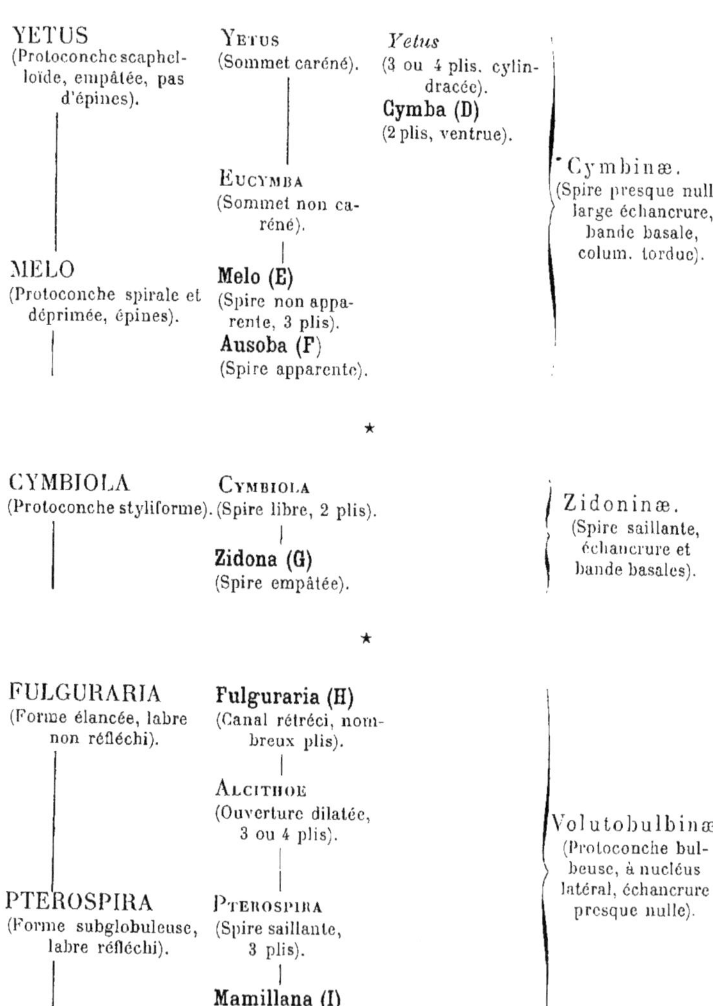

YETUS (Protoconche scaphelloïde, empâtée, pas d'épines).	YETUS (Sommet caréné).	*Yetus* (3 ou 4 plis, cylindracée). **Cymba (D)** (2 plis, ventrue).	Cymbinæ. (Spire presque nulle, large échancrure, bande basale, colum. tordue).
	EUCYMBA (Sommet non caréné).		
MELO (Protoconche spirale et déprimée, épines).	**Melo (E)** (Spire non apparente, 3 plis). **Ausoba (F)** (Spire apparente).		

★

CYMBIOLA (Protoconche styliforme).	CYMBIOLA (Spire libre, 2 plis).	Zidoninæ. (Spire saillante, échancrure et bande basales).
	Zidona (G) (Spire empâtée).	

★

FULGURARIA (Forme élancée, labre non réfléchi).	**Fulguraria (H)** (Canal rétréci, nombreux plis).	Volutobulbinæ. (Protoconche bulbeuse, à nucléus latéral, échancrure presque nulle).
	ALCITHOE (Ouverture dilatée, 3 ou 4 plis).	
PTEROSPIRA (Forme subglobuleuse, labre réfléchi).	PTEROSPIRA (Spire saillante, 3 plis).	
	Mamillana (I) (Spire presque nulle).	

★

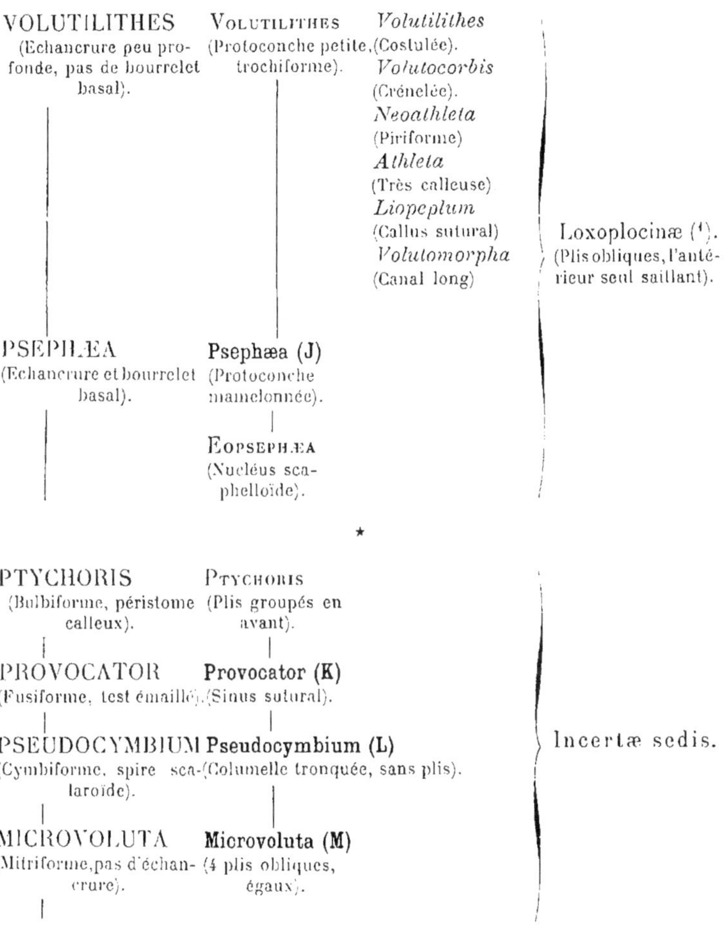

Genres, Sous-Genres et Sections, non signalés à l'état fossile.

A. — EXXETA, H. et A. Adams, 1853. — Type : *V. harpa* Barnes. Caractérisée par la dent saillante, qui existe à l'intérieur du labre, cette Section ne comprend que quelques espèces actuelles; tous les autres

(1) Λοξος, oblique; πλοκος, pli.

caractères de la coquille me paraissent identiques à ceux de *Lyria*, de sorte que la séparation d'une Section, d'après cette seule différence, semble peu justifiée.

B. — Callipara, Gray, 1855. — Type : *V. bullata* Swains. Je rapproche ce Genre de *Lyria*, quoique la columelle ne porte que deux plis antérieurs ; sa forme ovoïde-cylindrique, ses plis d'accroissement, son bourrelet basal, son échancrure profonde, ont en effet une réelle analogie avec les caractères homologues de *Lyria*; toutefois sa protoconche, à petit nucléus saillant, est un peu différente.

C. — Aulica, Gray, 1847. — Type : *V. scapha* Gm. (*sec.* Fischer). La columelle porte quatre plis, dont les deux antérieurs sont assez obliques et assez épais; la protoconche forme une calotte subulée, en segment de sphère, dont le nucléus est tout à fait déprimé; enfin le labre, assez épais, est rétrocurrent en arrière, et il se raccorde, par une sinuosité échancrée, presque tangentiellement avec l'avant-dernier tour, avec une gouttière étroitement canaliculée dans l'angle inférieur de l'ouverture. Pour ces motifs, je pense qu'il y a lieu de conserver *Aulica* comme un Sous-Genre distinct de *Vespertilio*, quoique la surface ne soit pas toujours absolument lisse, et que quelques espèces aient une tendance à se garnir d'épines obsolètes, sur le dernier tour.

D. — Cymba, Brod. et Sow. 1826. — Type : *V. olla* Lin. C'est d'après M. Dall (qui n'admet ni *Yetus*, ni *Cymbium*) que je cite, comme type de ce Genre, cette coquille des mers d'Europe, tandis que Fischer, dans son Manuel, indique *V. proboscidalis*, c'est-à-dire le même type que pour *Yetus*, ce qui aurait pour effet de faire rentrer *Cymba* dans la synonymie de *Yetus*. En réalité, il y a des différences entre ces deux formes, de sorte que l'adoption des deux dénominations me paraît justifiée : *Cymba*, tel que je l'interprète (*V. olla* et *V. Neptuni*), me paraît plus ventru, caréné presque à la suture du dernier tour, ce qui supprime la rampe caractéristique de *Yetus*, à tel point que la coquille se réduit à la protoconche et au dernier tour ; en outre, la columelle est plus excavée, elle ne porte que deux plis (chez *V. olla*), et son extrémité antérieure se recourbe vers l'extérieur, au lieu de s'incliner vers l'axe; ce dernier caractère a une importance sérieuse.

E. — Melo, Humphrey, 1797 (= *Cymbium* Montf. 1810, *non* Klein 1753). — Type : *V. diadema* Lamk. Ce genre diffère de *Yetus* par sa protoconche polygyrée, formant une calotte déprimée, non empâtée par le vernis, avec un nucléus central, un peu saillant, non scaphelloïde. En outre, la spire qui se réduit aussi au dernier tour est invariablement couronnée d'épines; même chez les coquilles qui en paraissent dépourvues, on observe, près de la suture, des épines rudimentaires, formées par des plissements axiaux; enfin la columelle est moins excavée que celle de *Yetus*, munie de trois plis également minces et obliques; le bord columellaire est à peine distinct, tant il est mince ; les accroissements de l'échancrure forment une bande un peu excavée, limitée à l'extérieur par une côte obtuse.

F. — Ausoba, H. et A. Adams, 1858. — Type : *V. cymbiola* Chemn. Autant que je puis en juger par la figure, cette coquille doit être classée dans la Sous-Famille *Cymbinæ*, à laquelle elle se rattache par sa forme générale, par ses quatre plis columellaires, obliquement tordus, par son échancrure basale, dont les accroissements sont indiqués par une bande bien limitée sur la surface dorsale ; la protoconche est presque la même que celle de *Melo*, de sorte qu'en définitive, *Ausoba* ne s'en distingue que par sa spire plus apparente, et par un pli de plus à la columelle ; j'en conclus que ce n'est qu'un Sous-Genre du précédent.

G. — Zidona, H. et A. Adams, 1853 (= *Volutella* d'Orb. *fide* Tyron, *non* Swainson, *nec* Perry). — Type : *V. angulata* Swains. Cette coquille s'écarte de *Cymbiola* par le dépôt calleux ou vernissé, qui recouvre entièrement la spire et le prolongement styliforme de la protoconche, de sorte qu'on n'y distingue aucune suture ; en outre, le labre est un peu sinueux et excavé, au lieu d'être oblique et convexe comme chez *Cymbiola* ; les autres caractères étant identiques, j'estime que ce n'est qu'un Sous-Genre de ce dernier. Les frères Adams en ont d'ailleurs changé le nom, pour cause de triple emploi.

H. — Fulguraria, Schumacher, 1817. — Type : *V. rupestris* Gm. L'unique espèce, qui représente ce Genre, est une coquille tout à fait fusiforme, localisée dans les mers de Chine et du Japon, et dont la protoconche subsphérique a attiré l'attention de la plupart des auteurs ; ses plis columellaires très nombreux, situés très en arrière, son échancrure presque nulle, l'absence de bourrelet basal, son labre rétrocurrent en arc de cercle vers la suture, sont des caractères beaucoup plus importants que son ornementation, qui ressemble à celle de *Psephæa ;* de sorte que, quoiqu'en pense Fischer, dans son Manuel, il n'est pas probable qu'on réunira *Fulguraria* et *Psephæa*, même quand on connaîtra mieux l'animal. Il est à remarquer qu'il a partout orthographié *Fulgoraria*, tandis que les autres auteurs écrivent *Fulguraria*, plus conforme à l'étymologie correcte.

I. — Mamillana, Crosse, 1871. – Type : *V. mamilla* Gray. Je doute que les échantillons que l'on connaît de cette espèce aient atteint l'âge adulte ; leur forme est ovale, allongée, leur labre est mince et leur columelle porte trois plis ; enfin leur protoconche est tout à fait disproportionnée et remplace les tours de spire. Mais il est fort possible qu'en vieillissant, cette coquille prenne un aspect très différent ; aussi est-il regrettable qu'un Sous-Genre ait été fondé d'après le seul caractère de la forme bulbeuse de la protoconche, surtout quand ce caractère est commun à toutes les autres coquilles comprises dans la même Sous-Famille.

J. — Psephæa Crosse, 1871. – Type : *V. concinna* Brod. Quoique la protoconche de cette coquille soit mamelonnée, au lieu d'être trochiforme comme celle de *Volutilithes*, et qu'elle ait une échancrure basale avec un bourrelet, je rapproche ces deux Genres dans la même Sous-Famille, à cause de la disposition de leurs plis très obliques, dont l'antérieur seul est saillant.

K. — Provocator, Watson, 1881. — Type : *Provocator pulcher* Watson. — Ainsi que l'a fait remarquer Fischer, dans son Manuel, cette coquille a le sommet émaillé d'un *Ancilla*, la suture comblée d'un *Bullia*, le sinus sutural d'un *Pleurotomidæ*, avec deux plis très obliques en arrière, sur la columelle. Cet assemblage hybride de caractères appartenant à diverses Familles rend très incertain le classement de *Provocator*.

L. — Pseudocymbium, Cossm, 1899 (= *Wyvillea* Watson 1881, *non* Haswel 1879). — Type : *Wyvillea alabastrina Watson*. D'après le Manuel de Fischer, c'est une coquille cymbiforme, dont la spire est scalaroïde et élevée, dont le sommet est mamelonné et irrégulier, et dont la columelle, légèrement tordue, est perpendiculaire et ne porte aucun pli ; comme elle est abruptement tronquée au milieu de sa longueur, au lieu de s'élever plus haut que le bord opposé, comme cela a lieu chez la plupart des *Volutidæ*, je doute que *Wyvillea* soit bien à sa place dans cette Famille. En tous cas, j'ai dû changer ce nom de Genre, pour corriger un double emploi avec un Genre de Crustacés bien antérieur.

M. — Microvoluta, Angas, 1877. — Type : *M. australis* Angas. D'après les figures du Manuel de Tryon, ces coquilles ont l'aspect des *Mitra* ; mais elles n'ont pas d'échancrure basale, et leurs plis égaux ne croissent pas d'avant en arrière. Je crois donc, conformément à l'opinion de cet auteur, que c'est un groupe de transition entre les deux Familles ; cette opinion me paraît beaucoup plus vraisemblable que celle de Fischer qui a rapproché, ainsi que je l'ai signalé ci-avant (p. 82), *Microvoluta* des *Marginellidæ*.

Genre ou Sous-Genre à éliminer de la Famille.

Volutomitra, Gray, 1847. — Type *V. Groenlandica* Beck. D'après Fischer et d'après le Manuel de Tryon, cette coquille a complètement l'aspect d'un *Mitra*, avec une échancrure basale et un bourrelet, ce qui la distingue de *Microvoluta* ; toutefois Fischer affirme que sa radule la rapproche de *Voluta* ; mais il remarque que l'absence d'appendices du siphon, que la forme des tentacules portant les yeux, sont des caractères anormaux chez les *Volutidæ*, et se rapprochent plutôt de ceux des *Mitridæ*. Comme, d'ailleurs, il semble que les plis croissent d'avant en arrière, je suis d'avis de classer ce Genre dans les *Mitridæ*. Quant à la coquille crétacique, que Stoliczka a placée dans ce Genre, elle ne paraît avoir aucun rapport avec lui ; c'est un fragment, dont les plis columellaires ne sont guère visibles, et dont la surface est couverte de fines stries spirales ; je doute que ce soit un *Mitridæ*, et, dans l'état où il se trouve, il est préférable de s'abstenir de toute conclusion sur son classement.

VOLUTA (Rhumphius 1705) Lamarck 1798.
(= *Volutolyria*, Crosse 1877; = *Musica* Humphrey 1797, *fide* Swainson 1840)

VOLUTA, *sensu stricto*. Type: *Murex musica*, d'Arg. Viv.

Test épais et pesant; taille assez grande; forme biconique, plus ou moins ventrue; spire peu allongée, étagée, épineuse; protoconche lisse, polygyrée, trochoïde, à nucléus un peu saillant et à tours très convexes; dernier tour grand, médiocrement ovale, couronné d'épines parfois très saillantes, situées au-dessus d'une rampe suturale, et donnant naissance à des costules axiales qui persistent jusque sur la base; dans l'intervalle, la surface est tantôt lisse, tantôt ornée de gros filets spiraux, parfois décussés par des accroissements un peu crépus; base atténuée et excavée jusqu'à la carène qui limite un gros bourrelet correspondant aux accroissements de l'échancrure antérieure.

Ouverture relativement étroite, avec une gouttière anguleuse à la partie inférieure, terminée en avant par une très profonde échancrure contournée; labre vertical très épais, parfois lacinié, à peine sinueux à la suture; columelle calleuse, peu coudée, excavée en crosse à son extrémité antérieure, munie de quatre ou cinq gros plis peu obliques, souvent presque égaux, puis en arrière, de deux ou trois plissements transverses et plus minces, qui disparaissent quelquefois chez certaines espèces; bord columellaire peu étalé, mince en arrière, plus calleux sur le bourrelet basal, dont la carène inférieure correspond au troisième pli columellaire.

Opercule corné, unguiculé, arqué, à nucléus spiral.

Diagnose faite d'après le type actuel, et d'après un plésiotype du Calcaire grossier de Villiers, près Grignon: *V. musicalis* Lamk. (Pl. VII, fig. 4-5), ma coll. Protoconche grossie (**Fig. 13** ci-contre).

FIG. 12. — *Voluta musicalis*, Lamk.

Observ. — La désignation de l'espèce-type du Genre *Voluta* a donné lieu à quelques erreurs, qu'il importe de rectifier. Ce nom de Genre a été employé par Rhumphius, en 1705, et il n'aurait, par conséquent, aucune valeur, s'il n'avait été successivement repris : par Linné d'abord (Edition X *reformata*), qui y confondait *Mitra*, *Oliva*, *Marginella*, *Columbella*; puis par Lamarck (Mém. Soc. hist. nat. Paris, 1798), qui a éliminé de ce Genre les types de *Columbella*, *Marginella*, *Cancellaria*, *Mitra*, *Turbinella*, *Ancilla*, et qui a expressément désigné, comme type de *Voluta* (*s. restricto*) : *V. musica* (la « Musique » de d'Argenville). Cette désignation a encore été confirmée par lui, en 1801, dans son « Système des animaux sans vertèbres ». Gray et tous les auteurs américains ont adopté cette manière de voir. Toutefois Swainson a fait connaître, en 1840, un Genre *Musica*, qu'il attribue à Humphrey 1797, mais qui n'a aucune valeur, puisqu'il n'a été rendu public que quarante-deux ans après que Lamarck a fixé *Voluta*; d'ailleurs Swainson lui-même a placé *V. musica* dans son Genre *Harpula*, et l'on est en droit de conclure qu'il n'attachait, par suite, aucune importance à la dénomination *Musica*, après l'avoir inopinément ressuscitée.

La question paraissait donc résolue, lorsqu'en 1877, Crosse reprenant, dans le « Journal de Conchyliologie », la classification des *Volutidæ*, a proposé le nom *Volutolyria* pour *V. musica*; Fischer a accepté ce nom dans son Manuel, de sorte qu'il ne cite plus aucun type pour *Voluta* (*s. stricto*), ce qui est inadmissible au point de vue de la correcte nomenclature ; en outre, Fischer donne *Musica* comme synonyme de *Volutolyria* ; or il est bien évident que, si l'on admet *Musica* de préférence à *Voluta*, pour le type *V. musica*, la dénomination *Volutolyria* tombe également en synonymie.

En définitive, ces deux noms (*Musica*, *Volutolyria*) sont purement des synonymes, qu'il y a lieu de faire disparaître de la nomenclature des *Volutidæ*, en ne conservant que *Voluta*, seule dénomination correctement établie.

Rapp. et diff. — Le choix définitif de *V. musica*, comme type du Genre *Voluta*, me dispense de comparer cette coquille aux autres formes de *Volutidæ*, dont l'énumération va suivre, et dont la séparation sera successivement justifiée. Toutefois il n'est pas sans intérêt de faire remarquer qu'au point de vue de la classification d'après la forme de la protoconche, proposée par M. Dall, *Voluta* appartient à sa « Volutoid series », deuxième subdivision ; le nucléus embryonnaire de cette coquille est déjà plus développé que chez la plupart des formes éocéniques ou crétaciques, appartenant au Genre *Volutilithes*, ou à ses Sous-Genres et Sections. Quant à la plication columellaire, elle est très développée, très puissante, et chez certaines espèces éocéniques (*V. mitrata*, par exemple), les plis sont à peu près égaux, de sorte qu'il est difficile d'y constater la loi de décroissance d'avant en arrière, qui est la base de la séparation entre les *Volutidæ* et les *Mitridæ*. Cependant, même chez l'espèce que je viens de citer, le pli antérieur conserve encore plus d'importance et d'épaisseur que cela n'a lieu chez une coquille de *Mitra*, dont le pli supérieur est toujours plus faible et plus oblique que les plis infrajacents.

Répart. stratigr.

Eocène. — Outre le plésiotype ci-dessus figuré, qui existe dans le Bassin de Paris et dans le Vicentin (ma coll.), plusieurs espèces typiques, dans les environs de Paris et dans la Loire-Inférieure : *V. mitrata* Desh., *V. Wateleti* Desh., *V. quinqueplicata* Bayan, *V. Hœrensi*, Desh., *V. proboscidifera* Cossm., ma coll. Une espèce à cinq ou six plis columellaires, dans le Vicentin : *V. Bezançoni* Bayan, d'après la figure donnée par cet auteur.

Oligocène. — Une espèce bien caractérisée dans les couches de Grancona (Vénétie) : *V. Bericorum* Oppenh., ma collection.

Epoque actuelle. — Trois espèces aux Antilles, sur les côtes d'Afrique et du Brésil, d'après le Manuel de Tryon.

LAPPARIA, Conrad, 1855.

Lapparia, *sensu stricto*. Type : *Mitra dumosa*, Conr. Eoc.

Taille moyenne; forme étroite, biconique, ressemblant aux *Turricula ;* spire assez longue, à galbe conique ; protoconche lisse, grosse, turbinée, à nucléus pointu et scaphelloïde ; tours d'abord ornés de filets spiraux, très serrés, et de costules obsolètes, puis devenant peu à peu anguleux, et enfin épineux sur l'angle, avec une rampe faiblement excavée au-dessous de la rangée d'épines; sutures linéaires, ondulées par les costules axiales; dernier tour un peu supérieur à la moitié de la longueur totale, armé en arrière d'une couronne d'épines saillantes et comprimées, entièrement couvert de filets spiraux, qui se prolongent seuls sur la convexité de la base, jusqu'au cou sur lequel s'enroule un large bourrelet, formé par les accroissements curvilignes de l'échancrure antérieure.

Ouverture peu dilatée, à bords presque parallèles, avec une étroite gouttière dans l'angle inférieur, à peine contractée en avant, où elle se termine par une profonde échancrure basale;

labre presque rectiligne et vertical, un peu arqué en avant, lisse à l'intérieur, médiocrement épais ; columelle sans inflexion au milieu, recourbée vers l'axe, et prolongée à son extrémité antérieure qui se raccorde avec l'échancrure ; quatre plis columellaires, l'antérieur un peu moins saillant et un peu plus oblique que les trois autres, qui sont épais et presque transverses ; bord columellaire vernissé, mince en arrière, plus calleux dans la région du bourrelet.

Diagnose faite d'après des échantillons de l'espèce-type, de l'Eocène supérieur de Jackson, dans l'Etat de Mississipi (Pl. VIII, fig. 8), ma coll. ; et d'après une espèce voisine), souvent confondue avec la précédente, provenant de l'Eocène inférieur de Smithville, dans le Texas : *Mitra Mooreana* Gabb (Pl. VIII, fig. 9), ma coll. Protoconche de l'espèce-type, grossie (**Fig. 14** ci-contre).

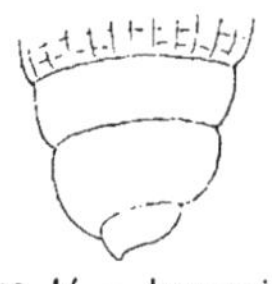

Fig. 14. — *Lapparia dumosa*, Conr.

Rapp. et diff. — Cette coquille a été décrite dans le Genre *Mitra*, à cause de la disposition de ses plis columellaires, qui ne décroissent pas d'avant en arrière ; toutefois, le pli antérieur étant presque égal aux trois autres, fait qui se produit chez quelques *Voluta* (par ex. *V. mitrata* Desh.), et, d'autre part, tous les caractères extérieurs de la coquille se rapprochant plus des *Volutidæ* que des *Mitridæ*, j'adopte l'opinion de M. Dall qui, se fondant sur la forme de la protoconche seule, place *Lapparia* dans la première de ces deux Familles. Seulement M. Dall la rapproche de *Caricella* et de *Scaphella*, à cause de ce gros embryon, à nucléus pointu ; or, ainsi que je l'ai déjà indiqué ci-dessus, il ne faut pas s'en rapporter exclusivement à la forme de l'embryon pour le classement des *Volutidæ* ; le Genre *Lapparia* en offre la preuve la plus évidente, attendu que, par tous ses autres caractères (échancrure, bourrelet basal, plis transverses, épines, etc.), il s'écarte complètement de la « Scaphelloïd series » de M. Dall, c'est-à-dire de mes *Homœoplocinæ*, au milieu desquels il formerait une anomalie tout à fait disparate. Je rapproche, au contraire, *Lapparia* de *Voluta*, dont il ne diffère que par sa forme plus étroite et par son embryon subscaphelloïde.

Répart. stratigr.

Paléocène. — L'espèce plésiotype ci-dessus figurée, dans le « Midway stage » du Texas, ma coll.

Eocène. — L'espèce-type et une variété, dans le Claibornien et le Jacksonien des Etats-Unis, ma coll.

LYRIA, Gray, 1847.

LYRIA, *sensu stricto*. Type : *Voluta nucleus*, Lamk. Viv.

Test épais; taille au-dessous de la moyenne; forme ovoïde, peu ventrue; spire pointue, subulée, un peu étagée, à galbe conique; protoconche lisse, paucispirée, bulbiforme, quoique peu développée, à nucléus à peine saillant et plus ou moins dévié; surface costulée par des plis axiaux assez épais et réguliers, qui forment des crénelures sur la rampe suturale ; dernier tour très grand, régulièrement ovale, atténué et excavé à la base, sur laquelle se prolongent les costules axiales, et qui porte, en outre, des sillons obsolètes, imbriqués, obliques, jusqu'au bourrelet arrondi et contourné qui aboutit à l'échancrure antérieure. Ouverture fusoïde, avec une profonde gouttière dans l'angle inférieur, profondément échancrée à son extrémité supérieure ; labre vertical, épais, extérieurement variqueux, lisse à l'intérieur ; columelle peu calleuse, excavée en arrière, à peine coudée en avant, munie de trois plis supérieurs, peu obliques, dont deux surtout sont épais, le troisième inférieur un peu plus mince, et au dessous, de nombreux plissements transverses, enfin quelquefois, d'une forte ride pariétale dans l'angle inférieur ; bord columellaire assez mince, surtout en arrière, peu étalé, plus calleux sur la région du bourrelet basal.

Diagnose refaite d'après deux plésiotypes de Calcaires grossiers : *L. turgidula* Lamk., de Damery (Pl. V, fig. 9); et *L. harpula* Lamk., de Chaussy (Pl. VI, fig. 9-10); tous deux de ma collection.

Rapp. et diff. — Ce Genre se distingue de *Voluta* : non seulement par son ornementation formée de costules serrées, au lieu de côtes épineuses, mais encore et surtout par sa protoconche bulbeuse, à nucléus dévié, et par ses plis columellaires moins nombreux, disposés d'une manière différente. Il s'en rapproche toutefois par l'épaisseur de son test, par la profondeur de son échancrure antérieure, par son bourrelet basal, par les proportions relatives du dernier tour et de la spire. Les différences avec *Lapparia* sont plus importantes, quoiqu'elles portent sur les mêmes caractères : protoconche, plis columellaires, ornementation.

Répart. stratigr.

Senonien. — Trois espèces bien caractérisées dans le « groupe d'Arrialoor », du Crétacé supérieur de l'Inde méridionale : *L. formosa*, *crassicostata* et *granulosa* Stoliczka, d'après la Monographie de cet auteur.

Paleocene. — Une espèce dans le Calcaire de Mons : *Voluta Mariæ* Briart et Cornet, d'après la Monographie de ces auteurs. Deux espèces dans le « Midway stage » de l'Alabama : *V. lyroidea* et *L. Willcoxiana*, Aldrich., d'après les figures données par M. Gilbert Harris.

Eocene. — Plusieurs espèces bien caractérisées, dans le Bassin anglo-parisien, dans la Loire-Inférieure : *V. harpula* et *turgidula* Lamk., *Lyria Coroni* Morlet, *V. Branderi* Desh., *V. costata* Sol., *V. maga* et *humerosa* Edw., ma coll. et d'après la Monographie de F. Edwards. Deux espèces dans les couches nummulitiques de Pau : *V. Deshayesi* Al. Rouault, coll. de l'Ecole des Mines, et *V. Prevosti* Al. Rouault, d'après les figures. Une espèce dans l'Australie du Sud : *L. harpularia* Tate, ma coll. Plusieurs espèces dans les couches nummulitiques de l'Inde : *V. jugosa* Saw., *V. Edwardsi* d'Arch., d'après la Monographie de d'Archiac.

Oligocene. — Une espèce dans les sables de Fontainebleau, dans l'Allemagne du Nord, la Belgique et le Vicentin : *V. modesta* Mérian, d'après Sandberger, Nyst, Deshayes; autre espèce dans le Tongrien de Belgique, de l'Allemagne du Nord et d'Angleterre : *L. decora* Beyr., ma collection; autre espèce dans l'Allemagne du Nord : *L. eximia* von Kœn. d'après la figure; plusieurs espèces dans le Tongrien de la Ligurie : *V. anceps* Mich., *L. parens* Bell., d'après la Monographie de Bellardi; une espèce bien caractérisée dans le Tongrien de Gaas : *V. mitræformis* Grat. (*non* Lamk.), d'après les figures de l'Atlas du Bassin de d'Adour.

Miocene. — Une espèce à peu près lisse dans le Bassin de l'Adour : *V. picturata* Grat., ma coll. Deux espèces dans l'Helvétien du Piémont : *V. magorum* Br., *V. taurinia* Bon., d'après la Monographie de Bellardi. Trois espèces dans le Tertiaire de Saint-Domingue et dans les couches à silex de la Floride : *V. zebra* Leach, *V. pulchella* Sow. et *V. musicina* Heilp. d'après la Monographie de M. Dall et ma coll.

Pliocene. — Une espèce dans le Crag rouge d'Angleterre, intitulée à tort *V. nodosa*, mais bien distincte du *Volutilithes* de ce nom, d'après la figure de la Monographie de S. Wood.

Epoque actuelle. — Plusieurs espèces dans l'Australie, l'Océan Indien, au Japon, sur les côtes d'Afrique et aux Indes occidentales, d'après le Manuel de Tryon.

HARPULA, Swainson, 1840.

HARPULA, *sensu stricto*. Type : *Voluta vexillum*, Chemn. Viv.

Taille au-dessous de la moyenne, ou même petite ; forme ovale ou étroitement fusoïde ; spire peu allongée, à galbe conique ; protoconche lisse, petite, papilleuse, à nucléus légèrement dévié ; tours lisses, un peu convexes, séparés par des sutures linéaires et faiblement bordées ; dernier tour grand, peu ventru, dépourvu de costules et de stries, atténué à la base, qui porte seulement quelques sillons obliques, enroulés sur le cou et le bourrelet aboutissant à l'échancrure. Ouverture un peu allongée, peu dilatée, munie d'une étroite gouttière dans l'angle inférieur, échancrée en avant par un sinus étroit et profond, qui est rejeté à l'extérieur ; labre épais, parfois bordé, presque vertical, sans aucune sinuosité à la suture, portant en avant une petite callosité interne, qui rétrécit toujours l'ouverture à la naissance de l'échancrure basale ; columelle excavée en arrière, droite en avant, munie de quatre plis très décroissants, et de plusieurs plissements pariétaux ; le pli antérieur est seul épais et se confond ordinairement avec la torsion columellaire ; bord calleux, bien limité en dehors.

Diagnose faite d'après un plésiotype du Calcaire grossier de Parnes : *V. mitreola* Lamk. (Pl. VII, fig. 7-8), ma coll.

Rapp. et diff. — Les plésiotypes de l'Eocène ne sont pas absolument identiques par leur forme, au type du Genre de Swainson ; ils sont plus étroits, plus subulés et ressemblent encore davantage à un *Mitra*. Toutefois, comme les autres caractères répondent complètement à la diagnose et à la figure de *V. vexillum* et de *V. interpunctata* Martynn, qui sont les deux représentants de *Harpula* à l'époque actuelle, je n'hésite pas à confirmer la détermination générique que j'avais déjà proposée dans mon « Catalogue illustré de l'Eocène », en 1889, quoiqu'il soit surprenant que ce Genre n'ait pas de représentants entre l'Eocène et l'Epoque actuelle. Outre la décroissance des plis columellaires, auxquels succèdent encore quelques plissements pariétaux, ces plésiotypes fossiles sont caractérisés par une petite callosité qui rétrécit l'extrémité antérieure de l'ouverture, et qu'on distingue très bien sur la figure des espèces vivantes de *Harpula*. Ce Genre se rattache aux *Volutinæ* par son échancrure avec bourrelet basal, par son labre épais ainsi que par sa plication columellaire; il s'écarte de *Lyria* par sa surface lisse et par sa protoconche papilleuse.

Répart. stratigr.

Eocène. — Outre le plésiotype ci-dessus figuré, une autre espèce dans les sables bartoniens des environs de Paris : *V. intusdentata* Cossm., ma coll.

Epoque actuelle. — Deux espèces dans l'Océan Indien, d'après le Manuel de Tryon.

FICULOMORPHA, Holzapfel, 1888.

Ficulomorpha, *sensu str*. Type : *Mitra piruliformis*, Mull. Crét.

Taille assez petite ; forme piroïde, ovale, peu allongée ; spire très courte, à galbe conoïdal ; protoconche papilleuse, peu saillante, à nucléus dévié (*fide* Holzapfel) ; tours peu nombreux, un peu convexes ; surface entièrement ornée de rubans spiraux et aplatis, décussés par des plis d'accroissement dans leurs interstices ; dernier tour très grand, ovale en arrière, excavé à la base, sur laquelle l'ornementation se prolonge régulièrement jusqu'au cou, où l'on distingue un bourrelet obtus, correspondant aux accroissements de l'échancrure antérieure.

Ouverture peu dilatée, semilunaire, avec une étroite gouttière dans l'angle inférieur, terminée en avant par un canal un peu rétréci, rejeté en dehors et échancré à l'extrémité par une entaille assez profonde ; labre étroit, non sinueux en arrière, mince, muni de quelques plis crénelés à l'intérieur ; columelle excavée en arrière, courbée à droite du côté antérieur, munie de quatre plis épais, les deux antérieurs obliques et rapprochés, les deux postérieurs transverses et plus écartés ; bord columellaire assez large, un peu calleux, bien distinct dans toute sa hauteur.

Diagnose refaite d'après les échantillons-types des sables de Vaals, du Sénonien supérieur (Pl. VII, fig. 10-11), coll. de « Technische Hochschule » d'Aix-la-Chapelle, communiqués par M. Holzapfel.

Rapp. et diff. — Au premier abord, ce Genre ressemble complètement à *Ficulopsis* Stol., qui appartient à la Sous-Famille *Pholidotominæ* (voir l'annexe ci-après); mais, malgré cette apparence extérieure, *Ficulomorpha* doit être classé dans un groupe tout à fait différent, à cause de l'absence complète de sinuosité et d'échancrure à la partie inférieure du labre, qui est simplement un peu rétrocurrent à son point de jonction avec la suture. Ce Genre s'écarte totalement des autres *Volutinæ* : non seulement par sa forme piroïde et par son ornementation de *Pirula*, mais encore par sa protoconche papilleuse, petite comme le sont tous les embryons de *Volutidæ* crétaciques, et enfin par ses plis columellaires qui forment deux groupes très distincts, deux obliques et deux transverses. Quoique ces différences soient très profondes, et qu'à première vue on ne voie guère de rapports entre *Ficulomorpha* et *Voluta*, je place ce Genre dans la Sous-Famille *Volutinæ*, à cause de son échancrure basale et de son bourrelet, et à cause de l'épaisseur de ses quatre plis.

Répart. stratigr.

SENONIEN. — L'espèce-type seule, dans les sables d'Aix-la-Chapelle.

VESPERTILIO, Klein, 1753.

VESPERTILIO, *sensu stricto.* Type : *V. vespertilio*, Lin. Viv.

T est un peu épais ; taille assez grande ; forme stromboïde, généralement ventrue ; spire courte, subcostulée sur les premiers tours, devenant épineuse sur les deux derniers ; protoconche grosse, polygyrée, à nucléus déprimé, à tours canaliculés et parfois crénelés ; dernier tour très grand, couronné au-dessus de la rampe suturale par des épines plus ou moins saillantes et écartées, qui se prolongent sous la forme de costules disparaissant sur la base, tandis que le reste de la surface est lisse ; bourrelet basal saillant, correspondant aux accroissements de l'échancrure antérieure. Ouverture à bords presque parallèles, avec une gouttière étroitement canaliculée dans l'angle inférieur, terminée en avant par une très profonde échancrure ; labre mince, presque vertical, lisse à l'intérieur, aboutissant normalement à la suture ; columelle peu excavée, tordue et contournée en avant, portant quatre plis écartés et saillants, les deux antérieurs plus obliques et plus épais ; bord columellaire un peu calleux, non étalé.

Diagnose faite d'après des échantillons de l'espèce-type, et d'après un plésiotype de l'Eocène de l'Australie : *V. Weldi* Ten. Woods (Pl. IV, fig. 23, et Pl. VI, fig. 8), ma coll. Protoconche grossie (**Fig. 15** ci-contre).

Fig. 16. — *Vespertilio Weldi*, Ten. Woods.

Rapp. et diff. — *Vespertilio* se distingue de *Voluta s. s.* : par ses plis plus minces, un peu plus obliques, surtout les deux antérieurs ; par l'absence de plissement sur la région pariétale ; par son labre plus mince, et principalement par sa grosse protoconche, à nucléus presque planorbulaire, qui n'a aucun rapport avec l'embryon trochiforme de *V. musicalis*. A côté de ces caractères différentiels, qui sont bien tranchés, il y a, au contraire, entre ces deux genres, des rapprochements qui motivent le classement de *Vespertilio* dans la Sous-Famille *Volutinæ* ; ce sont : non seulement la forme générale, l'ornementation épineuse ou costulée, mais encore la profondeur de l'échancrure, et l'existence d'un bourrelet basal qui correspond aux accroissements de celle-ci. Il y a lieu de remarquer que les crénelures de la protoconche, qui caractérisent le type (*V. vespertilio*), n'existent pas chez toutes les espèces vivantes du même Genre, et qu'elles manquent absolument chez les plésiotypes fossiles ; M. Geo. Harris, dans son « Etude sur les fossiles australasiens du British Museum », en conclut que ces fossiles appartiennent au Sous-Genre *Aulica*. Je ne partage pas cet avis, attendu qu'il existe d'autres différences plus constantes entre *Vespertilio* et *Aulica*, notamment l'épaisseur des plis columellaires de ce dernier Sous-Genre, la disparition complète de l'ornementation de la surface chez *Aulica*, qui a en outre une protoconche non canaliculée, présentant l'aspect d'une calotte lisse, et dont le labre forme un sinus un peu échancré, à son point d'attache contre la suture. Je ne connais d'ailleurs aucun représentant d'*Aulica* à l'état fossile, tandis que plusieurs des plésiotypes australiens sont presque identiques à *V. vespertilio*.

Répart. stratigr.

Senonien. — Deux espèces douteuses dans les couches daniennes de

Maëstricht : *V. deperdita* Goldf. et *V. piriformis* [1] Kaunhowen, d'après la Monographie de cet auteur.

Eocène. — Outre le plésiotype ci-dessus figuré, plusieurs espèces dans l'Australie du Sud, soit épineuses : *V. strophodon* M. Coy, *V. strombi formis* Johnston [2] ; soit costulées : *V. lirata, pseudolicata, Macdonaldi*, Tate, ma coll. Deux espèces probables dans les couches nummulitiques de l'Inde : *V. Sismondai* et *Haimei* d'Arch., d'après la Monographie de d'Archiac et Haime.

Pliocène. — Deux espèces dans les couches récentes de Java : *V. ponderosa* et *gendinganensis*, Martin, d'après les figures données par cet auteur.

Epoque actuelle. — Un certain nombre d'espèces localisées dans les mers de l'Australie, aux Philippines, aux îles Moluques, d'après le Manuel de Tryon.

Amoria, Gray, 1855. Type : *Voluta undulata*, Lamk. Viv.

Taille moyenne ; forme ovale, peu ventrue ; spire courte, subulée, à galbe conique ou extraconique ; protoconche relativement petite, lisse, turbinée en dôme conoïdal, à nucléus sans saillie ; tours à peu près plans, à sutures peu distinctes, lisses et recouverts d'un enduit vernissé qui envahit toute la surface de la coquille ; dernier tour très grand, ovoïde, régulièrement atténué à la base, qui est peu ou point excavée, et qui porte un bourrelet obsolète, correspondant aux accroissements de l'échancrure. Ouverture longue, peu dilatée, avec une étroite gouttière canaliculée dans l'angle inférieur, non rétrécie en avant, et terminée de ce côté par une échancrure très profondément entaillée, mais plus étroite que l'ouverture ; labre épais, lisse à l'intérieur, non bordé à l'extérieur, un peu oblique à gauche de l'axe, du côté antérieur, rétrocurrent en arc de cercle à la suture ; columelle presque rectiligne, munie de quatre gros plis souvent épais, égaux et équidistants, quelquefois entremêlés de plis intercalaires et plus

(1) *V. piriformis* fait double emploi avec l'espèce de Forbes ; je propose, pour l'espèce du Limbourg : **Voluta kaunhoweni**, Vin. de Reg.

(2) Double emploi avec *V. Strombiformis* Desh ; je propose donc, pour l'espèce australienne : **V. Johnstoni**, *nob.*

petits ; du côté antérieur, la columelle se recourbe vers l'axe, avant de se terminer au bord de l'échancrure ; bord columellaire mince, peu calleux, parfois très largement étalé sur la base et sur le bourrelet basal.

Diagnose complétée d'après une variété de l'espèce-type : *V. Angasi* Tate, ma coll. ; et d'après un plésiotype du Miocène de l'Australie du Sud : *V. Masoni* Tate (Pl. V, fig. 10, et Pl. VI, fig. 7), ma coll.

Rapp. et diff. — Ce Sous-Genre appartient évidemment au même groupe que *Vespertilio* et *Aulica* ; par son échancrure et son bourrelet basal, ainsi que par ses plis columellaires, il se rattache à la Sous-Famille typique *Volutinæ* ; mais il s'écarte : de *Voluta* et de *Lyria* par sa surface non ornée et par son embryon ; de *Vespertilio* par l'absence d'épines, par sa protoconche non déprimée ni canaliculée, par son labre épais ; enfin d'*Aulica*, qui est également lisse, par son échancrure bien plus étroite, par sa protoconche beaucoup moins grosse, par sa columelle plus contournée en avant. On peut encore le comparer à *Harpula*, qui a aussi une forme mitroïde ; mais la plication de la columelle est bien différente, la protoconche n'a aucun rapport, et le labre d'*Amoria* ne porte pas la callosité antérieure, rétrécissant l'ouverture, qui caractérise *Harpula*.

Répart. stratigr.

Miocène. — L'espèce plésiotype ci-dessus figurée, dans l'Australie du Sud, ma coll. Autre espèce probable dans la formation santacruzienne de la Patagonie : *V. Patagonica* v. Ihering, d'après la figure publiée par l'auteur.

Pliocène. — L'espèce-type dans les couches récentes de la Nouvelle-Zélande, d'après M. Geo. Harris.

Époque actuelle. — Plusieurs espèces ou variétés, dans les mers de l'Australie, d'après le Manuel de Tryon.

LEPTOSCAPHA, Fischer, 1883.

Leptoscapha, *sensu stricto*. Type : *V. variculosa*, Lamk. Eoc.

Taille petite ; forme de *Mitra*, étroite, ovale, assez allongée ; spire un peu écourtée, à galbe conoïdal ; protoconche petite, mamillée, à nucléus indistinct, obliquement subdévié ; tours convexes, séparés par des sutures bordées, et ornés de fines stries spirales ; dernier tour grand, ovoïde, non ventru, atténué à la base, qui est un peu excavée contre le bourrelet caréné correspondant aux accroissements de l'échancrure ; stries persistant sur la base, où elles sont plus marquées que sur la spire, et obliquement enroulées sur le bourrelet. Ouverture assez courte, un peu dilatée, munie d'une gouttière étroitement canaliculée dans l'angle inférieur, un peu rétrécie à son extrémité antérieure, où elle est tronquée par une échancrure assez profonde ; labre vertical, épais, bordé par une varice, à laquelle correspond souvent une varice opposée sur le dernier tour ; columelle excavée, munie de quatre plis assez minces et assez obliques, situés en avant, les trois antérieurs presque égaux, l'inférieur souvent peu visible et toujours plus petit ; bord columellaire calleux, étroit, limité à l'extérieur par un rebord saillant, se terminant en pointe à l'angle de l'échancrure.

Diagnose complétée d'après des échantillons de l'espèce-type, du Calcaire grossier de Grignon et de Parnes (Pl. VII, fig. 1-2), ma coll. Protoconche grossie (**Fig. 16** ci-contre).

Fig. 16. — *Leptoscapha variculosa*, Lamk.

Rapp. et diff. — Ce singulier Genre, séparé avec beaucoup de raison par Fischer, est caractérisé par sa forme et par ses varices ; il s'écarte des autres divisions mitriformes les *Volutidæ*, telles que *Microvoluta* qui n'a pas d'échancrure, ou *Enæta* qui a une dent labiale et une protoconche différentes. Je le place à la limite des *Volutinæ*, auxquels il se rattache seulement par son échancrure et par son bourrelet basal ; ses plis, sa forme, sa protoconche et son ornementation ont plutôt de l'analogie avec *Scaphella* et avec *Aurinia* ; mais je ne puis rapprocher *Leptoscapha* des *Homœoplocinæ*, à cause de son échancrure basale et de ses bourrelets variqueux ; d'ailleurs sa protoconche ne paraît pas être complètement scaphelloïde, ni bulbiforme. En définitive, c'est une forme aberrante, localisée dans l'Eocène, et qui ne peut fournir aucune indication phylogénétique.

Répart. stratigr.

Eocene. — L'espèce-type dans le Bassin de Paris, ma coll. Une autre espèce bien caractérisée, dans l'Australie du Sud : *V. crassilabrum* Tate, d'après la figure publiée par l'auteur.

★

YETUS, Adanson, 1757.
(= *Cymbium*, Klein *pro parte*.)

Test mince. Taille très grande; forme plus ou moins ventrue; protoconche à nucléus scaphelloïde, empâtée dans un vernis qui en masque les sutures; spire réduite à un seul tour lisse, caréné en arrière, avec une rampe spirale plus ou moins large entre cette carène et la protoconche; base portant en avant une large bande, souvent excavée, limitée par une côte obtuse, et correspondant aux accroissements de l'échancrure antérieure. Ouverture dilatée, avec une large gouttière postérieure, à peine atténuée en avant, et tronquée par une large échancrure, souvent profonde; labre mince, lisse, convexe, peu ou point oblique, avec un sinus échancré sur la rampe inférieure du dernier tour; columelle excavée, parfois très creuse, tordue en avant, se terminant de ce côté par une pointe effilée contre l'échancrure, munie de plis très obliques à peu près égaux; bord columellaire plus ou moins épais, largement étalé sur la base et débordant sur la rampe postérieure, plus étroit et plus calleux le long de la bande basale.

Yetus, *sensu stricto*. Type : *V. proboscidalis*, Lamk. Viv.

Forme cylindracée; large rampe suturale; columelle munie de trois plis presque parallèles, inclinée vers l'axe à son extrémité antérieure.

Diagnose refaite d'après un échantillon de l'espèce-type, des côtes occidentales d'Afrique (Pl. VII, fig. 9), ma coll.

Observ. — J'adopte la dénomation, rétablie par Fischer dans son Manuel, et empruntée à l'ouvrage d'Adanson qui, dans son Etude sur les coquilles du Sénégel, s'était borné à latiniser les noms barbares que ces coquilles portent dans le pays; en effet, le nom de *Cymbium*, qui est antérieur à l'édition de Linné, s'applique d'ailleurs à des formes tellement hétérogènes qu'il est inadmissible de lui donner, même en l'interprétant, la préférence sur *Yetus* dont le type est mieux circonscrit. Quant à *Cymba*, comme je l'ai indiqué ci-dessus (p. 106), il a pour type une forme que je considère comme un peu différente, et par conséquent, je ne puis reprendre cette dénomination, comme le propose M. Dall, dans sa Monographie du Tertiaire de la Floride, pour l'appliquer à *V. proboscidalis*.

Rapp. et diff. — Ce Genre est le type caractéristique de ma Sous-Famille *Cymbinæ*, comprenant les Volutes à spire à peu près nulle, à large échancrure basale, dont la columelle est plusieurs fois tordue sur elle-même en formant des plis plus ou moins obliques. Si l'on se bornait, comme l'a fait M. Dall, à ne tenir exclusivement compte que de la protoconche, on serait conduit à disperser les formes qui composent ce groupe très homogène par l'ensemble de ses caractères, en partie avec les *Voluta*, en partie avec les *Scaphella*; cependant les *Cymbinæ* s'écartent des premiers par leur plication tout à fait différente, des seconds par leur large échancrure basale, des deux par leur spire réduite aux tours embryonnaires, auxquels succède immédiatement le dernier tour. Dans ces conditions, il paraît bien évident que la forme de la protoconche ne peut, quoi qu'en dise notre confrère, servir de base à une classification générale des *Volutidæ*.

Répart. stratigr.

Eocène. — Un fragment bien caractérisé, dans les environs d'Einsiedeln : *Cymbium Orbignyi* Mayer, d'après la Monographie de M. Mayer-Eymar; un autre fragment plus douteux, dans les environs de Thun : *Cymbium helveticum* Mayer, d'après le même auteur.

Pliocène. — Une espèce actuelle en Algérie : *V. papillata* Schum, d'après Fischer.

Epoque actuelle. — Plusieurs espèces ou variétés sur les côtes d'Afrique, ma coll.

Eucymba, Dall. 1890. Type : *E. ocalana*, Dall. Eoc.

Taille assez grande; forme piroïde, subglobuleuse; spire presque réduite aux tours embryonnaires et au seul dernier tour; protoconche large, en calotte déprimée, avec un nucléus scaphelloïde, obtusément proéminent et un peu latéral; tours ornés de stries spirales : dernier tour lisse, non caréné ni couronné en arrière, seulement arrondi, graduellement atténué à la base, et terminé par un canal allongé, un peu contourné. Ouverture piriforme; labre mince, arqué, rétrocurrent vers la suture; columelle munie de quatre plis égaux et obliques ; bord columellaire mince.

Diagnose composée d'après la traduction de celle de l'auteur; reproduction de la figure du moule interne de l'espèce-type (**Fig. 17** ci-contre.)

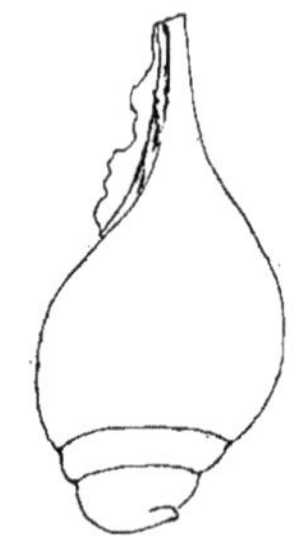

Fig. 17. — *Eucymba ocalana*, Dall.

Rapp. et diff. — Cette coquille ressemble plutôt à un *Fulgur* qu'à un *Voluta ;* toutefois sa protoconche scaphelloïde et ses plis obliques la rapprochent de *Yetus*, quoiqu'elle s'en écarte par son canal et par ses stries, qui rappellent un peu le Genre *Caricella*. En réalité, à l'exception de la protoconche, qui est un peu plus large, j'avoue que je n'aperçois pas de raisons bien sérieuses pour séparer cette coquille de *Caricella*, et surtout pour la classer dans les *Cymbinæ* plutôt que dans les *Homœoplocinæ*, dont elle a les plis columellaires; il n'y a qu'un caractère qui pourrait justifier le rapprochement proposé par M. Dall (*Eucymba* près de *Cymba*); malheureusement M. Dall n'en fait pas mention dans sa diagnose, et je n'ai pu le vérifier sur la figure insuffisante qu'il donne pour le type de son Sous-Genre : c'est l'existence ou l'absence d'une échancrure basale, qui n'existe jamais chez les *Homœoplocinæ*, tandis que les *Cymbinæ* en possèdent une très large, avec une bande qui correspond aux accroissements de cette entaille, et dont on n'aperçoit jamais la trace chez *Caricella*. Ce point resterait donc à éclaircir, avant que l'on soit en état de fixer définitivement la position d'*Eucymba* dans la classification systématique que j'ai précédemment dressée en tableau. En tout cas, j'exclus de ce Genre les formes crétaciques citées par M. Dall, qui me paraissent dépourvues d'échancrure, de sorte que, comme on le verra ci-après, je les ai placées dans le Genre *Caricella*.

Répart. stratigr.

Eocene. — L'espèce-type dans l'Eocène supérieur de la Floride.

★

CYMBIOLA, Swainson, 1840.

Cymbiola, *sensu stricto*. Type : *V. ancilla*, Sol. Viv.

Taille grande; forme ovale, ventrue, cymbioïde; spire plus ou moins allongée; protoconche lisse, polygyrée, à nucléus scaphelloïde et à circonvolutions irrégulières; dernier tour très grand, anguleux et souvent couronné de nodosités en arrière, médiocrement atténué à la base, qui porte une large bande oblique et subexcavée, limitée par une petite carène, et aboutissant à l'échancrure dont elle contient les accroissements. Ouverture généralement ample, avec une gouttière dans l'angle postérieur, terminée en avant par une large et profonde échancrure ; labre un peu oblique, souvent épaissi, lisse à l'intérieur, non sinueux à la suture ; columelle excavée, tordue en avant, se terminant en pointe effilée bien au-delà de l'échancrure, munie de deux plis épais et très obliques ; bord columellaire calleux, largement étalé.

Diagnose complété des échantillons de l'époque actuelle ; plésiotype fossile du Miocène de Patagonie : *V. Ameghinoi*, V. Ihering (**Fig. 18** ci-contre), reproduction de la figure originale (Revista do Museu Paulista, T. II, 1897, p. 302).

Fig. 18. — *Cymbiola Ameghinoi*, v. Iher.

Rapp. et diff. — Je n'ai pu rapporter les coquilles de ce Genre à aucun des autres groupes de *Volutidæ ;* en effet, s'il se rapproche des *Cymbinæ* par ses plis tordus, par son échancrure basale et par sa bande dorsale bien limitée, il s'en écarte par la saillie de sa spire, par sa forme buccinoïde ou ancilloïde, par son bord collumellaire calleux, par l'inclinaison du labre, par la disposition de sa protoconche étroite et polygyrée, terminée par un nucléus scaphelloïde. D'autre part, les plis sont plus obliques et moins nombreux que ceux des *Volutinæ* ; les accroissements de l'échancrure forment une bande subexcavée au lieu d'un bourrelet saillant, et la columelle est beaucoup plus arquée. Enfin, si on le compare à *Scaphella*, à cause de son nucléus scaphelloïde, on trouve que les plis columellaires n'ont aucun rapport, que l'ouverture est bien plus échancrée, et que la base porte une bande qui fait totalement défaut chez les *Homœoplocinæ*. Dans ces conditions, il m'a paru rationnel d'admettre la Sous-Famille *Zidoninæ*, proposée par les frères Adams, et d'y placer *Cymbiola*, à côté de *Zidona* qui a l'embryon encore plus proboscidiforme.

Répart. stratigr.

Miocène. — L'espèce plésiotype ci-dessus reproduite, dans la formation santacruzienne de Patagonie, d'après M. von Ihering.

Époque actuelle. — Plusieurs espèces ou variétés, sur les côtes australes de l'Amérique du Sud, d'après le Manuel de Tryon.

★

SCAPHELLA, Swainson, 1832.

Scaphella, *sensu stricto*. Type : *V. Junonia*, Hwass. Viv.

Taille grande ; forme ovoïde, allongée, atténuée aux deux bouts ; spire relativement courte, subulée, obtuse au sommet ; protoconche lisse, du type « scaphelloïde » (Dall), c'est-à-dire paucispirée, convexe, à nucléus obliquement redressé et se terminant par une pointe plus ou moins contournée ; tours un peu convexes, peu nombreux, généralement lisses, ou ornés de très fines stries spirales qui disparaissent sur le dernier ; celui-ci est très grand, ovale, à peine renflé en arrière, atténué ou excavé à la base, qui ne porte pas de bourrelet saillant sur le cou du canal. Ouverture allongée, anguleuse en arrière, sans gouttière, élargie au milieu, terminée en avant par un canal un peu long, légèrement infléchie, presque sans échancrure à son extrémité ; labre faiblement convexe, peu épais, lisse à l'intérieur, à peine sinueux vers la suture ; columelle excavée, tordue et rejetée vers l'extérieur à son extrémité supérieure, portant au milieu quatre plis également espacés et de même épaisseur, obliques à 45° environ ; bord columellaire à peu près nul en arrière, peu calleux en avant.

Diagnose refaite d'après l'espèce-type, et d'après les plésiotypes fossiles : *V. miocænica* Fisch, et Tourn. (Pl. VI, fig. 5), de l'Helvétien de Manthelan ; *V. Lamberti* Sow. (Pl. VI, fig. 2), du Scaldisien d'Anvers ; toutes deux de ma collection. Protoconche de *V. miocænica* grossie (**Fig. 19** ci-contre).

Fig. 19. — *Scaphella miocæcenica*, Fisch. et Tourn.

Observ. — Il est surprenant que Fischer n'ait pas repris, dans son Manuel, ce Genre bien caractérisé, correctement établi, et proposé bien antérieurement à toutes les divisions de Gray, des frères Adams et de

Crosse; cette omission, jointe à l'absence d'un type bien défini pour le Genre *Voluta*, a pour effet de rendre tout à fait confuse et artificielle la classification des *Voluta* dans son Manuel. A ce point de vue donc, — et abstraction faite de la théorie de la protoconche, — la rectification faite par M. Dall, dans sa revision complète des *Volutidæ*, a une très grande importance, et je m'y associe entièrement.

Rapp. et diff. — Ce Genre est muni de quatre plis columellaires, comme *Voluta*; mais ces plis sont moins épais, plus écartés et un peu plus obliques; en outre, la protoconche est tout à fait différente, avec un aspect particulier, qu'on remarque aussi chez *Eopsephæa*; mais les autres caractères de la coquille ne permettent pas de placer ce dernier dans la même Sous-Famille que *Scaphella*.

Répart. stratigr.

Senonien. — Une espèce probable dans le « Groupe d'Arrialoor » de l'Inde méridionale : *Melo piriformis* Forbes, d'après la Monographie de Stoliczka.

Paleocene. — Une espèce bien certaine, dans les sables landéniens de Bracheux : *V. Baudoni* Desh., d'après la figure donnée par l'auteur. Une espèce dans le « Calcaire de Mons » : *Cymba inæquiplicata* Briart et Cornet, d'après la Monographie de ces auteurs; une autre espèce dans les couches de Copenhague : *V. crenistria* V. Kœnen, d'après la figure. Une espèce dans les couches de Saratow, en Russie : *Scaphella volginica* Netschaew, d'après la Monographie de cet auteur.

Eocene. — Une espèce probable dans « l'Argile de Londres » : *V. Wetherelli* Sow., ma coll. Une espèce aux Etats-Unis : *V. Showalteri* Aldr., d'après M. Dall. Trois espèces à protoconche obtuse, dans l'Australie du Sud : *V. Mc-Coyi* T. Woods, *V. polita* (1) et *protorhysa* Tate, ma coll.; autre espèce du même gisement, à protoconche normale : *V. ellipsoidea* Tate, ma coll.

Oligocene. — Plusieurs espèces bien caractérisées dans l'Allemagne du Nord : *V. Siemsseni* Boll., coll. de l'Ecole des Mines; *V. obtusa* (2) V. Kœnen et *V. longissima* Giebel, toutes deux du Tongrien inférieur, d'après la Monographie de M. Von Kœnen.

Miocene. — L'un des plésiotypes ci-dessus figurés, dans l'Helvétien du centre de la France, ma coll., dans le Burdigalien de l'Aquitaine, coll. de l'Ecole des Mines, et dans le Tortonien du Portugal, d'après

(1) Cette espèce fait double emploi avec *V. polita* Conr., qui est un *Caricella*; il y a lieu de changer le nom de l'espèce australienne, et je propose en conséquence : **Scaphella victoriensis**, *nobis*.

(2) Cette espèce fait double emploi avec *V. obtusa* Emmons, qui est un *Aurinia*; il y a lieu de changer le nom de l'espèce oligocénique d'Europe, et je propose en conséquence : **Scaphella tongrica**, *nobis*.

Pereira da Costa; une espèce distincte, mais non figurée, dans le Tortonien du plateau de Cucuron : *V. Fischeri* Font., d'après Fontannes; autre espèce plus étroite, dans le Tortonien des Landes : *V. Tarbelliana* Grat., d'après les figures de l'Atlas du Bassin de l'Adour. Une espèce certaine dans l'Allemagne du Nord : *V. Bolli* Koch, d'après M. von Kœnen. Une espèce dans les couches de Maryland et de la Floride : *V. Tremholmi* Tuomey et Holmes, d'après la figure donnée par M. Dall.

Pliocène. — Le second des plésiotypes ci-dessus figurés, dans le Crag d'Anvers et de Suffolk, ma coll. Une espèce costulée au sommet, dans les couches de la Floride : *V. floridana* Heilp., ma coll.

Époque actuelle. — L'espèce-type sur les côtes de la Floride, ma coll.

Aurinia, H. et A. Adams, 1858. Type : *V. dubia*, Brod. Viv.
(= *Volutifusus*, Conr. 1869.)

Taille grande ; forme de *Scaphella* ; spire conique, à tours généralement costulés et striés au début, lisses à l'âge adulte ; protoconche scaphelloïde, à nucléus presque toujours détaché ; dernier tour ovale, assez étroit, excavé à la base, qui ne porte aucune trace de bourrelet. Ouverture en fuseau, tronquée sans échancrure à son extrémité antérieure ; labre mince, presque vertical, à peine sinueux vers la suture, lisse à l'intérieur ; columelle peu excavée en arrière, droite et dépourvue de torsion en avant, portant au milieu deux plis assez obliques, très obsolètes quand la coquille est adulte ; bord columellaire très mince, à peine visible.

Diagnose faite d'après un plésiotype du Miocène de la Virginie : *V. virginiana* Conr. (= *Volutifusus typus* Conr.) (Pl. VI. fig. 3), ma collection.

Rapp. et diff. — D'après Tryon, *V. dubia* n'est que le jeune âge de *V. Junonia*, qui est le type de *Scaphella*, de sorte qu'*Aurinia* serait synonyme de ce dernier Genre. M. Dall maintient, au contraire, *Aurinia* comme un Sous-Genre distinct, et il mentionne, à l'appui de cette opinion, la dégénérescence des plis columellaires, qui ne sont qu'au nombre de deux, même chez les jeunes individus ; mais tous les autres caractères sont semblables : protoconche, forme générale, même l'ornementation des premiers tours, qui existe aussi chez certains *Scaphella*. Aussi suis-je d'avis que la séparation à faire entre ces deux Groupes n'a tout au plus que la valeur d'une Section.

A ce propos, M. Dall fait remarquer que si, comme il le propose, le Genre *Halia* doit être classé dans les *Volutidæ*, il représenterait le stade extrême de la dégénérescence des plis columellaires, qui disparaissent complètement chez *Halia*. Toutefois je remarque que la protoconche de ce dernier n'est pas du tout scaphelloïde; je possède, en effet, des *Halia* très fraîchement conservés, dont le nucléus est tout à fait obtus, et dont les tours embryonnaires ne font aucunement la saillie caractéristique des *Homœoplocinæ*; si donc M. Dall attache une réelle importance à ce caractère, au point de vue du classement des Volutes, il est matériellement inadmissible de rapprocher *Halia* de cette Sous-Famille. Je crois, en résumé, que la position systématique de *Halia* reste encore douteuse, et que le classement provisoire proposé par Fischer, près des *Pleurotomidæ*, à cause des caractères anatomiques de l'animal, est le plus satisfaisant, dans l'état actuel de nos connaissances.

Répart. stratigr.

Miocène. — Outre le plésiotype ci-dessus figuré, deux autres espèces très voisines, dans la Floride : *V. obtusa* Emmons et *V. mutabilis* Conr., d'après M. Dall; une autre espèce douteuse, dans le Tertiaire de Saint-Domingue : *Scapha striata* Gabb, d'après M. Dall. Deux espèces dans la formation santacruzienne de la Patagonie : *V. quemadensis* V. Ihering, *V. Philippiana* Dall. (= *V. gracilis* Phil. *non* Swains.), d'après la Monographie de M. Von Ihering; cette dernière espèce également représentée dans le Tertiaire du Chili, d'après Philippi.

Pliocène. — Une espèce dans la Caroline du Sud : *V. simplex* d'Orb., ma coll.; l'espèce-type de l'époque actuelle, dans le même gisement d'après M. Dall.

Époque actuelle. — Outre le type, deux espèces sur les côtes Sud des États-Unis : *A. robusta* et *Gouldiana* Dall, d'après les publications de cet auteur.

CARICELLA, Conrad, 1835.

Caricella, *sensu stricto*. Type : *Turbinella piruloides*, Conr. Eoc.

Taille parfois assez grande; forme piroïde, ventrue en arrière, très atténuée en avant; spire très courte, à galbe extraconique; protoconche lisse, paucispirée, obtuse au sommet, à nucléus à peine saillant; tours peu nombreux, peu convexes, souvent ornés de filets spiraux qui disparaissent peu à peu; dernier tour très grand, généralement lisse, plus ou moins renflé en arrière, rarement ridé vers la suture, obliquement déclive ou même excavé à la base, qui ne porte pas de bourrelet sur le cou, et sur laquelle reparaissent souvent des filets obliquement enroulés. Ouverture en fuseau, dépourvue de gouttière dans l'angle inférieur, rétrécie en avant et terminée par un canal assez long, contourné, à peine échancré à son extrémité; labre mince, dilaté, presque vertical en profil, non sinueux en arrière; columelle faiblement excavée en arrière, tordue et calleuse le long du canal, munie au milieu de quatre plis minces, saillants, assez écartés, dont l'obliquité diminue un peu d'avant en arrière; bord columellaire nul ou indistinct.

Diagnose faite d'après des échantillons du Claibornien de l'Alabama : *C. piruloides* Conr. (Pl. V, fig. 7-8), ma coll. Protoconche grossie de la même espèce (**Fig.** 20 ci-contre).

Fig. 20. — *Caricella piruloides*, Conr.

Rapp. et diff. — Outre que la forme de l'embryon de *Caricella* n'est pas complètement scaphelloïde, comme celle de *Scaphella*; ce Genre s'en distingue par son galbe moins ovale, ressemblant à un *Sycum*, par son canal plus étroit et contourné comme celui des *Turbinellidæ*. M. Dall en fait seulement un Sous-Genre de *Scaphella*; mais les différences, que je viens de signaler, sont assez importantes pour justifier la séparation d'un Genre distinct, qui ne peut se confondre avec *Aurinia*, à cause de ses plis persistants, au nombre de quatre, à tout âge.

Répart. stratigr.

Senonien. — Une espèce dans le « Groupe d'Arrialoor », de l'Inde méridionale : *Melo piriformis* Forbes, d'après la figure de la Monographie de Stoliczka.

Eocene. — Outre le type ci-dessus figuré, et sa variété *bolaris* Conr., plusieurs espèces dans le Jacksonien du Mississipi : *C. subangulata* et *polita* Conr., ma coll.; *C. doliata*, *prisca*, *demissa* Conr., *C. Heilprini* Dall (= *C. Baudoni* Heilp. *non* Desh.), *C. reticulata* Aldr., *C. Leana* et *podagrina* Dall, d'après la Monographie de cet auteur sur le Tertiaire de la Floride. Une autre espèce aberrante, avec une couronne de rides sur le dernier tour et avec cinq plis columellaires, dans le Claibornien de l'Alabama : *V. Cooperi* Lea, ma coll.

VOLUTOCONUS, Crosse, 1871.

VOLUTOCONUS, *sensu stricto*. Type : *V. coniformis*, Cox. Viv.

Taille au-dessous de la moyenne; forme un peu conique; spire très courte, à galbe conoïdal; protoconche lisse, en calotte déprimée, à nucléus très petit, un peu saillant, tout à fait central; tours très étroits, un peu convexes, séparés par des sutures rainurées; dernier tour très grand, formant presque toute la coquille, ovoïde et souvent ridé en arrière, subconique en avant, entièrement couvert de très fines stries spirales, qui deviennent flexueuses sur la base; celle-ci ne porte aucune trace de bourrelet sur le cou, du moins chez les plésiotypes fossiles. Ouverture très étroite et très longue, à bords à peu près parallèles, anguleuse sans gouttière à la suture, tronquée en avant presque sans échancrure, chez les plésiotypes fossiles; labre mince, vertical, non sinueux vers la suture; columelle tout à fait droite, munie au milieu de quatre plis minces, égaux, obliques à 45° et régulièrement espacés, légèrement tordue à son extrémité antérieure contre la troncature basale; bord columellaire très mince, assez large, bien limité sur son contour extérieur.

Diagnose refaite d'après une espèce plésiotype de l'Eocène d'Australie: *V. conoidea* Tate (Pl. VII, fig. 3), ma coll.

Rapp. et diff. — Ainsi que l'indique la diagnose ci-dessus, le plésiotype fossile que je rapporte à ce Genre diffère, en quelques points, de la figure de *V. coniformis*, dans le Manuel de Tryon; cette figure attribue, en effet, à l'espèce vivante, sans que le texte en fasse mention, une échancrure et un bourrelet basal qui n'existent pas sur le fossile; si cette échancrure existe réellement, et si elle est aussi profonde, avec un bourrelet basal, il est probable que l'espèce fossile qui a seulement l'ouverture tronquée en avant, et qui, par ce caractère ainsi que par ses plis, se rapproche complètement des *Homœoplocinæ*, ne pourra conserver le nom *Volutoconus*. Dans cette hypothèse, il serait alors nécessaire de créer, pour elle, un Genre distinct, attendu qu'elle diffère de *Scaphella* par sa forme; par sa protoconche, et de *Caricella*, par l'absence de canal et par sa protoconche.

Répart. stratigr.

Eocene. — Outre le plésiotype ci-dessus figuré, une autre espèce dans l'Australie : *V. limbata* Tate, d'après la figure publiée par cet auteur.

Epoque actuelle. — L'espèce-type dans les mers de l'Australie, sur les côtes Nord-Ouest, d'après le Manuel de Tryon.

★

FULGURARIA, Schumacher, 1817.

Taille souvent très grande; forme plus ou moins étroite et élancée; protoconche bulbeuse, parfois énorme, à nucléus latéralement enroulé sans saillie ; ouverture plus ou moins dilatée, faiblement échancrée ; labre non réfléchi à l'extérieur; plis columellaires en nombre variable, peu obliques; pas de bourrelet basal.

Acithoe, H. et A. Adams, 1858. Type : *V. pacifica*, Sol. Viv.

Taille grande ; forme parfois un peu ventrue, ovoïde ; spire à galbe conique ou légèrement extraconique ; protoconche bulbeuse, plus grosse que les premiers tours de la spire qui sont subconvexes, quelquefois ornés de costules ; dernier tour très grand, renflé au milieu, atténué et excavé à la base qui est lisse, dépourvue de bourrelet sur le cou. Ouverture grande, assez large et dilatée, avec une gouttière canaliculée dans l'angle inférieur, peu atténuée du côté antérieur, où elle est largement tronquée, avec une très faible échancrure ; labre assez mince, à peu près vertical, faiblement rétrocurrent vers la suture, lisse à l'intérieur ; columelle excavée au milieu, avec trois ou quatre plis épais, inéquidistants, obliques à 45° environ, amincie et recourbée à son extrémité antérieure, où elle forme un bec pointu au-dessus de l'échancrure ; bord columellaire mince, très étalé sur la base.

Diagnose refaite d'après un plésiotype vivant : *V. fulgetrum* Sow., ma coll. ; et d'après un plésiotype fossile de l'Eocène de Table Cape, en Tasmanie : *V. ancilloides* Tate (Pl. VII, fig. 6), ma coll. Protoconche grossie (**Fig. 21** ci-contre).

Fig. 21. — *Alcithoe ancilloides*, Tate.

Rapp. et diff. — Il y a, outre l'embryon bulbeux, une affinité incontestable entre *Alcithoe* et *Fulguraria;* cependant, lorsqu'on détaille les caractères distinctifs de ces deux formes, on trouve qu'ils sont assez nombreux et assez tranchés pour motiver au moins la séparation d'un Sous-Genre : d'abord l'ampleur de l'ouverture, de sorte que la coquille ne se termine pas en avant, chez *Alcithoe*, par un canal rétréci comme celui de *Fulguraria*; ensuite le nombre des plis columellaires qui, au lieu d'être égal à sept, comme chez *F. rupestris*, avec quelques plissements intercalaires, se réduit à trois ou quatre, et en outre, leur obliquité est plus grande; d'autre part, l'ornementation spirale disparaît complètement de la surface; il ne reste, chez *Al. pacifica*, que des costules, comparables, il est vrai, à celles de *Fulg. rupestris*, et encore la plupart des *Alcithoe* sont-ils complètement lisses, comme *A. fulgetrum* ou comme notre plésiotype fossile; enfin le bord columellaire est très étalé sur la base chez *Alcithoe*, tandis qu'il est très étroit chez *Fulguraria*.

Dans son travail sur les fossiles australasiens du British Museum, M. Geo. Harris rapporte au Genre *Scaphella*, non seulement ce plésiotype (*V. ancilloides*), mais encore une espèce pliocénique de la Nouvelle-Zélande, qui est citée sous le nom *V. pacifica* et qui, dans ce cas, serait précisément identique au type d'*Alcithoe*; or il suffit de jeter les yeux sur la protoconche de ces coquilles, pour se convaincre de l'impossibilité du rapprochement proposé par M. Harris, puisque le nucléus embryonnaire de *Scaphella* forme une pointe scaphelloïde, tandis qu'il est enroulé latéralement et sans saillie chez toutes les coquilles que j'ai groupées dans la Sous-Famille *Volutobulbinæ*.

Répart. stratigr.

Eocène. — L'espèce plésiotype ci-dessus figurée, dans l'Australie et la Tasmanie, d'après la figure d'un individu plus complet que le mien, publiée par M. Tate.

Pliocène. — Une espèce bien caractérisée dans les environs de Perpignan : *V. pachytele* Fontannes, d'après l'auteur. L'espèce-type de l'époque actuelle, dans les couches récentes de la Nouvelle-Zélande, d'après M. Geo. Harris; autre espece, ou variété de la précédente, dans le même gisement : *V. gracilis* Swainson, d'après la Monographie de M. Hutton.

Époque actuelle. — Plusieurs espèces dans les mers australiennes, sur la côte orientale de l'Afrique, et au Brésil, d'après le Manuel de Tryon.

PTEROSPIRA, Geo. Harris, 1897.

Pterospira, *sensu str.* Type : *V. Hannafordi*, Mc. Coy. Eoc.

Taille grande ; forme fusoïde ou stromboïde ; spire très courte, lisse, ou ornée de petites costules et de filets spiraux, qui disparaissent sur le dernier tour ; protoconche énorme, bulbiforme, lisse, composée d'un tour et demi, à nucléus complètement latéral et sans saillie, complètement confondu dans la sphère du premier tour embryonnaire dernier ; tour très grand, dilaté. Ouverture large, avec une étroite gouttière dans l'angle inférieur, atténuée sans échancrure à la base ; labre curviligne, mince à son contour, réfléchi à l'extérieur par une expansion lamelleuse et auriforme, qui se prolonge en arrière jusqu'au milieu de l'avant-dernier tour ; « columelle excavée au milieu, et munie de trois plis larges, « égaux, proéminents » (*fide* Harris).

Diagnose complétée d'après un jeune individu de l'espèce-type (Pl. VI, fig. 6), et d'après un fragment d'une espèce plésiotype : *V. Mortoni* Tate (Pl. VI, fig. 4), toutes deux de l'Eocène d'Australie, ma collection.

Rapp. et diff. — Ce Genre a été séparé, avec beaucoup de raison, de *Fulguraria*, non seulement parce que sa protoconche est encore plus volumineuse, mais encore parce que le nombre des plis columellaires est beaucoup moindre. Si on le compare à *Alcithoe*, qui n'a que trois ou quatre plis, et dont l'ouverture est presque aussi large, on trouve qu'il s'en écarte par son labre réfléchi et auriforme. Il est fort possible que *Pterospira* ne soit que le stade adulte de *Mamillana*, qui n'est représenté que par un individu incomplet et n'ayant pas atteint sa taille définitive ; toutefois il me semble, d'après la figure de *M. mamilla*, que cette dernière espèce a la spire à peu près réduite à la sphère embryonnaire, tandis que, chez *Pterospira*, il y a toujours plusieurs tours apparents. Cependant, s'il était prouvé que *Mamillana* adulte a la spire plus développée, et qu'en outre, son labre se réfléchit à l'extérieur, il y aurait évidemment une complète identité entre ces deux formes, et *Pterospira* tomberait dans la synonymie de l'autre dénomination, qui est bien antérieure ; il resterait alors, au point de vue de la phylogénie de ces formes, qui sont exclusivement australiennes, une lacune entre l'Eocène et l'Epoque actuelle.

Répart. stratigr.

Eocene. — Outre l'espèce-type et le plésiotype ci-dessus figurés, une autre espèce dans l'Australie du Sud : *V. macroptera* Mc. Coy, d'après MM. Tate et Geo. Harris.

★

VOLUTILITHES, Swainson, 1840.

Volutilithes, *sensu str.* Type : *Voluta spinosa*, Lamk. Eoc.

Taille assez grande ; forme ovale, fusoïde ; spire relativement courte, à galbe conique ; protoconche lisse, polygyrée, à nucléus généralement petit et aigu ; tours étagés, presque toujours couronnés d'épines plus ou moins saillantes, à la partie inférieure, costellés dans le prolongement de ces épines, ordinairement décussés par des plis spiraux et imbriqués, qui produisent des crénelures à l'intersection des côtes ; ornementation disparaissant le plus souvent sur le milieu de la surface du dernier tour, qui est grand, ventru en arrière, atténué ou même excavé à la base ; surface dorsale portant quelquefois des traces de coloration, formées de linéoles spirales, à l'emplacement des plis, quand ceux-ci ont disparu ; sur la base reparaissent presque toujours des sillons obliques, qui s'enroulent, plus serrés, sur le cou du canal.

Ouverture allongée, assez large en arrière, canaliculée, de ce côté, par une double gouttière, l'une dans l'angle inférieur, l'autre vis-à-vis la couronne d'épines, largement tronquée et peu profondément échancrée à la base ; labre à peine oblique, parfois un peu épaissi par la dernière côte, lisse à l'intérieur, ou à peine lacinié par l'ornementation spirale ; columelle calleuse, excavée à la partie inférieure, coudée du côté antérieur, très obliquement tordue à cette extrémité, munie d'un pli principal à la hauteur de ce coude, et de trois ou quatre plis décroissants, souvent très obliques, au-dessous du premier; bord columellaire mince, très largement étalé sur la base, surtout en arrière.

Diagnose refondue d'après des échantillons de l'espèce-type, du Calcaire grossier de la tranchée de Villiers (Pl. IV, fig. 25-26), ma coll. Protoconche grossie (**Fig. 22** ci-contre). Autre espèce, à protoconche bulbiforme : *V. antiscalaris* Mc. Coy (Pl. V, fig. 4), de l'Eocène de l'Australie du Sud, ma coll.

Fig. 22. — *Volutilithes spinosus*, Lamk.

Observ. — Nous trouvons ici une nouvelle confirmation de l'impossibilité, où l'on est, de baser une classification des *Volutidæ*, d'après la grosseur et la forme de l'embryon : en effet, les deux plésiotypes ci-dessus figurés ne diffèrent exclusivement que par leur protoconche, et tous leurs autres caractères sont identiques ; or il serait d'autant plus excessif de créer une nouvelle subdivision pour cette seule différence d'embryon que, ainsi que je l'ai déjà fait remarquer à plusieurs reprises, et notamment dans les *Conidæ*, la plupart des coquilles éocéniques de l'Australie ont une protoconche aberrante. Il ressort de là que la forme de la protoconche a plutôt une importance régionale qu'une signification phylogénétique, et par conséquent, que son utilité est tout à fait secondaire au point de vue de la division en Familles et en Sous-Familles, voire même en Genres.

Dans mon « Catalogue illustré de l'Eocène (IV, p. 196) », j'ai indiqué *V. abyssicola* comme type vivant de ce Genre ; c'est une erreur que j'ai reproduite d'après le Manuel de Fischer ; en effet, l'espèce que Swainson avait en vue, quand il a créé *Volutilithes*, est bien une coquille fossile (*V. spinosa*), tandis que *V. abyssicola* s'écarte un peu de la forme typique, ainsi qu'on le verra ci-après.

Répart. stratigr.

Turonien. — Une espèce douteuse, dans les couches supérieures de Gosau : *V. cristata* Zekeli, d'après la figure publiée par cet auteur.

Senonien. — Deux espèces dans les sables d'Aix-la-Chapelle : *V. Orbignyana* et *Nöggerathi* Müll. d'après les figures de la Monographie de M. Holzapfel ; deux espèces dans les couches daniennes de Maëstricht : *V. Debeyi* et *ventricosa* (1) Kaunhowen, d'après la Monographie

(1) Cette dénomination fait double emploi avec *V. ventricosa* Defr., de l'Eocène. Je propose, en conséquence, pour remplacer le nom de l'espèce limbourgeoise : **Volutilithes cretaceus**, Vin. de Reg.

graphie de cet auteur. Deux espèces dans le « Groupe d'Arrialoor » de l'Inde méridionale : *V. latisepta* et *accumulata* Stol., d'après la Monographie de Stoliczka.

PALEOCENE. — Une espèce dans les couches de Copenhague *P. nodifera* von Kœnen, d'après la Monographie de cet auteur; deux espèces dans le « Calcaire de Mons » : *V. cf. spinosa* Lamk., *V. graciosa* Briart et Cornet, d'après la Monographie de ces auteurs. Une espèce dans les couches de Saratow, en Russie : *V. completus* Netschaew, d'après la Monographie de cet auteur.

EOCENE. — Outre le type, nombreuses espèces caractéristiques, aux trois niveaux du Bassin anglo-parisien, dans le Cotentin et dans la Loire-Inférieure : *V. bicorona* Lamk., *V. trisulcata* Desh., *V. ambigua* Sol., *V. elevata*, *luctatrix*, *suspensa*, *depauperata*, *scalaris* et *calva* Sow., *V. Bureaui* Cossm., ma coll.; quelques autres formes anglo-parisiennes, un peu aberrantes, strombiformes, se rattachant cependant plutôt au type qu'aux Sections suivantes ; *V. depressa* Lamk., *V. athleta* Sow., *V. Solanderi* Edw., *V. strombiformis* Desh., ma coll. Deux espèces dans les calcaires de la Vénétie : *V. subspinosa* Brongn., d'après la figure de l'ouvrage de Brongniart, et *V. Fuchsi* de Gregorio, d'après la Monographie inachevée de cet auteur. Plusieurs espèces dans le Claibornien des Etats-Unis : *V. petrosus* Say., *V. symmetricus* et *Sayanus* Conr., *V. Dalli* Gilb. Harr., *V. rugatus* Conr., ma coll.; autres espèces dans le Texas : *V. lisbonensis* Aldr. et *V. præcursor* (1) Dall, d'après les figures. Deux espèces dans les couches nummulitiques de l'Inde : *V. dentata* Sow. et *V. Sykesi* d'Arch., d'après les figures de la Monographie de d'Archiac. Outre le plésiotype ci-dessus figuré, de l'Australie du Sud, une autre espèce du même gisement, à embryon bulbiforme : *V. anticingulatus* Mc. Coy, ma coll.

OLIGOCENE. — Plusieurs espèces dans les environs d'Etampes, dans les Landes, dans l'île de Wight, en Belgique : *V. Rathieri* Hébert, *V. subambigua* d'Orb., *V. geminata* Sow., *V. cingulata* et *suturalis* Nyst, ma coll.; dans l'Allemagne du Nord : *V. devexa* Beyr., *V. labrosa* Phil., d'après la Monographie de M. Von Kœnen ; dans le Vicentin : *V. cf. elevata* Sow., d'après les figures de la Monographie de M. Fuchs.

MIOCENE. — Plusieurs espèces dans les environs de Turin : *V. multicostata*, *consanguinea* Bell., *V. apenninica* Mich., d'après la Monographie de Bellardi.

PLIOCENE. — Une espèce confondue (à tort selon moi) avec l'espèce éocénique : *V. luctatrix* Sow., dans le « Crag rouge » d'Angleterre, d'après la Monographie de S. Wood.

(1) Dénomination déjà employée par Bellardi en 1887; je propose, pour l'espèce américaine : **V. Wheelockensis**, *nobis*.

Époque actuelle. — Une espèce sur les côtes de l'Amérique septentrionale : *V. Philippiana* Dall, d'après cet auteur.

Volutocorbis, Dall, 1890. Type : *V. limopsis*, Conr. Eoc.

Taille moyenne; forme ovale, régulièrement atténuée aux deux bouts; spire assez courte, à galbe conoïdal; protoconche lisse, petite; tours non étagés, crénelés et réticulés; dernier tour peu ventru, entièrement orné, comme la spire, de costules axiales assez serrées, sur lesquelles des carènes spirales découpent des crénelures régulières, jusque sur la base qui ne porte aucune trace de bourrelet. Ouverture fusiforme, peu dilatée, peu profondément échancrée en avant, canaliculée dans l'angle inférieur par une gouttière simple et bien évasée; labre peu oblique, assez épais, lacinié dans l'angle inférieur; columelle de *Volutilithes*.

Diagnose complétée d'après un plésiotype du Calcaire grossier de Parnes : *V. crenulifer* Bayan (Pl. V, fig.), ma coll.

Rapp. et diff. — L'utilité de cette Section est très contestable; elle ne diffère de *Volutilithes* que par sa forme générale et par son ornementation, par l'épaisseur de son labre, par l'absence d'épines et de gouttière labiale, correspondant à cette couronne d'épines chez *Volutilithes*. Or, parmi les nombreuses formes éocéniques, classées avec juste raison dans ce dernier Genre, il y en a plusieurs qui se rapprochent, par quelques-uns de leurs caractères, de *Volutocorbis*, de sorte qu'on peut hésiter à les placer plutôt dans un groupe que dans l'autre.

Répart. stratigr.

Sénonien. — Deux espèces, l'une dans le « Groupe de Trichinopoly », dans l'Inde méridionale, l'autre au Brésil : *V. muricata* Forbes et *V. radula* Sow., d'après les figures des ouvrages de Stoliczka et de Ch. White.

Eocène. — Deux espèces dans le Bassin anglo-parisien : *V. scabricula* Sol. et *V. crenulifera* Bayan (*V. crenulata* Lamk. *non* Chemn.), ma coll. L'espèce-type dans le « Midway-Stage » des Etats-Unis, d'après M. Gilb. Harris.

Oligocène. — Une espèce de San Gonini (Vicentin), confondue avec *V. crenulata* Lamk., non figurée, mais probablement distincte, d'après Brongniart.

Époque actuelle. — Une espèce au Cap de Bonne-Espérance : *V. abyssicola* Reeve, d'après la figure du Manuel de Tryon.

Neoathleta, Bellardi, 1889. Type : *V. affinis*, Brocchi. Olig.
(= *Volutopupa*, Dall 1890)

Taille grande ; forme plus ou moins ventrue ; spire généralement courte ; protoconche lisse, polygyrée, pupoïde, composée de tours convexes, à nucléus un peu saillant ; tours costulés et couronnés de petites épines qui disparaissent quelquefois sur le dernier ; ornementation composée de linéoles spirales rougeâtres, remplaçant les stries dans les intervalles lisses des côtes ; dernier tour très grand et très ample, convexe en arrière, excavé à la base, qui porte des sillons imbriqués, obliquement enroulés sur le cou du canal. Ouverture grande, dilatée au milieu, assez large en arrière où elle est dépourvue de gouttière, peu rétrécie en avant où elle se termine par une troncature faiblement échancrée ; labre mince, à peu près vertical, à peine sinueux à la suture, non lacinié à l'intérieur ; columelle fortement excavée du côté postérieur, obliquement tordue et étroitement calleuse du côté antérieur, munie d'un pli épais et saillant, très oblique, au-dessous duquel il y a encore quatre plis parallèles, mais beaucoup plus lamelleux et plus petits ; bord columellaire mince, souvent largement étalé sur la base en arrière.

Diagnose refaite d'après une espèce plésiotype : *V. cithara* Lamk. (Pl. V, fig. 3), et d'après sa variété *V. ventricosa* Defr. (Pl. V, fig. 6), du Calcaire grossier de Grignon, ma coll. Protoconche grossie de la même espèce (**Fig. 23** ci-contre).

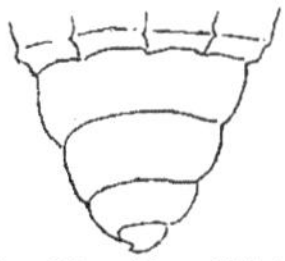

Fig. 23.—*Neoathleta ventricosa*, Defr.

Observ. — Le type du Sous-Genre *Volutopupa* est désigné par M. Dall : *V. cithara ;* or cette espèce est génériquement identique au type de *Neoathleta* Bell., du Miocène inférieur, ou plutôt du Tongrien de la Ligurie ; *Neoathleta* est certainement antérieur à *Volutopupa*, puisque Bellardi est mort en 1889; la livraison qui publiç cette dénomination, n'a pu, il est vrai, être mise en vente qu'en janvier 1890, par les soins de M. Sacco; on s'explique donc que M. Dall n'en ait pas eu encore connaissance, quand il a proposé *Volutopupa*; mais, comme ce dernier nom n'a été publié que dans le courant de l'année 1890, il n'y a pas de doute qu'il tombe dans la synonymie de *Neoathleta*, qui conserve la priorité.

Rapp. et diff. — Cette Section est extrêmement voisine de *Volutilithes;* Bellardi l'a séparée à cause des différences de la forme extérieure, M. Dall à cause de la disposition de l'embryon. J'y ajoute que l'ornementation a certainement un aspect distinct, et qu'en outre l'ouverture n'a pas la même disposition en arrière, sans aucune gouttière, que le labre est plus mince et plus vertical, que la columelle est plus excavée du côté postérieur et moins coudée au milieu. Quant à la protoconche, il est évident qu'elle est beaucoup plus grosse que celle des *Volutilithes s. s.*, tandis que la forme un peu plus ventrue, qui avait d'abord frappé Bellardi, n'est qu'un caractère bien fugitif. Dans ces conditions, je suis d'avis qu'il y a lieu de conserver *Neoathleta*, à titre de simple Section; et encore y a-t-il des espèces, dépourvues de leur embryon, pour lesquelles le doute subsiste, à cause des caractères mixtes qu'elles présentent.

Répart. stratigr.

ÉOCÈNE. — Outre le plésiotype ci-dessus, qui se trouve aussi en Angleterre, plusieurs autres espèces dans le Bassin de Paris : *V. mutata, plicatella, lineolata* Desh., *V. lyra* et *bulbula* Lamk., ma coll. Une espèce dans les couches nummulitiques de l'Inde : *V. Sihesurensis* d'Archiac, d'après la Monographie de cet auteur.

OLIGOCÈNE. — Outre le type, plusieurs espèces dans le Tongrien de la Ligurie : *N. obliqua* et *tricarinata* Bell., *V. Heberti* (1) Micht. Une autre espèce dans le Vicentin : *V. Suessi* Fuchs, d'après la Monographie de cet auteur.

ATHLETA, Conrad, 1853. Type : *Voluta rarispina*, Lamk. Mioc. (= *Margovoluta*, Sacco 1890)

Test pesant. Taille moyenne; forme ventrue, ovoïdo-conique, ou plutôt strombiforme; spire très courte formant seulement une petite saillie extra-conique sur la croupe du dernier tour; proto-

(1) A propos de cette espèce, M. Sacco relève un double emploi qui a échappé à Deshayes, et il propose, pour l'espèce parisienne, dénommée à tort *V. Heberti*, la nouvelle dénomination : *V. Deshayesi*. Mais ce double emploi avait déjà été corrigé par Bayan, en 1875 : *V. quinqueplicata;* il y a donc lieu de supprimer *V. Deshayesi*.

conche lisse, paucispirée, turbinée, à nucléus en goutte de suif; tours peu nombreux, crénelés, croissant d'abord lentement et s'élargissant d'une manière disproportionnée à partir de l'avant-dernier; dernier tour très grand, formant presque toute la coquille, arrondi et couronné d'épines ou caréné à la partie inférieure, obtusément orné de sillons spiraux sur sa surface dorsale, très atténué à la base, sur laquelle les sillons sont plus serrés et plus profonds, et qui porte une sorte de bourrelet plissé aboutissant à l'échancrure antérieure.

Ouverture longue, peu large, avec une gouttière dans l'angle inférieur, et une échancrure assez profonde à son extrémité antérieure; labre oblique, très épais, bordé à l'extérieur, irrégulièrement crénelé à l'intérieur, avec une légère inflexion à son contour antérieur; columelle épaisse, peu excavée, à peine coudée en avant, munie de trois plis presque égaux, assez saillants, peu obliques, et d'une ou deux rides inférieures, pliciformes, beaucoup plus petites que ces plis; bord columellaire extrêmement calleux, surtout en arrière où il s'étale largement jusque sur l'avant-dernier tour, souvent détaché en avant, et se terminant en pointe contre l'échancrure.

Diagnose refaite d'après un échantillon de l'espèce-type, du Burdigalien de Dax (Pl. IV, fig. 24), et d'après un plésiotype du Claibornien de Woods-Bluff, dans l'Alabama : *V. Tuomeyi* Conr. (Pl. V, fig. 5), ma collection.

Observ. — Je réunis à *Athleta* une coquille pour laquelle M. Sacco a proposé une nouvelle Section qu'il a classée, à tort d'après moi, dans le Genre *Oniscia*; autant que je puis en juger par la figure, *Margovoluta Bellardii*, qui est le type de ce Sous-Genre, et qui n'est représenté que par un seul échantillon mal conservé, est génériquement identique aux jeunes *Athleta*; il en a l'ornementation, le labre épaissi, la callosité columellaire; quant à la plication, elle est incertaine sur l'individu-type, qui est engagé dans une gangue très dure; d'autre part, cet échantillon ne paraît pas muni de l'échancrure basale des *Cassididæ*, j'en conclus qu'il y a eu lieu de confondre cette coupe mal définie avec la Section *Athleta*.

Rapp. et diff. — Au premier abord, il semble qu'*Athleta* doit être un

Volutilithes

Genre complètement distinct de *Volutilithes*; l'énorme développement de la callosité basale, la brièveté de la spire, la différence des plis columellaires, la forme de la protoconche, le rudiment de bourrelet basal, paraissent, en effet, constituer des caractères d'une importance suffisante pour motiver cette séparation. Toutefois, après un examen comparatif et très approfondi de ces deux formes, je persiste à penser qu'*Athleta* n'est pas un Genre distinct; car il y a des espèces éocéniques dont le classement générique donne lieu à de réelles hésitations (*V. athleta* Sow., *V. strombiformis* Desh., etc...), parce qu'elles participent à la fois aux caractères des deux groupes. D'ailleurs il ne faut pas perdre de vue que la forme ventrue et la forte callosité d'*Athleta* n'acquièrent toute leur importance que chez les individus complètement adultes, et que les jeunes ont une ressemblance complète avec les *Volutilithes* du même âge, sauf peut-être la protoconche qui permet de les distinguer, lorsqu'elle est conservée; d'autre part, il existe des espèces peu calleuses, mais strombiformes, telles que *V. labrellus* Lamk., chez lesquelles le second pli est, comme chez *Athleta*, presque aussi saillant que le pli antérieur, et dont l'embryon est turbiné. Pour tous ces motifs, il me paraît plus prudent de n'admettre *Athleta* que comme une Section de *Volutilithes*.

Répart. stratigr.

Eocene. — Une espèce un peu douteuse, dans le Bassin de Paris : *V. labrellus* Lamk., ma coll.; une espèce typique dans le gisement de Bracklesham, en Angleterre : *V. selseiensis* J. Sow, coll. de l'Ecole des Mines. Le plésiotype ci-dessus figuré, dans le Claibornien des Etats-Unis, ma coll.

Oligocene. — Plusieurs espèces dans le Tongrien de la Ligurie : *V. pygmæus*, *præcursor*, *consanguineus* Bell., d'après les figures de la Monographie de Bellardi; autre espèce douteuse : *Margovoluta Bellardii* Sacco, d'après la figure publiée par l'auteur. Une espèce à San Gonini, dans le Vicentin : *V. italica* Fuchs, d'après la figure.

Miocene. — L'espèce-type dans le Burdigalien de l'Aquitaine, ma coll., dans le Tortonien du Piémont, d'après Bellardi, dans le Bassin de Vienne, d'après R. Hœrnes, et dans le Tortonien du Portugal, d'après Pereira da Costa. Une espèce voisine, dans le Tortonien des Landes et dans le Bassin de Vienne : *V. ficulina* Lamk., ma coll.; la même dans l'Helvétien du Piémont d'après Bellardi, et dans la Molasse de la Corse, d'après M. Locard, avec une autre espèce distincte : *V. Peroni* Locard. Une autre espèce dans le Bassin de Vienne : *V. Haueri* M. Hœrnes, d'après la Monographie de cet auteur. Une espèce probable dans les couches supérieures de Barma (Inde), identifiée avec *V. dentata* Sow., d'après M. Nœtling.

Liopeplum, Dall, 1890. Type : *Athleta lioderma*, Conr. Crét.
(= *Lioderma* Conr. 1865, *non* Marseul 1857)

Taille assez grande ; forme ovale ; spire médiocrement allongée ; protoconche petite, trochiforme ; tours concavo-convexes, souvent costulés, séparés par des sutures bordées ; dernier tour généralement lisse, avec une rampe postérieure concave au-dessus de la suture, ovale au milieu, atténué et légèrement excavé sur la base, qui porte en avant quelques sillons obliques. Ouverture assez grande, à bords presque parallèles, peu dilatée au milieu, tronquée en avant par une très faible échancrure siphonale ; labre mince, lisse à l'intérieur, oblique, un peu sinueux et rétrocurrent vers la suture ; columelle faiblement excavée, munie de deux ou trois plis très obliques, à peine visibles à l'embouchure des individus adultes, et empâtés par la callosité du bord, qui forme en arrière un dépôt saillant, débordant sur l'avant-dernier tour, le long de la suture, et quelquefois sur le reste de la spire, comme cela a lieu chez *Oliva*.

Diagnose reproduite d'après celle de l'auteur (Tert. Flor., p. 73), et d'après la figure qu'il donne d'une espèce plésiotype : *L. Spillmani* Tuomey, du Crétacé supérieur du Mississipi. Copie de la figure originale (**Fig. 24** ci-contre).

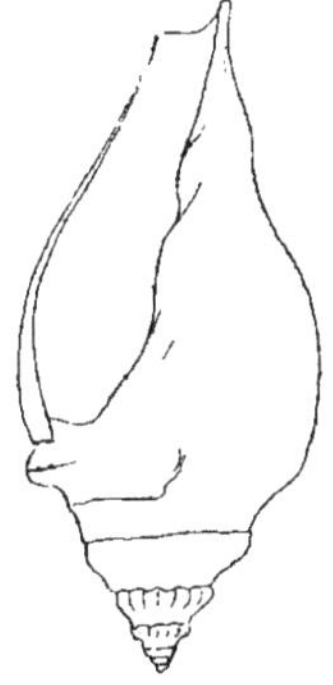

Fig. 24. — *Liopeplum lioderma*, Conr.

Rapp. et diff. — Cette Section, qui est évidemment l'ancêtre d'*Athleta*, s'en distingue par sa forme plus élancée, par sa callosité moins étalée sur la base, parfois enroulée en spirale, et par ses plis plus égaux, quoique très faibles. D'autre part, elle s'écarte de *Volutilithes s. s.* et de *Volutocorbis* par l'absence d'ornementation ou d'épines sur le dernier tour, par ses plis columellaires, par son énorme callosité ; et, en outre, de *Neoathleta* par sa protoconche paucispirée.

Répart. stratigr.

Senonien. — Plusieurs espèces dans les « Couches de Ripley », appartenant au Crétacé tout à fait supérieur des Etats-Unis : *L. lioderma* Conr., *Volutilithes cretaceus* Conr., *L. Spillmani* Tuom., *V. subjugosa* Gabb, d'après M. Dall.

VOLUTOMORPHA, Gabb, 1876. Type : *V. Conradi*, Gabb. Crét.
(= *Ptychosyca* Gabb, *fide* Dall)

Taille très grande ; forme élancée ; spire courte ou médiocrement allongée ; protoconche lisse, petite, trochoïde (*fide* Dall) ; tours arrondis, souvent munis d'une rampe au-dessus de la suture ; dernier tour très grand, ovale, arrondi en arrière, atténué et un peu excavé à la base, prolongé par un canal antérieur souvent assez étroit ; surface ornée d'un treillis de côtes axiales et spirales, avec des granulations à leur intersection. Ouverture fusoïde, rétrécie sur le canal, paraissant dépourvue d'échancrure basale ; labre mince, un peu sinueux, avec une légère entaille contre la suture (*fide* Dall) ; columelle excavée avec un fort pli principal et très oblique, du côté antérieur, les autres plis secondaires rarement visibles.

Diagnose traduite d'après la description d'un moule de l'espèce-type (*in* Whitfield, Gastr. lower green Marls New-Jersey, p. 71), et complétée d'après des indications fournies sur une espèce plésiotype avec test : *V. eufaulensis* Conr. (*in* Dall, Tert. Flor., p. 73).

Rapp. et diff. — En réalité, je n'aperçois, entre *Volutomorpha* et *Volutilithes*, aucune différence qui justifie la séparation d'une Section distincte ; si l'on compare les deux diagnoses, on constate qu'elles sont à peu près identiques, sauf sur quelques caractères de peu d'importance. Toutefois, — comme je n'ai pu vérifier, sur les échantillons eux-mêmes, les rapports qui me paraissent exister entre ces deux Genres ; comme, d'autre part, les figures que j'ai pu étudier sont seulement des moules internes ou des empreintes, d'après lesquels il est impossible de se faire une conviction définitive ; comme enfin M. Dall, dont la compétence, en matière de *Volutidæ* surtout, est bien connue, conserve *Volutomorpha* comme un Genre distinct, intermédiaire entre *Rostellites* et *Volutilithes*, probablement parce qu'il a reconnu des différences sérieuses sur les échantillons de *V. eufau-*

lensis[1] Conr., munis de leur test, qui existent au Musée de Washington, — je m'abstiens de supprimer cette Section jusqu'à plus ample informé ; en tous cas, d'après M. Dall, il paraît y avoir lieu d'y réunir *Ptychosyca* Gabb, tandis que *Piestochilus* Gabb peut, à la rigueur, rester classé dans les *Fasciolariidæ*, où nous le retrouverons.

Répart. stratigr.

SENONIEN. — L'espèce-type, avec plusieurs autres formes voisines, dans la Craie supérieure de New-Jersey et du Mississipi : *V. ponderosa* et *Gabbi* Whitf, d'après la Monographie de M. Whitfield ; *V. eufaulensis.* Conr., *V. delawarensis* Gabb., d'après M. Dall.

PSEPHÆA, Crosse, 1871.

Protoconche mamelonnée ; plis columellaires très inégaux, les inférieurs très enfoncés ; échancrure un peu entaillée, avec un bourrelet basal plus ou moins visible.

Type : *V. concinna*, Brod. Viv.

EOPSEPHÆA, Fischer 1883. Type : *V. muricina*, Lamk. Eoc.

Test assez épais. Taille assez grande ; forme étroite et longue ; spire allongée, épineuse ou costulée, à galbe conique ; protoconche lisse, paucispirée, subcylindrique, à nucléus conique terminé par une petite pointe redressée ; tours subanguleux, ornés de costules pincées, qui se transforment sur l'angle en épines plus ou moins saillantes, et de fines stries spirales, parfois peu visibles ; dernier tour grand, souvent couronné en arrière, généralement lisse au milieu, sauf le prolongement des costules jusque sur la base excavée ; quelques filets noduleux sur le cou, qui porte un bourrelet obsolète, un peu plus saillant chez les individus très âgés.

Ouverture assez large et assez courte, avec une étroite gouttière

(1) La figure originale (au trait), publiée par Conrad (*Journ. Acad. Sc. nat.*, IV, p. 471, fig. 18), a complètement l'aspect d'un *Volutilithes* éocénique ; le pli columellaire y est à peine indiqué, et l'ornementation ressemble à celle de *Volutilithes ambiguus* Sow.

anguleuse en arrière, terminée en avant par une échancrure médiocrement profonde ; labre peu épais, vertical, à peine sinueux entre la couronne d'épines et la suture, lisse à l'intérieur ; columelle à peu près rectiligne, ou faiblement coudée, munie d'un pli principal, mince et oblique, au-dessous de la torsion antérieure, et de trois ou quatre plis plus faibles, très enfoncés à l'intérieur, invisibles à l'embouchure des individus complets et adultes ; bord columellaire mince sur presque toute sa hauteur, calleux et appliqué sur la région ombilicale, jusque contre le bourrelet.

Diagnose refaite d'après des échantillons de l'espèce-type du Calcaire grossier de la tranchée de Villiers (Pl. VI, fig. 1) ; et d'après un plésiotype des sables suessoniens de Saint-Gobain : *V. angusta* Desh. (Pl. V, fig. 2), ma coll. Protoconche de *V. mixta* grossie (**Fig. 25**, ci-contre).

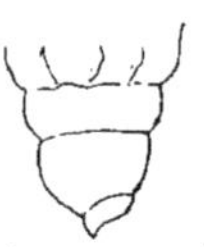

Fig. 25. — *Eopsephæa mixta*, Desh.

Rapp. et diff. — Ce Sous-Genre se distingue de *Psephæa* par son nucléus embryonnaire, qui forme un petit cône pointu, au-dessus des deux tours mamelonnés, dont se compose la partie cylindrique de la protoconche ; en outre, la diagnose de *Psephæa*, reproduite dans le Manuel de Fischer, indique deux plis columellaires principaux, tandis qu'il n'y en a qu'un chez *Eopsephæa*, à moins que l'on ne compte comme un pli la torsion de la columelle, au-dessus du pli principal ; quant au système d'ornementation, il est identique chez ces deux formes. Si on compare *Eopsephæa* aux autres représentants de la même Sous-Famille, par exemple à *Volutilithes*, dont il se rapproche par la plication de sa columelle, on trouve que la protoconche est bien plus développée, que l'échancrure est un peu plus profonde, et qu'elle donne lieu, par ses accroissements, à la formation d'un bourrelet, dont on n'aperçoit jamais la trace chez *Volutilithes ;* enfin l'ornementation a un caractère tout à fait différent, et la spire est beaucoup plus élevée. Je crois inutile de rapprocher ce Sous-Genre des *Volutinæ*, qui sont aussi épineuses, mais dont les plis sont radicalement différents, et qui ont une échancrure beaucoup plus profonde, avec un bourrelet basal mieux marqué.

Répart. stratigr.

Turonien. — Une espèce probable dans les grès d'Uchaux : *V. Requieniana* d'Orb., ma coll. et coll. de l'École des Mines ; autre espèce douteuse, dans les couches supérieures de Gosau : *V. acuta* Sow., d'après la figure de la Monographie de Zekeli.

Sénonien. — Une espèce bien caractérisée, dans les sables de Vaals, près d'Aix-la-Chapelle : *V. subsemiplicata* d'Orb, d'après les figures de la Monographie de M. Holzapfel. Un fragment probable dans les couches daniennes de la Tunisie : *V. Drui* Thom. et Péron, d'après la figure publiée par M. Péron. Une espèce dans les couches crétaciques du Brésil : *V. alticosta* White, d'après cet auteur.

Paléocène. — Une espèce douteuse et mal conservée, dans le « Midway stage » de l'Alabama et de la Géorgie : *V. Florencis* Gilb. Harr., d'après la figure publiée par l'auteur.

Eocène. — Nombreuses espèces outre le type, dans le Bassin anglo-parisien et en Belgique : *V. Frederici* et *relicta* Bayan, *V. Berthæ* de Rainc., *V. Goldfussi* et *angusta* Desh., *V. mixta* Chemn, *V. torulosa* Lamk., *V. protensa* et *uniplicata* Sow., ma coll. et d'après la Monographie de F. Edwards. Une espèce dans la Tasmanie : *V. Tateana* Johnston, ma coll.

PTYCHORIS, Gabb, 1876.

Ptychoris, *s. str.* Type : *Voluta purpuriformis*, Forbes, Crét.

Test un peu épais. Taille assez grande ; forme ovoïdo-conique, subbulbeuse, analogue à celle de *Sycum* ; spire peu allongée, à galbe conique ; protoconche papilleuse, paucispirée, à nucléus arrondi ; tours étroits, un peu convexes, séparés par des sutures bordées, spiralement sillonnés ; dernier tour très grand, ventru, arrondi au milieu, atténué et subitement excavé à la base, terminé en avant par un canal buccinoïde et court, sur le cou duquel est un gros bourrelet obtus. Ouverture assez large, semilunaire, avec une étroite gouttière calleuse dans l'angle inférieur, faiblement échancrée à l'extrémité du canal ; labre un peu sinueux, épaissi et bordé à l'extérieur, lisse à l'intérieur ; columelle courte, faiblement excavée, portant tout à fait en avant cinq plis très rapprochés, obliques à 45° ; bord columellaire calleux, avec une protubérance saillante à côté de la gouttière postérieure, et débordant même sur l'avant-dernier tour, comme chez *Athleta*.

Diagnose refaite d'après le texte et la figure de l'espèce-type, dans l'ouvrage de Stoliczka (Cret. Gastr. South India, p. 90, pl. VIII, fig. 4-7); copie réduite de cette figure (**Fig. 26** ci-contre).

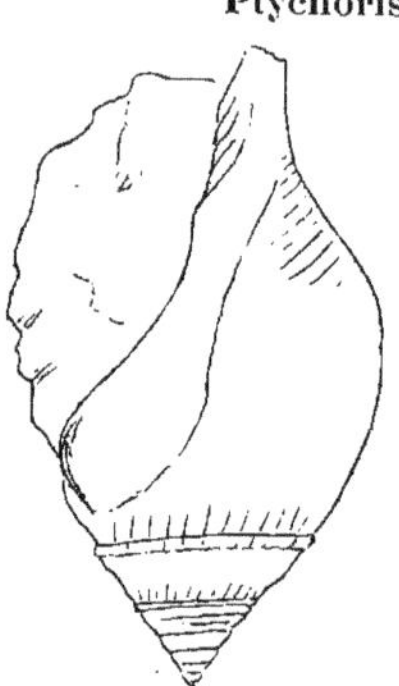

Fig. 26. — *Ptychoris purpuriformis*, Forbes.

Rapp. et diff. — N'ayant pu étudier que les figures de ce Genre, il m'est impossible d'en fixer le classement définitif; s'il se rapproche d'*Athleta* par son ouverture calleuse et par son labre bordé, il paraît s'écarter absolument des *Loxoplocinæ* par sa plication columellaire, qui ne ressemble à celle d'aucune des formes de *Volutidæ*. L'existence de cinq plis rapprochés dans le court espace qui sépare l'enroulement du bourrelet basal, sur la columelle, de l'extrémité antérieure du canal, me fait même douter que la figure soit exacte; d'autant plus que l'apparence n'est pas la même chez la seconde des espèces qui sont désignées comme appartenant à ce Genre (*Athleta scrobiculata* Stol.), et pour laquelle l'auteur indique trois plis presque égaux et mieux répartis sur toute la hauteur de la columelle. Il y a donc lieu d'attendre, avant de fixer le classement de *Ptychoris*, que l'on ait pu étudier des matériaux plus certains que ceux dont on dispose actuellement. En tous cas, s'il est prouvé que la plication se rapproche de celle des *Loxoplocinæ*, *Ptychoris* se distinguera toujours d'*Athleta* par sa protoconche papilleuse, par sa spire plus développée et par son bourrelet basal.

Répart. stratigr.

Turonien. — Deux espèces dans le « Groupe de Trichinopoly », de l'Inde méridionale, d'après Stoliczka.

MITRIDÆ.

Forme variable, généralement fusoïde; spire assez longue, ne dépassant pas cependant la moitié de la longueur totale, rarement inférieure au tiers de cette longueur; protoconche lisse, petite, saillante, ordinairement polygyrée, à nucléus parfois papilleux; surface lisse ou ornée. Ouverture assez étroite, anguleuse en arrière, échancrée à la base par une entaille dont les accroissements forment un bourrelet plus ou moins saillant; labre épais, tantôt lisse, tantôt crénelé à l'intérieur, peu ou point sinueux; columelle droite, ou à peine excavée, portant plusieurs plis, dont l'épaisseur augmente toujours d'avant en arrière, l'antérieur souvent confondu avec la torsion columellaire; bord calleux et distinct de la base. Pas d'opercule.

Rapp. et diff. — On distingue cette Famille des *Volutidæ* : non seulement par la forme plus fusoïde de la coquille, mais surtout par la disposition inverse des plis columellaires, qui décroissent invariablement d'avant en arrière chez les *Volutidæ*, tandis que c'est précisément le contraire chez les *Mitridæ*. On ne peut tirer aucun critérium distinctif de la disposition de la protoconche, ou du moins on ne peut se baser absolument sur sa forme, attendu que certains *Volutilithes* ont un embryon de *Mitra*, tandis que certains Genres de *Mitridæ* (par ex. *Volvaria*) ont une protoconche subglobuleuse. Il en est de même en ce qui concerne l'opercule.

Observ. — La classification des Genres de *Mitridæ* ne présente pas les mêmes difficultés que celle des *Volutidæ*, parce que la plupart des subdivisions qu'on y a faites présentent une réelle homogénéité, de sorte qu'on pourrait même, à la rigueur, se dispenser de diviser cette Famille en Sous-Familles. Cependant Bellardi, se fondant presque exclusivement sur la présence ou l'absence de plis à l'intérieur du labre, ainsi que sur le nombre des plis columellaires, a proposé (1886) trois Sous-Familles : *Orthomitrinæ*, comprenant le Genre *Mitra* divisé en trois Sections non dénommées; *Plesiomitrinæ*, comprenant les genres *Uromitra*, *Turricula*, *Pusia* et *Micromitra ; Diptychomitrinæ*, avec les deux Genres *Clinomitra* et *Diptychomitra*. Tout en adoptant ces dénominations, je leur ferai un reproche : c'est qu'elles m'obligent à les compléter, pour faire entrer dans la même classification les autres Genres fossiles et actuels, que Bellardi a laissés de côté, bornant son système aux Mitres du Piémont et de la Ligurie. Cette extension m'a mis dans la nécessité de recourir tantôt au labre, tantôt à la columelle, tantôt à la protoconche, pour me guider dans ce classement; c'est en m'inspirant de ces données éclectiques que j'ai dressé le tableau suivant, dans lequel j'ai interprété et élargi le sens des Sous-Familles de Bellardi.

Dans sa description des fossiles australasiens du British Museum, M. Geo. Harris a fait, à propos de *Mitra multisulcata* Geo. Harr., quelques remarques intéressantes sur la formation successive des plis columellaires chez les *Midridæ* ; il a pu étudier la columelle de cette espèce sur une série d'individus, pris à diverses époques de leur croissance, et il a observé que le nombre des plis augmente à mesure que la coquille avance en âge ; ce nombre commence par être de deux, et il finit par atteindre le chiffre de cinq ; chez les adultes, il se forme souvent des plis subsidiaires entre les plis normaux. Il ressort de là que, dans la classification à établir pour cette Famille, le nombre des plis doit toujours être compté sur les individus adultes.

Tableau des Genres, Sous-Genres et Sections.

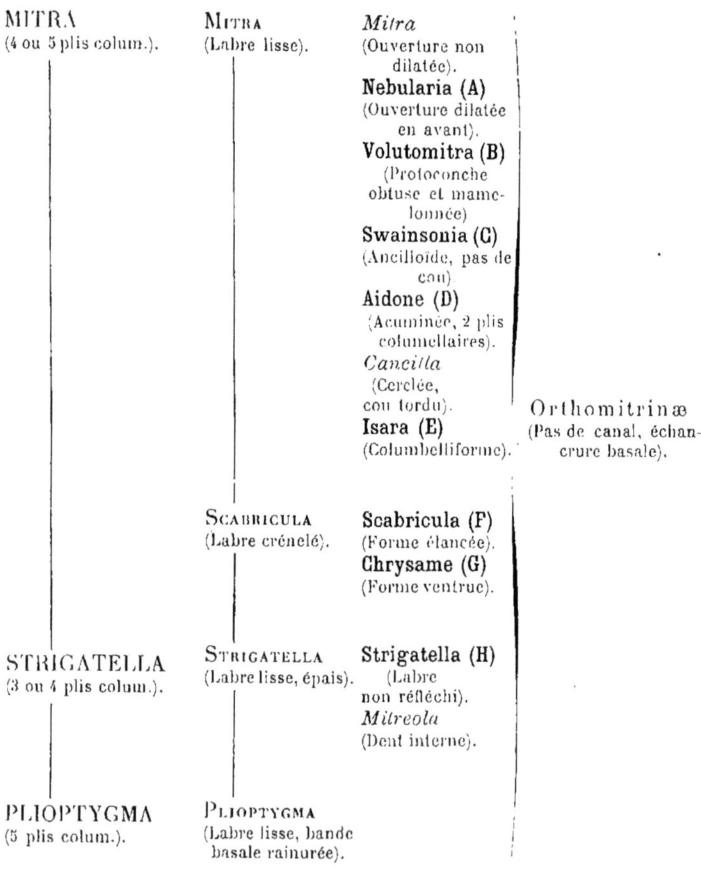

Genres	Sous-Genres	Sections	
MITRA (4 ou 5 plis colum.).	MITRA (Labre lisse).	*Mitra* (Ouverture non dilatée).	Orthomitrinæ (Pas de canal, échancrure basale).
		Nebularia (A) (Ouverture dilatée en avant).	
		Volutomitra (B) (Protoconche obtuse et mamelonnée)	
		Swainsonia (C) (Ancilloïde, pas de cou).	
		Aidone (D) (Acuminée, 2 plis columellaires).	
		Cancilla (Cerclée, cou tordu).	
		Isara (E) (Columbelliforme).	
	SCABRICULA (Labre crénelé).	**Scabricula (F)** (Forme élancée).	
		Chrysame (G) (Forme ventrue).	
STRIGATELLA (3 ou 4 plis colum.).	STRIGATELLA (Labre lisse, épais).	**Strigatella (H)** (Labre non réfléchi).	
		Mitreola (Dent interne).	
PLIOPTYGMA (5 plis colum.).	PLIOPTYGMA (Labre lisse, bande basale rainurée).		

★

TURRICULA (3 ou 4 plis colum.).	TURRICULA (Spire longue, échancrure profonde).	*Turricula* (Base atténuée). *Costellaria* (Base contractée).	Plesiomitrinæ (Canal plus ou moins recourbé).
	Pusia (I) (Spire courte, échancrure faible).		
	FUSIMITRA (Canal droit, échancrure faible).		
	UROMITRA (Canal contourné, protoconche polygyrée).		
MESORHYTIS (3 plis situés très bas).	MESORHYTIS (Canal long, droit, sans échancrure).		

★

CONOMITRA (4 plis colum.).	CONOMITRA (Forme biconique).	Semimitrinæ (Pas de canal ni d'échancrure basale).
MITROLUMNA (2 plis colum.).	MITROLUMNA (Forme olivoïde).	
ZIERVOGELIA (3 ou 4 plis col., une dent pariétale).	**Ziervogelia (J)** (Forme globuleuse).	

★

THALA (4 plis colum.).	THALA (Surface treillissée).	Pseudomitrinæ (Canal court, un peu échancré, labre plissé).
MUTYCA (5 ou 6 plis colum.).	**Mutyca (K)** (Surface lisse ou striée).	
PERPLICARIA (1 pli colum.).	PERPLICARIA (Surface cancellée).	
DIBAPHUS (Pas de pli colum.).	**Dibaphus (L)** (Surface sillonnée et ponctuée).	

★

CYLINDROMITRA (Nombreux plis colum.).	CYLINDROMITRA (M). (Forme olivoïde).	
	PLOCHELÆA (4 plis colum.).	
IMBRICARIA (3 plis col. imbriqués).	**Imbricaria (N)** (Forme conique).	Cylindromitrinæ (Pas de canal, échancrure basale, labre lacinié, non plissé).
VOLVARIA (2 à 4 plis colum).	VOLVARIA (Forme cylindrique, spire cachée).	
	VOLVARIELLA (Spire apparente).	

Genres, Sous-Genres et Sections non signalés à l'état fossile.

A. — NEBULARIA, Swainson 1840. — Type : *M. abbatis* Chemn. (= *contracta* Sw.). — Ce groupe ne diffère de *Mitra* que par son ouverture plus dilatée en avant; la surface de la coquille est ornée de sillons spiraux, comme elle l'est chez un grand nombre de Mitres typiques, et les autres caractères génériques sont, pour la plupart, identiques ; je ne vois donc pas bien la nécessité de cette Section, à laquelle appartiennent peut-être un certain nombre d'espèces fossiles, que les paléontologistes continuent à placer, avec raison, dans le Genre *Mitra s. s.*

B. — VOLUTOMITRA, Gray 1847.— Type : *Voluta groenlandica* Beck. Ainsi que je l'ai fait observer à propos de la Famille *Volutidæ* (p. 108), cette Section se rapproche de *Mitra* par tous les caractères de la coquille (quatre plis croissant d'avant en arrière, forme générale, labre simple, pas de canal, etc.) ; mais son sommet est obtus et submamelonné, et sa radule se rapproche de celle de *Voluta*. Néanmoins je ne crois pas que ces dernières différences justifient le classement proposé par Fischer, et je persiste à penser que c'est tout au plus une Section de *Mitra*; Tryon l'a même complètement identifié avec ce Genre.

C. — SWAINSONIA, H. et A. Adams 1853 (= *Mitrella* Swainson 1835, *non* Risso, 1826). — Type : *M. fissurata* Lamk. Cette Section comprend des coquilles très voisines de *Mitra s. s.*, et qui ne s'en distinguent que par leur forme olivacée ou ancilloïde, par l'absence complète de cou, par la convexité de la base aboutissant à l'échancrure, sans aucune dépression excavée. La surface est invariablement lisse et polie. Je ne connais pas de fossile qui réponde exactement à ces caractères.

D. — AIDONE, H. et A. Adams 1853. — Type : *M. insignis* A. Ad. Cette Section s'écarte un peu davantage des Mitres typiques, non seulement par sa spire plus acuminée, mais encore par ses plis columellaires, dont les deux postérieurs sont plus saillants, à la moitié de la hauteur de la columelle ; les autres plis antérieurs sont à peine visibles, ou confondus avec la torsion columellaire ; la surface est lisse et polie, l'ouverture est un peu dilatée en avant, comme celle de *Nebularia*.

E. — Isara, H. et A. Adams 1853. — Type : *M. bulimoides* Reeve. Cette coquille est tellement voisine de *Mitra* que j'hésite à l'admettre même comme une Section distincte ; elle a seulement l'aspect colombelliforme, l'ouverture plus courte que la spire, le bord columellaire plus calleux ; ce sont là, comme on le voit, des différences bien légères.

F. — Scabricula, Swainson 1840. — Néotype : *M. granatina* Lamk. (*sec.* Fischer), ou *M. tessellata* Martynn (*sec.* Tryon). La forme générale et les plis sont les mêmes que chez *Mitra s. s;* mais, outre que l'ornementation se compose de côtes granuleuses, qui justifient la dénomination choisie par Swainson, le labre est crénelé à l'intérieur ; d'autre part, la base étant excavée, le cou est bien isolé comme chez *Cancilla*. Pour ces motifs, j'admets *Scabricula* au rang de Sous-Genre.

G. — Chrysame, H. et A. Adams, 1853. — Néotype : *M. coronata* Lamk. (*sec.* Fischer), ou *M. cucumerina* Lamk. (*sec.* Tryon). Cette Section diffère de *Scabricula* par sa forme courte et ventrue, par ses plis columellaires plus transverses ; l'ornementation est, en outre, moins granuleuse ; elle se réduit, chez la plupart des espèces, à des côtes spirales, séparées par des sillons plus étroits : ce sont là des caractères qui ne justifient, tout au plus, que la séparation d'une Section.

H. — Strigatella, Swainson 1840. — Néotype : *M. litterata* Lamk. (*sec.* Fischer). C'est une forme ventrue, à trois plis columellaires, le quatrième est confondu avec la torsion antérieure de la columelle ; en outre, le labre est épaissi à l'intérieur par une callosité, qui est comme un indice précurseur (ou plutôt une dégénérescence) de la dent labiale de *Mitreola*. Pour ces motifs, je suis d'avis qu'on peut admettre *Strigatella* comme un Genre bien distinct de *Mitra*.

I. — Pusia, Swainson 1840. — Néotype : *M. microzonias* Lamk. (*sec.* Fischer). Il n'y a pas, en apparence, de différences très importantes entre *Pusia* et *Turricula*, sauf la forme de la coquille, qui est plus courte et plus ventrue ; la base est aussi régulièrement atténuée, les plis sont identiques, l'ornementation elle-même s'écarte peu de celle de *Turricula ;* toutefois je constate, sur mes échantillons, que l'échancrure basale de *Pusia* est à peine entaillée, et que le canal est rudimentaire ; en outre, le bord columellaire est mince et indistinct, comme chez *Costellaria*. Dans ces conditions, je considère que *Pusia* est un Sous-Genre de *Turricula*.

J. — Ziervogelia, Gray 1847 (Fisch. *em.* = *Zierliana*). — Type : *M. Ziervogeliana* Gray. Autant que l'on peut en juger d'après les figures, cette coquille n'a ni canal, ni échancrure ; quoiqu'elle soit plus globuleuse que *Conomitra*, elle s'en rapproche par sa forme, et par conséquent, il me semble que sa place est bien dans la Sous-Famille *Semimitrinæ* ; toutefois elle s'écarte de *Conomitra* par ses gros plis columellaires transverses, au nombre de trois, en général, car la présence d'un quatrième pli antérieur me paraît douteuse. Mais elle est surtout caractérisée par l'énorme dent pariétale qui encombre l'angle inférieur de l'ouverture ; outre qu'elle a toujours un pli de plus que *Mitrolumna*, cette dent l'en distingue nettement. Le nom de la personne à laquelle était dédié ce Genre (Ziervogel), ayant été complètement dénaturé par Gray, Fischer en a rétabli l'exacte latinisation.

K. — Mutyca, H. et A. Adams 1853 (= *Mitroidea* Pease 1865 ; = *Mauritia* A. Adam 1869). — Type : *M. Barclayi* H. Adam (= *M. multiplicata* Pease). Cette forme a beaucoup de ressemblance avec *Thala* ; elle s'en distingue, toutefois, non seulement par sa surface qui, au lieu d'être treillisée, est lisse, ou simplement ornée de stries spirales, avec quelques sillons obliques à la base ; mais encore et surtout par le nombre des plis columellaires, qui est toujours supérieur à quatre, et parfois égal à six. Tryon a adopté la dénomination *Mitroidea*, quoiqu'elle soit bien postérieure, par le motif que la diagnose de *Mutyca* ne permet pas de reconnaître les deux espèces que les frères Adams y ont placées ; je ne puis admettre cette opinion, qui est en contradiction formelle avec les règles de la nomenclature.

L. — Dibaphus, Philippi 1847. — Type : *M. edentula* Swains. (= *D. Philippii* Crosse, *sec* Tryon). Ce Genre est caractérisé par l'absence complète de plis à la columelle, qui est simplement tordue à la base ; l'extrémité antérieure est plutôt tronquée qu'échancrée ; quant au labre, il est épaissi, rectiligne, et, ainsi que cela a lieu d'ailleurs chez tous les *Pseudomitrinæ*, il n'est pas contracté en avant, de sorte que l'ouverture conserve à peu près la même largeur, sur toute sa hauteur, de même que chez *Clathurella* ; c'est principalement à cause de ce dernier caractère, que je considère les membres de cette Sous-Famille comme de « fausses Mitres » (*Pseudo-Mitra*).

M. — Cylindromitra, Fischer 1884 (= *Cylindra* Schum. 1817, *non Cylinder*, Montf. 1810). — Type : *M. crenulata* Chemn. Le type de ce Genre est caractérisé : non seulement par sa forme olivoïde et par l'absence de canal, mais surtout par le nombre de ses plis qui n'est pas inférieur à neuf, croissant régulièrement d'avant en arrière ; la troncature basale est assez profondément échancrée, avec un bourrelet obsolète. M. R. Hœrnes indique une espèce fossile (*C. transylvanica*) appartenant à ce Genre ; mais, autant que je puis en juger par la figure, la détermination générique paraît très douteuse, de sorte que je me borne à signaler cette citation, sans comprendre encore *Cylindromitra* dans le Catalogue détaillé des formes connues à l'état fossile.

N. – Imbricaria, Schumacher 1817 (= *Conoelix*. Swains 1821). — Type : *I. conica* Schum. Coquille caractérisée : non seulement par sa forme conique, mais par ses cinq plis columellaires, qui ont une disposition imbriquée, peu fréquente chez les *Mitridæ* ; la troncature basale est profondément échancrée, et ses accroissements forment un bourrelet un peu saillant; la protoconche a l'aspect légèrement styliforme, ou tout au moins mucroné.

★

MITRA, Lamk. 1799.

Coquille fusiforme ou ovale, solide; spire aiguë au sommet; quatre ou cinq plis columellaires; labre non réfléchi, lisse à l'intérieur.

MITRA, *sensu stricto*. Type : *M. episcopalis*, Lamk. Viv.

(= *Thiarella*, Swains. 1840; = *Mitraria*, Rafin. 1815; = *Mitrolithes*, Krüg. 1823; *sec.* Tryon)

Test épais. Taille assez grande; forme fusoïde, étroite; spire allongée, généralement égale à l'ouverture, à galbe un peu conoïdal; protoconche lisse, polygyrée, conique, à nucléus obtus et faiblement dévié; tours plus ou moins convexes, lisses, ou ornés : soit de sillons ponctués par les accroissements, soit de plis d'accroissement; dernier tour très grand, ovale, excavé à la base, sur laquelle s'enroulent des sillons imbriqués, plus ou moins obsolètes, jusque sur le bourrelet obtus qui aboutit à l'échancrure antérieure.

Ouverture étroite, anguleuse en arrière, peu atténuée en avant, où elle est tronquée par une large et profonde échancrure; labre mince, presque vertical, un peu rétrocurrent vers la suture, généralement lisse à l'intérieur, quelquefois lacinié en avant; columelle oblique, peu ou point excavée, calleuse et terminée en pointe contre l'échancrure basale, munie de cinq plis équidistants, croissant d'avant en arrière, l'antérieur souvent peu visible; bord columellaire calleux, assez étroit, bien limité à l'extérieur, et séparé ou détaché du bourrelet basal par une dépression rainurée.

Diagnose refaite d'après l'espèce-type, et d'après un plésiotype du Calcaire grossier de Mouchy : *M. elongata* Lamk. (Pl. VII, fig. 12-13), ma coll. Protoconche de *M. Deluci* Defr. grossie (**Fig. 27** ci-contre).

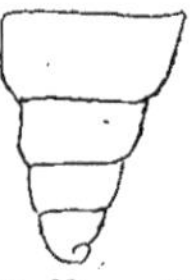

Fig. 27. — *Mitra Deluci*, Defr.

Observ. — Je n'ai pas de renseignements sur les trois dénominations, que Tryon indique comme synonymes de *Mitra*, et que Fischer n'a pas reprises dans son Manuel : *Thiarella*, *Mitraria* et *Mitrolithes* ; je me borne donc à les enregistrer sans commentaires. Comme d'ailleurs *Mitra* varie beaucoup, non seulement dans sa forme générale, mais également dans son ornementation, dans la disposition des plis, dans la longueur du cou formé par le bourrelet basal, et que, d'autre part, ces variations s'enchaînent graduellement d'une espèce à l'autre, souvent même par l'intermédiaire des variétés d'une même espèce, j'imiterai la réserve de Bellardi, qui n'a pas jugé à propos de dénommer les Sections, simplement découpées par lui pour la commodité de la classification des nombreuses Mitres du Tertiaire supérieur. En conséquence, je n'ai pas appliqué aux formes fossiles la plupart des noms de Genres, créés avec profusion, par Swainson ou par les frères Adams, pour de légères différences dans la forme extérieure de la coquille.

Répart. stratigr.

Eocène. — Outre le plésiotype ci-dessus figuré, plusieurs espèces dans le Bassin de Paris, dans la Loire-Inférieure, dans le Vicentin : *M. Deluci* Defr., *M. plicatella*, *mixta*, *crebricosta* Lamk., *M. auversiensis* Cossm., ma coll. ; une espèce probable dans le nummulitique de Monte Postale (Vicentin) : *M. Marsalai* de Gregorio, d'après la figure donnée par cet auteur.

Oligocène. — Plusieurs espèces dans l'Apennin : *M. blandita*, *semicostata*, *oligocænica*, *apenninica*, *cassinellensis*, *anceps*, *exacuta* Bellardi, d'après la Monographie de cet auteur.

Miocène. — Très nombreuses espèces dans le Piémont et l'Italie centrale, d'après la Monographie de Bellardi. Plusieurs espèces dans le Burdigalien de l'Aquitaine : *M. incognita* Bast., *M. Burgueti* Grat., ma coll. ; *M. Dufresnei* Bast, d'après la figure publiée par Basterot ; *M. subelongata* d'Orb. et *M. fusiformis* Br., d'après le Catalogue de M. Benoist. Une espèce dans le Tortonien du Comtat-Venaissin : *M. bathymophora* Fontannes, d'après la figure publiée par cet auteur. Plusieurs espèces typiques dans le Bassin de Vienne : *M. fusiformis* Br., *M. Hilberi*, *Brusinai* et *Bellardii* R. Hœrnes, d'après la Monographie de MM. Hœrnes et Auinger. Une espèce variable, dans le Tortonien du Portugal : *M. cf. fusiformis* Br., d'après la Monographie de Pereira da Costa.

PLIOCENE. — Très nombreuses espèces dans le Piémont et l'Italie centrale, d'après la Monographie de Brocchi, de Bellardi, de Foresti, etc... L'une d'elles dans le Crag d'Angleterre : *M. fusiformis* Br., d'après la Monographie de S. Wood. Plusieurs autres espèces dans le Bassin du Rhône : *M. Venayssina, bitenuata, Rhodanica, Escofferæ* Fontannes, *M. aperta* Bell., d'après la Monographie de Fontannes.

EPOQUE ACTUELLE. — Très nombreuses espèces dans toutes les mers, d'après le Manuel de Tryon.

CANCILLA, Swainson, 1840.

Néotype : *M. filaris* Linn. (*sec.* Tryon). Viv.
(= *Ziba*, H. et A. Adams 1853)

Taille parfois grande; forme étroite, élancée; spire longue, acuminée, souvent un peu étagée, à galbe conique; protoconche lisse, petite, trochiforme, à nucléus pointu; tours convexes, ornés de bandelettes ou de carènes spirales, dont les interstices sont plus ou moins décussés par de fins plis d'accroissement; dernier tour fusiforme, rapidement atténué à la base, qui est généralement excavée, et qui se termine par un cou un peu allongé, tordu, et rejeté vers l'axe, avec un bourrelet peu saillant, formé par les accroissements successifs de l'échancrure antérieure. Ouverture très étroite, avec une gouttière calleuse dans l'angle inférieur, tronquée à l'extrémité supérieure par une échancrure assez profonde; labre peu épais, lisse à l'intérieur, simplement lacinié sur son contour par les côtes spirales, légèrement sinueux vers la suture; columelle non excavée, munie de cinq plis, dont les trois antérieurs sont à peine saillants; bord columellaire étroit, calleux, se terminant en pointe effilée contre le bourrelet du cou.

Diagnose refaite d'après le néotype vivant, et d'après un plésiotype du Tortonien de Saubrigues : *M. exornata* Bell. (Pl. VIII, fig. 16-17), ma coll.

Rapp. et diff. — Cette Section, qui correspond à la deuxième section de la classification de Bellardi, se distingue : non seulement par son ornementation composée de côtes spirales au lieu de sillons, mais encore et surtout par la disposition du cou, qui est un peu tordu ; la forme générale de la coquille est d'ailleurs plus élancée que celle des Mitres typiques. Je considère *Ziba* comme synonyme de *Cancilla ;* on ne l'en distingue, en effet, que par sa spire étagée et par ses carènes spirales plus saillantes : or ce sont là des caractères purement spécifiques.

Répart. stratigr.

EOCENE. — Une espèce lisse sur les derniers tours des individus adultes, dans le Jacksonien du Mississipi : *M. Millingtoni* Conr. ma coll. Une espèce à protoconche obtuse : *Cancilla atractoides* Tate, d'après M. Geo. Harris.

MIOCENE. — Outre le plésiotype ci-dessus figuré, plusieurs espèces dans le Burdigalien, l'Helvétien et le Tortonien des Landes, du Portugal, du Piémont et du Bassin de Vienne : *M. planicostata* Bell. ma coll., *M. elegantissima* Bell., *M. separata*, *aculeata*, *pulcherrima*, *eoscrobiculata* Bell., d'après les Monographies de Bellardi, de da Costa et de R. Hœrnes. Deux espèces confondues avec *M. Bronni* et *scrobiculata*, mais probablement différentes, dans le Tortonien du Bordelais, d'après le Catalogue de M. Benoist ; une espèce dans le Tortonien des Landes : *M. Grateloupi*, d'Orb., d'après l'Atlas de Grateloup. Une espèce dans les « couches à silex » de la Floride : *M. silicata* Dall, d'après la Monographie de cet auteur.

PLIOCENE. — Plusieurs espèces ou variétés, dans le Plaisancien et l'Astien des Alpes-Maritimes, du Piémont et du Bassin du Rhône : *M. scrobiculata* Br., *M. Bronni* Micht., ma coll. ; *M. colligens*, *planicostata*, *transiens*, *conjungens*, *contigua* Bell. ; *M. fusulus* Cocc., *M. striatula* Br., *M. Massoti* Font., d'après les Monographies de Bellardi et de Fontannes. Une espèce actuelle, dans les couches récentes de Karikal : *M. flammea* Quoy, coll. Bonnet ; la même dans les couches récentes de Java, avec une autre espèce vivante : *M. circula* Kiener, d'après la Monographie de M. Martin.

EPOQUE ACTUELLE. — Nombreuses espèces dans l'Océan Indien, les mers de Chine et l'Australasie, sur la côte Ouest de l'Amérique centrale, et au cap Vert, d'après le Manuel de Tryon.

STRIGATELLA, Swainson, 1840.

Forme ventrue ; surface lisse ou nodoso-costulée ; échancrure basale profonde, avec un gros bourrelet, sans cou distinct de la base ; labre épais, calleux ou denté à l'intérieur ; columelle un peu excavée en arrière munie au milieu de trois plis principaux, transverses et saillants, et en avant, d'un quatrième pli oblique, souvent obsolète, ou confondu avec la torsion columellaire.

Mitreola, Swainson, 1840. Type : *M. labratula*, Lamk. Eoc.

Taille moyenne ; forme ovoïdo-conique, parfois un peu ventrue ; spire égale à la hauteur de l'ouverture, à galbe conique ; protoconche lisse, paucispirée, à nucléus obtus ; tours convexes en avant, concaves en arrière, ternes, ornés de filets spiraux ou de costules écartées, subnoduleuses sur la convexité antérieure ; sutures profondes, parfois bordées ; dernier tour égal aux trois cinquièmes ou aux deux tiers de la longueur totale, lisse ou noduleux sur la convexité située au-dessus de la rampe suturale, ovale et peu excavé à la base ; cou muni d'un bourrelet large et peu saillant, qui aboutit à l'échancrure antérieure.

Ouverture vernissée, peu large, à bords presque parallèles, munie d'une étroite gouttière dans l'angle inférieur, rétrécie en avant et très profondément échancrée ; labre vertical, non sinueux en arrière, un peu réfléchi et bordé à l'extérieur, épaissi à l'intérieur et généralement muni d'une dent postérieure ; columelle peu excavée, munie de quatre plis équidistants, les trois inférieurs transverses et saillants, l'antérieur plus oblique, moins saillant, mais bien distinct de la torsion de la columelle, qui se recourbe et s'infléchit à droite, contre le bord de l'échancrure basale ; bord columellaire large et calleux, bien limité à l'extérieur, quelquefois détaché du bourrelet du cou.

Diagnose faite d'après un échantillon de l'espèce-type, du Calcaire grossier de Mouchy (Pl. VIII, fig. 18-19), ma coll.

Rapp. et diff. — Cette Section ne se distingue de *Strigatella* que par sa dent labiale et par sa surface généralement noduleuse ou costulée ; et encore y a-t-il des *Mitreola* à peu près lisses, dont la dent est presque effacée, et des *Strigatella* ornés, dont la callosité interne s'épaissit au point de former presque une dent; aussi je ne comprends pas pourquoi Swainson a créé deux Genres distincts pour ces deux formes, car c'est tout au plus si la seconde, qui est exclusivement fossile, peut être distinguée de la première, qui est exclusivement vivante, et qui succède évidemment à l'autre. Comparé à *Mitra s. s.*, *Mitreola* s'en distingue par des caractères importants, qui justifient la séparation du Genre *Strigatella* et de sa Section *Mitreola* : d'abord la dent labiale, puis le labre réfléchi, enfin les plis columellaires qui ne dépassent jamais le nombre de quatre; quant à la forme générale, il y a des Sections de *Mitra* (*Volutomitra* par ex.), qui ont exactement le galbe de *Mitreola*, de sorte qu'on ne peut en tirer aucune indication utile.

Répart. stratigr.

Paleocene. — Trois espèces dans le Montien de Belgique : *M. dilatata* Br. et Corn., ma coll.; *M. brevis* et *vicina* Briart et Cornet, d'après la Monographie de ces auteurs.

Eocene. — Outre l'espèce-type ci-dessus figurée, nombreuses espèces dans le Calcaire grossier et les Sables moyens des environs de Paris : *M. labiata* Chemn., *M. Lajoyei*, *obliquata*, *crassidens*, *labrosa* Desh., *M. monodonta* Lamk., *M. Bernayi* Cossm., ma coll.; une autre espèce dans le Bassin de Nantes : *M. Dumasi* Cossm., coll. Dumas. Une espèce à Bracklesham : *M. cf. labratula* Lamk., et une autre à Barton : *M. scabra* Sow., d'après la Monographie de F. Edwards. Deux espèces douteuses, à labre incomplètement formé, dans l'Australie (Victoria) : *M. cassidea* et *conoidalis* Tate, d'après les figures publiées par l'auteur; autre espèce australienne, à dent labiale non visible : *M. Dennanti* Tate, ma coll.

Oligocene. — Une espèce dans le Stampien des environs de Paris : *M. Cotteaui* Cossm. et Lamb., ma coll. Un fragment d'une espèce certaine, mais spécifiquement indéterminée, dans le Tongrien de l'Allemagne du Nord, d'après la Monographie de M. von Kœnen.

Miocene. — Une espèce très incertaine, dans le Burdigalien des Landes : *M. ventricosa* Grat., d'après la figure défectueuse et d'après la diagnose écourtée de l'Atlas de Grateloup.

PLIOPTYGMA, Conrad *em.* 1862.

Plioptygma, *sensu str.* Type : *Mitra carolinensis*, Conr. Mioc.

Taille très grande; forme fusoïde, assez étroite; spire longue, à galbe conique; protoconche lisse, paucispirée, à nucléus papilleux; tours cerclés par des carènes spirales, qui se transforment souvent en des rubans séparés par de profondes rainures, ou qui disparaissent même à l'âge adulte, sauf contre les sutures; dernier tour très long, ovale, peu ventru, à peine atténué à la base, sur laquelle s'enroulent obliquement des filets spiraux, jusqu'à une large bande rainurée, formée par les accroissements de l'échancrure antérieure; sur le cou, entre cette bande et le bord columellaire, il existe encore des filets obliques et onduleux.

Ouverture assez large, munie d'une étroite gouttière dans l'angle inférieur, peu atténuée en avant, où elle est largement tronquée par une très profonde échancrure; labre peu épais, lisse à l'intérieur, presque vertical, à peine rétrocurrent contre la suture; columelle très peu excavée en arrière, droite en avant, se terminant en pointe effilée au bord de la troncature basale, munie de sept plis croissants, les cinq antérieurs obliques et obsolètes, les deux inférieurs plus écartés, plus transverses, et le dernier surtout plus saillant; bord columellaire calleux, assez large, bien limité à l'extérieur.

Diagnose faite d'après un échantillon de l'espèce-type, du Miocène de la Caroline du Nord (Pl. VIII, fig. 10), ma coll.; autre espèce voisine, dans le Pliocène de la Floride. **M. Heilprini** Cossm (¹). (Pl. VIII, fig. 11), ma coll.

Rapp. et diff. — Ce genre, dont la forme est analogue à celle de *Mitra s. s.*, s'en distingue facilement : non seulement par le nombre plus considérable de ses plis columellaires. mais encore par sa protoconche

(¹) C'est l'espèce dénommée *M. lineolata* Heilprin, qui fait double emploi avec celle de Bellardi. M. Dall, dans son Etude sur le Tertiaire de la Floride, estime que, la figure de la Monographie de Bellardi représentant une simple variété, il y a lieu de conserver *lineolata* pour l'espèce américaine. Je ne partage pas cette manière de voir, attendu que le choix du nom doit toujours se réduire uniquement à une question de priorité. Or le fascicule de Bellardi, dans lequel est décrit son *M. lineolata*, est signé « 15 janvier 1887 », tandis que le volume de « Trans. Wagner Free Inst. », contenant le travail d'Heilprin, porte la date de mai 1887; il est vrai que la Pl. III de Bellardi, représentant son espèce, n'a paru que le 1ᵉʳ juin 1887 avec le second fascicule des *Mitridæ*; mais il n'en est pas moins certain que le nom *lineolata* a été publié en texte par Bellardi avant Heilprin, qui aurait pu en prendre connaissance. C'est pourquoi j'ai cru nécessaire et correct de changer le nom de cette espèce.

papilleuse, et aussi par sa rainure basale, remplaçant le bourrelet du cou de *Mitra*. La création de Conrad est donc tout à fait justifiée ; il y a seulement à faire subir une légère rectification d'orthographe à la dénomination *Pleioptygma*, qu'il avait proposée : les diphtongues n'existant pas en latin, les mots d'étymologie grecque qui sont latinisés doivent subir l'élision d'une lettre, quand ils comportent une diphtongue ; d'où la nécessité d'écrire *Plioptygma* en latin, bien que la première syllabe de ce mot soit tirée du mot grec πλειος.

Répart. stratigr.

MIOCENE. — L'espèce-type ci-dessus figurée, dans la Caroline du Nord, ma coll.

PLIOCENE. — L'espèce plésiotype ci-dessus figurée, dans la Floride, ma coll.

★

TURRICULA, Klein, 1753.

(= *Turris* Montf. 1810 ; = *Tiara* Swains. 1840 ;
= *Vulpecula* Blainw. 1824)

Surface plissée ou costellée ; labre sillonné à l'intérieur ; protoconche paucispirée, papilleuse, à nucléus dévié ; quatre plis columellaires peu obliques.

TURRICULA, *sensu stricto*. Type : *M. vulpecula*, Linn. Viv.
(= *Callithea* Swainson 1840).

Taille moyenne ou assez petite ; forme fusoïde, étroite, aciculée ; spire longue, acuminée, à galbe conique ; tours peu convexes, souvent étagés aux sutures, ornés de costules axiales parfois crénelées, et de sillons spiraux assez écartés ; dernier tour ovoïde, peu ventru, régulièrement atténué à la base, qui est à peine excavée, et sur laquelle se prolongent les sillons, jusqu'au bourrelet formé par les accroissements de l'échancrure antérieure. Ouverture étroite, à bords parallèles, avec une gouttière anguleuse en arrière, largement tronquée en avant par une échancrure médiocrement entaillée, et déviée vers l'axe par suite de la torsion du cou ; labre droit, peu épais, intérieurement plissé à quelque distance du contour, non sinueux, ni rétrocurrent à la suture; columelle à peu près rectiligne, tordue en avant, munie de quatre plis régulièrement croissants, en saillie et en épaisseur ; bord columellaire vernissé, assez large en arrière, portant quelquefois une callosité dentiforme dans l'angle inférieur, bien limité à l'extérieur, se terminant en pointe effilée à l'angle de l'échancrure basale.

Diagnose refaite d'après des échantillons de l'espèce-type, ma coll. ; une espèce plésiotype dans Pliocène de Karikal : *T. lirocostata* Cossm. (Pl. VIII, fig. 20-21), ma coll. (voir la description à l'annexe ci-après) ; autre plésiotype du Tortonien de Stazzano : *T. curta* Bell. (Pl. VIII, fig. 25), coll. du Musée de Turin, comm. par M. Sacco.

Observ. — Pour les trois dénominations indiquées comme synonymes de *Turricula*, j'ai simplement reproduit les citations du Manuel de Fischer, n'ayant pu en faire la vérification ; quant à *Callithea*, c'est parce que le type (*M. stigmataria* Lamk.) est génériquement semblable à *M. vulpecula*, que je réunis *Callithea* comme synonyme de *Turricula s. s.*

Rapp. et diff. — Outre les caractères anatomiques de l'animal, qui sont différents de ceux de *Mitra*, ce Genre s'en distingue non seulement par la forme générale de la coquille, qui est plus ornée, et qui se termine en avant par un canal plus distinct, mais encore et surtout par sa protoconche papilleuse, composée de deux tours au plus. Quant aux plis columellaires, ils ne fournissent pas un critérium bien certain, puisqu'il y a des *Mitra* à quatre plis, et des *Turricula* dont la torsion columellaire ressemble à un cinquième pli ; toutefois il me semble que les plis de *Turricula* sont, en général, plus transverses. Le labre s'attache à la suture d'une manière très différente dans ces deux Genres : rétrocurrent chez *Mitra*, un peu antécurrent, au contraire, chez *Turricula* ; en outre, tandis que sa surface interne est lisse chez *Mitra s. s.*, crénelée chez *Scabricula*, elle est sillonnée, ou plutôt plissée, dans toutes les subdivisions de *Turricula*. Je ne compare pas ce Genre avec *Strigatella*, ni avec *Mitreola*, qui ont le labre calleux ou denté à l'intérieur, et qui sont dépouvus de canal siphonal.

Répart. stratigr.

Senonien. — Une espèce douteuse, dans le « Groupe d'Arrialoor » de l'Inde méridionale : *Voluta citharina* Forbes (*mitreola sec.* Stoliczka), d'après la Monographie de ce dernier auteur.

Paleocene. — Deux espèces douteuses dans les couches montiennes de Copenhague : *M. æquicosta* et *densistria* von Kœnen, d'après la Monographie de cet auteur.

Eocene. — Une espèce à peu près certaine, dans le Bassin de Nantes : *T. hemiconoides* Cossm., ma coll. ; autre espèce un peu douteuse, à la Close (Loire-Infér.) : *T. genotixformis* Cossm., coll. Dumas. Une espèce ambiguë, dans le Nummulitique des environs de Pau : *M. cincta* (¹) A. Rouault, d'après la figure publiée par cet auteur ; autre espèce probable dans les couches nummulitiques de Biarritz : *M. scalarina* d'Archiac, d'après la figure publiée par cet auteur.

Oligocene. — Une espèce probable dans le Vicentin : *M. regularis* Schaur., d'après la Monographie de M. Fuchs.

Miocene. — La seconde espèce plésiotype ci-dessus figurée, dans le Tortonien du Piémont, d'après Bellardi.

Pliocene. — Outre la première des espèces plésiotypes ci-dessus figurées, dans l'Inde française, plusieurs espèces dans les couches récentes de la Nouvelle-Zélande : *T. rubiginosa*, *marginata*, *planata*, Hutton, d'après les diagnoses de l'auteur. Plusieurs espèces dans les couches récentes de Java : *T. vulpecula*, *batavana*, *Jackeri*, *Javana*, *gembacana*, *Callithea rajaensis* Martin, d'après la Monographie de cet auteur.

Epoque actuelle. — Nombreuses espèces dans l'Océan Indien, les mers de Chine et l'Australie, d'après Tryon.

Costellaria, Swainson, 1840.

Néotype : *M. semifasciata*, Lamk. (*sec.* Fischer) Viv.

Taille assez petite; forme fusoïde; un peu pupoïde; spire médiocrement allongée, généralement étagée aux sutures, à galbe conoïdal; protoconche lisse, paucispirée, à nucléus obtus, à peine papilleux; tours convexes, généralement bordés par une rampe au-dessus de la suture inférieure, ornés de côtes axiales peu courbées, parfois subépineuses, sur l'angle de la rampe postérieure, et de sillons spiraux, plus ou moins visibles dans les intervalles des côtes; dernier tour à peu près égal à la moitié de la longueur totale, orné comme la spire, contracté et excavé à la

(¹) M. Newton a catalogué, en 1891, avec le même nom (Edwards *mss.*), une Mitre qui tombe nécessairement dans la synonymie de celle de Rouault, qui est bien antérieure ; il y a lieu de changer le nom de la coquille oligocénique des couches de Headon, et je propose en conséquence : **M. Newtoni**, *nobis*.

base, qui porte des chaînettes obliquement enroulées, jusqu'au cou et même sur le bourrelet très obsolète et peu saillant, correspondant aux accroissements de l'échancrure antérieure.

Ouverture courte, rhomboïdale, avec une étroite gouttière dans l'angle inférieur, peu dilatée au milieu, subitement rétrécie en avant, et terminée par un canal court, dévié vers l'axe, avec une échancrure assez profonde sur le cou; labre un peu épais, faiblement curviligne, un peu antécurrent à sa jonction avec la suture, orné à l'intérieur de plis allongés, parallèles et peu saillants; columelle droite, oblique en arrière et au milieu, tordue et incurvée à son extrémité antérieure, munie de quatre plis régulièrement croissants, les deux antérieurs minces et un peu obliques, les deux postérieurs transverses, aplatis; une côte pariétale existe souvent dans l'angle inférieur, près de la gouttière; bord columellaire assez mince, à peine distinct.

Diagnose faite d'après des échantillons d'une espèce vivante, voisine du type : *M. militaris* Reeve, et d'après un plésiotype de l'Eocène d'Australie : *M. paucicostata* Tate (Pl. VIII, fig. 3), ma coll.

Rapp. et diff. — *Costellaria* est incontestablement très voisin de *Turricula*, et ne s'en distingue que par quelques caractères fugitifs, qui justifient tout au plus la séparation d'une Section : d'abord l'excavation de la base, qui isole le cou d'une manière très nette, de sorte que le canal paraît plus contracté; ensuite la protoconche plus obtuse; enfin le bord columellaire moins bien limité et moins calleux. Néanmoins j'ai constaté que, pour quelques espèces intermédiaires entre ces deux groupes, on éprouve une réelle hésitation; ce qui prouve qu'en définitive *Turricula* passe graduellement à *Costellaria*.

Répart. stratigr.

Eocène. — Une espèce bien caractérisée, dans le Bassin de Nantes : *Turr. intortella* Cossm. (Pl. VIII, fig. 26), ma coll. Plusieurs espèces dans l'Australie du Sud, outre le plésiotype ci-dessus figuré : *M. exilis*, *leptalea*, *semilævis* [1], *citharelloides*, *clathurella* Tate, ma coll.

[1] Le nom de cette espèce doit être changé, pour cause de double emploi avec l'espèce de F. Edwards; je propose, en conséquence, pour l'espèce australienne : **M. Tatei**, *nobis*.

Miocène. — Une espèce certaine, désignée comme *Uromitra* par Bellardi, dans le Tortonien de la Toscane : *M. decipiens* Bell., ma coll. ; plusieurs espèces dans l'Helvétien et le Tortonien du Piémont : *M. subglobosa*, *avellana*, *cognata*, *consimilis*, *canaliculata*, *ornata*, *turrita* Bell., etc., d'après la Monographie de Bellardi. Une espèce dans l'Aquitanien du Bordelais : *M. Partschi* Hœrn., ma coll. Nombreuses espèces dans le Bassin de Vienne : *M. intermittens* R. Hœrn., *M. recticosta* et *Borsoni* Bell., etc., d'après la Monographie de MM. Hœrnes et Auinger. Deux espèces dans l'Australie du Sud : *M. terebræformis* et *sordida* Tate, ma coll. Une espèce à la Jamaïque et à Saint-Domingue : *M. Heneheni* Sow., d'après la figure publiée par Guppy.

Pliocène. — Deux espèces dans l'Astien des Alpes-Maritimes : *M. crassicosta* Bell., *M. corrugata* Defr. (Pl. VIII, fig. 28), ma coll. Plusieurs espèces désignées comme *Uromitra*, dans le Plaisancien et l'Astien du Piémont : *U. subcoronata*, *leucozona*, *frumentum* Bell., d'après la Monographie de Bellardi. Deux espèces dans la Floride : *M. Holmesi* et *Wilcoxi* Dall. d'après les figures publiées par cet auteur.

Époque actuelle. — Nombreuses espèces ou variétés, dans l'Océan Indien, les mers de Chine, la Polynésie, l'Australie et la mer Rouge, d'après le Manuel de Tryon.

Fusimitra, Conrad, 1865. Type : *M. cellulifera*, Conr. Olig.

Taille petite ; forme très étroite, aciculée, en tarière ; spire longue, à galbe conique ; protoconche lisse, paucispirée, à nucléus papilleux ou tectiforme ; tours un peu convexes, lisses ou costulés, parfois ornés de fines stries spirales dans les intervalles des côtes, séparés par des sutures profondes, ondulées et généralement bordées par un bourrelet ; dernier tour égal ou inférieur à la moitié de la longueur totale, ovale en arrière, subitement excavé à la base, qui porte des cordonnets enroulés sur le cou, sans aucune trace de bourrelet.

Ouverture très courte, rhomboïdale, dépourvue de gouttière postérieure, rétrécie en avant, où elle se termine par un canal qui paraît contourné, quand on l'examine de face, mais dont le cou est vertical dans l'axe de la coquille ; échancrure basale à peine entaillée, presque nulle ; labre mince, un peu oblique, à peine sinueux vers la suture, à laquelle il aboutit presque orthogonalement, plissé à l'intérieur; columelle droite, peu ou point incurvée en avant, munis de trois plis principaux, qui sont généralement dans le prolongement des cordonnets de la base; un quatrième pli antérieur, souvent confondu avec la torsion de la columelle, et peu visible quand l'ouverture n'est pas mutilée; bord columellaire peu distinct, limité par une légère rainure qui sépare les plis columellaires du cou.

Diagnose refaite d'après un échantillon de l'espèce-type (Pl. VIII, fig. 30), ma coll.; et d'après deux plésiotypes de l'Eocène des environs de Paris: *M. terebellum* Lamk., du Calcaire grossier de Villiers (Pl. VIII, fig. 31), ma coll., *M. extranea* Desh., du Suessonien de Cuise (Pl. VIII, fig. 29), ma coll. Protoconche de la première, grossie (**Fig. 28** ci-contre).

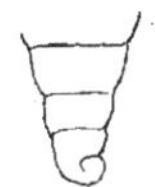

Fig. 28. — *Fusimitra terebellum*, Lamk.

Observ. — D'après l'avis de Tryon et de M. Dall (Tert. Flor., I, p. 49), ce Genre n'aurait aucune valeur, non seulement parce qu'il n'a pas été suffisamment caractérisé, mais encore parce que Conrad y comprenait un certain nombre de formes très diverses; M. Geo. Harris (Austral., p. 124) a adopté cette opinion et a rapporté au Genre *Uromitra* la plupart des espèces d'Australie, qui sont d'ailleurs des *Costellaria*, comme on l'a vu ci-dessus. Or, en étudiant *M. cellulifera*, qui est la première espèce citée par Conrad dans son Genre *Fusimitra*, et en la comparant avec un groupe d'espèces parisiennes, j'ai constaté qu'elle leur est identique, et que toutes ces formes présentent des caractères distinctifs, qui justifient la séparation d'un Sous-Genre différent, non seulement de *Turricula* et de *Costellaria*, mais même d'*Uromitra* Bell., que j'avais d'abord réuni à *Fusimitra* comme synonyme. Par conséquent il n'y a pas de motif pour rejeter la dénomination proposée par Conrad, qui ne caractérisait aucun de ses Genres, et il suffit d'y donner l'interprétation restreinte que j'ai déjà faite en 1889.

Rapp. et diff. — *Fusimitra* se distingue de *Turricula*: non seulement par son canal plus allongé, mais surtout par l'absence presque complète d'échancrure basale; trois des plis columellaires se prolongent jusque sur le cou, comme cela a quelquefois lieu chez *Costellaria*, mais *Fusimitra* a le cou plus droit que *Costellaria* et n'a pas l'échancrure qui existe dans ce dernier Genre; enfin l'embryon est plus obtus, le labre moins droit, peu ou point antécurrent vers la suture. J'estime que ce sont là des différences d'une importance suffisante pour justifier la séparation d'un Sous-Genre.

Répart. stratigr.

Paleocene. — Une espèce bien caractérisée, dans le Montien de Belgique, et dans le Londonien du Bassin de Paris : *M. Wateleti* Br. et Corn., ma coll.; trois autres espèces dans le gisement de Mons : *M. Kœneni*, *dentata* et *Gosseleti*, Briart et Cornet, d'après la Monographie de ces auteurs ; une espèce probable dans les couches de Copenhague : *M. semilævis* (¹) von Kœnen, d'après la figure publiée par cet auteur.

Eocene. — Outre les deux plésiotypes ci-dessus figurés, plusieurs espèces dans le Bassin de Paris et dans la Loire-Inférieure : *M. aizyensis* et *Barbieri* Desh., *M. Gaudryi* de Rainc., *M. Bouryi* et *tetraptycta* Cossm., *M. cancellina* Lamk., ma coll., *M. diasticta* Cossm., coll. Bourdot. Une espèce dans le Bartonien d'Angleterre : *M. volutiformis* F. Edw., ma coll. Trois espèces dans le Claibornien de l'Alabama : *M. minima* et *lineata* Lea, *M. perexilis* Conr., ma coll., une autre espèce dans le Maryland : *M. marylandica* Clark, d'après la figure publiée par cet auteur.

Oligocene. — L'espèce-type dans le Vicksburgien du Mississipi, ma coll. ; une autre espèce dans l'Alabama : *M. conquisita* Conr., ma coll. Deux espèces dans le Tongrien de l'Allemagne du Nord : *M. impressa* von Kœnen, *M. circumcisa* Beyr., d'après les figures publiées par M. von Kœnen.

Uromitra, Bellardi, 1886 (*restr. sensu*).

Type: *M. cupressina*, Br. Plioc.
(=*Eumitra*, Tate 1888)

Taille moyenne ou petite; forme turriculée, étroite; spire longue, acuminée, à galbe conique; protoconche lisse, polygyrée, conique, à nucléus extrêmement petit et à peine papilleux ; tours un peu convexes, généralement costulés au moins au début, le plus souvent ornés de sillons spiraux qui traversent les costules, séparés par des sutures profondes et ondulées par les costules, rarement munis d'une rampe spirale au-dessus de la suture ; dernier tour égal ou un peu inférieur à la moitié de la longueur totale,

(¹) Le nom de cette espèce, bien postérieur à la dénomination proposée par F. Edwards, doit être changé, de même que j'ai déjà corrigé le double emploi qui a échappé à M. Tate (voir *Costellaria*, p. 165). Je propose, en conséquence, pour l'espèce du Danemark : **F. danensis,** *nobis.*

quelquefois lisse, arrondi et excavé à la base, sur laquelle s'enroulent des sillons obliques, et qui se termine par un cou allongé, tordu, sans bourrelet, portant seulement quelques filets obliques.

Ouverture étroite, contournée, à bords parallèles, dépourvue de gouttière en arrière, rétrécie en avant, où elle se termine par un canal long et infléchi, sans aucune échancrure à l'extrémité; labre assez mince, plissé à l'intérieur, un peu sinueux, peu ou point antécurrent à la suture; columelle en *S*, portant quatre plis, l'antérieur à peine visible, le second très peu saillant, les deux inférieurs plus proéminents et plus transverses, correspondant souvent au prolongement des filets du cou; bord columellaire très mince et indistinct.

Diagnose refaite d'après des échantillons de l'espèce-type, du Plaisancien de Bologne (Pl. VIII, fig. 32), ma coll.; et d'après un plésiotype du Plaisancien de Biot, dans les Alpes-Maritimes : *M. Michelottii* Hœrn. (Pl. VIII, fig. 15), ma coll.

Observ. — Le nom *Eumitra* a été donné, par M. Tate, sans aucune diagnose générique, à une espèce australienne, qui a un canal allongé, presque droit, comme celui de *Fusimitra*, mais dont la protoconche est identique à celle d'*Uromitra*; M. Géo. Harris compare cette espèce à *M. scrobiculata*, parce que ses tours, plans et subulés, sont sillonnés comme ceux de cette dernière espèce. Malgré ces caractères un peu hybrides, je ne crois pas qu'il y ait lieu de conserver *Eumitra* comme une Section distincte, et puisque cette dénomination est postérieure de deux années à *Uromitra*, je l'y réunis comme synonyme.

Rapp. et diff. — Contrairement à l'opinion que j'ai précédemment émise (Ann. géol., 1887, p. 1107), *Uromitra* doit être définitivement séparé de *Fusimitra*, malgré la similitude apparente des deux coquilles; en effet, le canal est beaucoup plus tordu, et surtout la protoconche est absolument différente, beaucoup plus allongée et plus conique chez *Uromitra*, terminée par un nucléus microscopique qui n'a aucun rapport avec le nucléus papilleux de *Fusimitra*; les plis columellaires et l'ornementation se ressemblent beaucoup; cependant il semble que les costules d'*Uromitra* sont plus sinueuses, et que le labre est, par conséquent, moins rectiligne. Il résulte de cette comparaison qu'il y a lieu de restreindre beaucoup la diagnose un peu vague de Bellardi, qui comprenait dans son Genre *Uromitra* des formes appartenant évidemment à d'autres groupes, et qui désignait, d'une manière trop générale, sous ce nom, toutes les Mitres allongées, ayant des plis à l'intérieur du labre. Si on compare *Uromitra* avec *Turricula*, on trouve que c'est un Sous-Genre bien distinct, à cause de la forme de la coquille, de son canal contourné, de l'absence d'une échancrure basale, et surtout à cause de sa protoconche non papilleuse; les mêmes différences existent entre *Uromitra* et *Costellaria*, sauf en ce qui concerne l'excavation de la base, qui est également creuse chez ces deux coquilles.

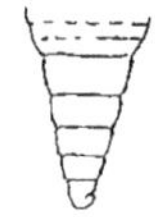

Fig. 29. — *Uromitra alokiza*, Ten. Woods.

Répart. stratigr.

Eocène. — Une espèce, à canal peu contourné, dans l'Australie du Sud : *M. alokiza* Ten. Woods, ma coll. Protoconche grossie de cette espèce (**Fig. 29** ci-contre).

Miocène. — Nombreuses espèces ou variétés, dans l'Helvétien et le Tortonien du Piémont : *U. antegressa*, *belliata*, *similis*, *clathurata*, *cincta*, *dissimilis*, *paucicostata* Bell., etc., d'après la Monographie de Bellardi ; dans le Bassin de Vienne : *M. Bonellii* Bell. (= *M. cupressina* Hœrn, *non* Br.), ma coll. ; la même espèce dans le Piémont, d'après Bellardi. Une espèce dans les couches d'Edeghem : *M. acicula* Nyst., ma coll. Plusieurs autres espèces dans le Bassin de Vienne : *M. Michelottii* M. Hœrn., *M. Fuchsi* R. Hœrn., d'après la Monographie de MM. Hœrnes et Auinger. Deux espèces dans le Tortonien du Bordelais : *M. cf. pyramidella* Br. et *M. cf. striatula* Br., d'après le Catalogue de M. Benoist.

Pliocène. — Outre les types et plésiotypes ci-dessus figurés : *Mitra pyramidella* Br., *recticosta* Bell., *plicatula* Br., *U. eoebenus* Bell., dans le Plaisancien des Alpes-Maritimes et du Bolonais, ma coll. ; nombreuses espèces dans le Piémont : *U. soror*, *nitida*, *bifaria* Bell., etc., d'après la Monographie de Bellardi ; une espèce dans le Messinien de la Toscane : *M. turrita* Foresti, d'après la figure publiée par cet auteur ; une espèce dans le Crag d'Angleterre : *M. ebenus*, var. *uniplicata* Wood, d'après la Monographie de S. Wood.

MESORHYTIS, Meek, 1876.

Mesorhytis, *sensu str.* Type : *Fasciolaria gracilenta*, Meek. Crét.

Taille moyenne; forme très étroite, aciculée ; spire longue, acuminée, à galbe conique ; protoconche lisse, polygyrée, conique, pointue, à nucléus très petit ; tours généralement costulés et ornés de filets spiraux rarement lisses, séparés par des sutures profondes et crénelées par les côtes; dernier tour égal aux trois cinquièmes de la longueur totale, orné comme la spire, régulièrement atténué à la base, qui porte, lorsqu'il est lisse, des sillons obliquement enroulés jusque sur le cou; pas de bourrelet basal. Ouverture étroite, lancéolée, avec une gouttière anguleuse en arrière, terminée en avant par un canal long et droit, sans aucune échancrure à son extrémité; labre un peu sinueux, comme les costules axiales, paraissant lisse à l'intérieur; columelle droite, non tordue en avant, portant à la partie inférieure trois plis croissants, peu obliques, les deux inférieurs taillés carrément, ou même divisés par une rainure spirale; bord columellaire peu distinct.

Diagnose faite d'après une espèce plésiotype du Turonien de Provence : *M. cancellata* Sow. (Pl. VIII, fig. 12-13), ma coll.; et d'après un autre plésiotype du Paléocène de Smithville, dans le Texas : *M. polita* Gabb. (Pl. VIII, fig. 14), ma coll.

Rapp. et diff. — Meek a lui-même indiqué (Invert. Pal. Upper Missouri, p. 364) les affinités de ce Genre avec les *Mitridæ*, plutôt qu'avec les *Fasciolariidæ*, près desquels les auteurs ont l'habitude de le placer. Il me paraît d'ailleurs évident qu'il doit être classé dans la même Sous-Famille que *Fusimitra;* toutefois il s'en écarte : non seulement par la longueur de son canal, mais encore et surtout par la position de ses plis columellaires, qui sont placés plus en arrière que chez la plupart des *Mitridæ;* ce dernier caractère a même motivé le choix du nom de ce Genre. Il est difficile d'étudier ces plis, d'une manière très précise, sur les échantillons crétaciques qui sont généralement dans un état de conservation très défectueux; mais je rapporte au même Genre une espèce de Paléocène du Texas, qui m'a été envoyée sous le nom *Fusimitra polita* Gabb., et qui, quoique à peu près lisse, a bien le galbe des *Mesorhytis*; or, sur ces échantillons, les plis ont un aspect tout à fait particulier, qui répond complètement à la diagnose publiée par Meek, et qui est bien distinct de ce qu'on observe sur la columelle de *Fusimitra*. Enfin la protoconche, allongée et pointue, est semblable à celle d'*Uromitra*, et par conséquent, absolument différente de celle de *Fusimitra*, qui a un embryon papilleux et paucispiré.

Répart. stratigr.

Cénomanien. — Une espèce dans le Var : *M. cassisiana* d'Orb, ma coll.; la même, plus douteuse, à l'île d'Aix, coll. Joly.

Turonien. — La première des espèces plésiotypes ci-dessus figurées, dans le Mornasien du Var, ma coll., et à Gosau dans le Tyrol, d'après la Monographie de Zekeli; une autre espèce probable, dans les Grès d'Uchaux : *Voluta Gasparini* d'Orb., ma coll.

SENONIEN. — L'espèce-type dans les couches du Groupe « Fox Hills » (Missouri), d'après Meek. Une espèce voisine de *M. cancellata*, probablement distincte, dans le Santonien supérieur des Corbières, coll. de Grossouvre. Une espèce dans le « Groupe d'Arrialoor » de l'Inde méridionale : *Turricula arrialoorensis* Stoliczka, d'après la Monographie de cet auteur.

PALEOCENE. — L'espèce plésiotype ci-dessus figurée, dans le « Midway stage » du Texas, ma coll.

★

CONOMITRA, Conrad, 1865.

CONOMITRA, *sensu stricto*. Type : *M. fusoides*, Lea. Eoc.

Taille petite ; forme ovale ou biconique, également atténuée aux deux bouts ; spire assez courte, à galbe subconoïdal ; protoconche lisse, petite, subglobuleuse, composée d'un tour et demi, à nucléus obtus ou à peine papilleux ; tours lisses ou plissés, parfois décussés par des sillons spiraux, dont un seul persiste souvent au-dessus de la suture, qui est profonde et marginée ; dernier tour généralement supérieur aux deux tiers de la longueur totale, ovoïde, un peu ventru, régulièrement atténué à la base, sur laquelle se prolonge parfois l'ornementation de la spire, ou bien sur laquelle reparaissent des sillons spiraux, quand le dernier tour est lisse ; cou à peu près nul, pas de bourrelet basal.

Ouverture étroite, à bords presque parallèles, peu dilaté au milieu, avec une étroite gouttière dans l'angle inférieur, rétrécie sans contraction en avant, dépourvue de canal, tronquée sans échancrure, à son extrémité antérieure ; labre peu épais, crénelé à l'intérieur, presque vertical ; columelle peu incurvée, munie de quatre plis croissant régulièrement et peu obliques, terminée en pointe droite près de la troncature basale ; bord columellaire mince, bien distinct.

Diagnose refaite d'après des échantillons de l'espèce-type, provenant de Claiborne dans l'Alabama (Pl. VIII, fig. 1), ma coll. ; et d'après un plésiotype du Bartonien du Ruel, dans les environs de Paris : *M. Vincenti* Cossm. (Pl. VIII, fig. 2), ma coll. Protoconche de *M. fusellina* Lamk., grossie (**Fig. 30** ci-contre).

FIG. 30. — *Conomitra fusoides*, Lea.

Rapp. et diff. — Ce genre s'écarte complètement de *Turricula ;* quoique Fischer en fasse seulement un Sous-Genre de ce dernier, je suis d'avis de le classer dans une Sous-Famille bien distincte, à cause de l'absence de canal et d'échancrure basale, à l'extrémité antérieure de son ouverture. La protoconche est, il est vrai, plus voisine de celle des *Plesiomitrinæ* que de celle des *Orthomitrinæ;* mais on a pu remarquer déjà ci-dessus que l'embryon varie beaucoup dans les Genres et même dans les Sous-Genres d'une même Sous-Famille de *Mitridæ*. Je ne puis d'ailleurs reprendre, pour l'appliquer à cette troisième Sous-Famille, le nom *Diptychomitrinæ*, qu'a proposé Bellardi pour deux des Genres que j'y classe (*Diptychomitra* et *Clinomitra*, qui n'ont que deux plis columellaires), attendu qu'elle comprend d'autres formes à quatre plis, telles que *Conomitra*, par exemple; j'ai donc adopté le nom *Semimitrinæ*, qui indique que les coquilles à y classer ne sont que la moitié des Mitres des deux autres groupes, parce qu'il leur manque un des deux caractères essentiels.

Répart. stratigr.

PALEOCENE. — Une espèce certaine dans les « sables de Bracheux » aux environs de Paris : *M. prisca* Desh., d'après mon Catal. illustré de l'Eocène des environs de Paris.

EOCENE. — Plusieurs espèces aux trois niveaux du Bassin de Paris : *M. hordeola* Desh., *M. fusellina*, *graniformis* et *marginata* Lamk., *M. inaspecta* Desh., *M. Vincenti* Cossm., ma coll.; dans le Bassin de Nantes et dans le Cotentin : *M. fusellina* Lamk., *M. conuliformis* Cailliaud, *M. tenuiplicata* Vass., *M. namnetica* et *hypermeces* Cossm., ma coll. Une espèce dans le Nummulitique des environs de Pau : *M. Delbosi* A. Rouault, d'après la figure publiée par cet auteur. Dans le Bartonien d'Angleterre : *M. parva* Sow., ma coll. ; deux autres espèces dans le Bassin anglais : *M. porrecta* et *obesa* F. Edwards, d'après la Monographie de cet auteur. Quatre espèces dans l'Australie du Sud : *M. othone* T. Woods, *M. Dennanti*, *ligata* et *conoidalis* Tate, ma coll. L'espèce-type dans le Claibornien des Etats-Unis, ma coll.

OLIGOCENE. — Une espèce dans le Tongrien de Belgique : *M. suturalis* Bosq., ma coll. ; une espèce dans le Stampien d'Etampes et de

Mayence : *M. perminuta* Braun, ma coll. ; une espèce à Gaas, dans les Landes, ma coll. Une autre espèce dans le Brunswick : *M. Söllingensis* Speyer, d'après la figure publiée par cet auteur.

Miocène. — Une espèce un peu aberrante, dans l'Helvétien de Touraine : *M. olivæformis* Duj., ma coll.

MITROLUMNA, Bucq. Dautz. Dollf. 1882.

Mitrolumna, *sensu stricto*. Type : *M. olivoidea*, Cantr. Viv.
(= *Clinomitra* et *Diptychomitra*, Bell. 1888)

Taille petite ; forme ovoïde, souvent un peu ventrue ; spire courte, subulée, à galbe subconoïdal ; protoconche lisse, petite, subglobuleuse, à nucléus obtus ; tours peu convexes, séparés par des sutures linéaires, généralement treillissés ; dernier tour supérieur aux deux tiers de la longueur totale, régulièrement atténué à la base, qui porte des sillons obliques ; pas de cou ni de bourrelet dorsal. Ouverture très étroite, à bords presque parallèles, avec une petite gouttière dans l'angle inférieur, à peine rétrécie en avant, tronquée à l'extrémité antérieure, sans canal ni échancrure ; labre épaissi par une varice externe, crénelé à l'intérieur vis-à-vis de cette varice, vertical et rectiligne, sans aucune sinuosité vers la suture ; columelle droite, munie au milieu de deux plis, dont l'inférieur est le plus épais et le plus saillant ; bord columellaire mince, se terminant en pointe un peu en deçà de la troncature basale.

Diagnose complétée d'après des échantillons de l'espèce-type, provenant du Pleistocène de Palerme (Pl. VIII, fig. 1), ma coll. ; autre plésiotype provenant du Miocène de Colli Torinesi : *Clinomitra Rovasendæ* Bell. (Pl. VIII, fig. 24), coll. du Musée de Turin, communiqué par M. Sacco.

Observ. — Je n'hésite pas à réunir avec ce Genre, comme synonymes, les deux Genres *Clinomitra* et *Diptychomitra*, que Bellardi a respectivement proposés pour *C. Rovasendæ* Bell., et pour *D. eximia* Bell. : tout d'abord, l'auteur avoue lui-même qu'il n'y a d'autres différences, entre ses deux Genres, que la forme pupoïdale et la surface partiellement lisse de la première de ces espèces, tandis que les coquilles qu'il désigne sous le nom *Diptychomitra* sont plutôt biconiques et treillissées ; or c'est un critérium manifestement insuffisant pour servir de base à une distinction générique, d'autant plus que tous les échantillons-types qu'il a figurés sont incomplets, probablement roulés. D'autre part, en comparant minutieusement l'une de ses espèces de *Clinomitra*, j'ai constaté l'identité générique la plus complète avec *Mitra olivoidea* Cantraine, type du Genre *Mitrolumna*, institué dans le premier volume des « Mollusques du Roussillon », en 1882, c'est-à-dire six ans avant la création des deux Genres de Bellardi ; cette constatation entraîne la disparition complète de ses deux dénominations, de même que le classement de *Mitrolumna* dans la même Sous-Famille que *Conomitra*, a pour conséquence, comme je l'ai déjà fait remarquer ci-dessus, la disparition des *Diptychomitrinæ* qui ne sont qu'un cas particulier des *Semimitrinæ*.

Rapp. et diff. — *Mitrolumna* se distingue de *Conomitra* : par ses deux plis médians, au lieu de quatre plis antérieurs ; par ses crénelures labiales plus grosses, par son galbe plus olivoïde, moins biconique. MM. Bucquoy, Dautzenberg et Dollfus indiquent l'existence de trois plis columellaires ; mais, sur aucun échantillon récent, ni fossile, je n'ai pu constater l'existence de ce troisième pli, ni même celle d'une torsion antérieure de la columelle ; il y a là une petite inexactitude qu'il convenait de rectifier, d'autant mieux qu'elle a pu être cause des doubles emplois de Bellardi ; chez *Clinomitra Rovasendæ*, ces deux plis sont même extrêmement épais et taillés carrément, celui du bas est presque deux fois aussi large que l'intervalle qui le sépare du premier.

Répart. stratigr.

Miocene. — Huit espèces ou variétés, dans l'Helvétien du Piémont : *Clinomitra Rovasendæ* Bell., ci-dessus figuré ; *Diptychomitra eximia*, *filifera*, *canaliculata*, *sublævis*, *subovalis* et *clathrata* Bell., d'après la Monographie de Bellardi ; *Diptychomitra Michaudi* Bell., coll. du Musée de Turin, communiqué par M. Sacco.

Pleistocene. — L'espèce-type ci-dessus figurée, dans les terrains modernes de la Sicile.

Époque actuelle. — L'espèce-type, avec plusieurs variétés, dans la Méditerranée, d'après MM. Bucquoy, Dautzenberg et Dollfus.

★

THALA, H. et A. Adams, 1853.

THALA, *sensu stricto*. Type: *M. mirifica*, Reeve. Viv.
(= *Micromitra*, Bell. 1888)

Taille petite ; forme étroite, pupoïdale ou subcylindrique ; spire plus ou moins allongée, à galbe conoïdal ou subconique ; protoconche lisse, petite, très obtuse ; tours un peu convexes, subulés, séparés par des sutures peu profondes, treillissés par des plis axiaux très serrés et par des filets spiraux moins saillants que les plis, et surtout visibles dans leurs interstices ; dernier tour grand, orné comme la spire, ovale et peu ventru, contracté à la base, sur laquelle les filets deviennent plus gros et les côtes cessent, jusqu'au cou qui est largement gonflé, mais dépourvu d'un véritable bourrelet basal.

Ouverture très étroite, avec une gouttière un peu échancrée dans l'angle inférieur, un peu contractée en avant, terminée par un canal très court, tronqué à son extrémité, sans échancrure distincte ; labre épaissi en dehors par une varice obsolète, muni de petites crénelures internes, à peu près vertical, ou à peine sinueux vers l'échancrure de la gouttière suturale; columelle droite, munie de quatre plis situés assez bas et très inégaux, les deux antérieurs petits, les deux postérieurs plus saillants et plus transverses ; bord columellaire mince, limité vers la base par une petite rainure ou dépression peu profonde.

Diagnose refaite d'après un plésiotype des Faluns de Pontlevoy : *M. pupa* Duj. (Pl. VIII, fig. 5) ; et de l'Aquitanien de Mérignac (Pl. VIII, fig. 6); tous deux de ma coll.

Observ. — Je suis encore ici contraint de supprimer un Genre de Bellardi : *Micromitra*, que je considère comme absolument identique à *Thala*. Il est surprenant que cet auteur, qui connaissait à fond les formes vivantes, n'ait pas été frappé de la similitude que présentent, avec *Thala*, les fossiles qu'il a séparés, avec raison, des autres groupes de *Mitridæ*. La plupart des auteurs, notamment Fischer et Tryon, tout en classant ce Genre dans la Famille *Mitridæ*, ont fait remarquer l'affinité de la coquille avec certaines formes de *Pleurotomidæ*, particulièrement avec *Clathurella* et *Mangilia* ; toutefois il n'y a pas, chez *Thala*, de véritable sinus, et, en outre, sa protoconche est bien différente. En présence de ces caractères hybrides, je propose une nouvelle Sous-Famille : *Pseudomitrinæ*, qui comprendra ce Genre, et les Genres voisins, dont la forme s'écarte complètement de celle des autres *Mitridæ*.

Répart. stratigr.

Eocène. — Une espèce probable, dans l'Australie : *M. escharoides* Tate, d'après la figure publiée par cet auteur.

Miocène. — Outre le plésiotype ci-dessus figuré, sept espèces ou variétés dans l'Helvétien et le Tortonien du Piémont : *M. taurinia*, *propinqua*, *granosa*, *abbreviata*, *seminuda*, *intermedia* et *pusilla* Bell., d'après la Monographie de Bellardi. Plusieurs espèces dans le Bassin de Vienne : *M. lapugyensis*, *Neugeboreni*, *Sturi* R. Hœrn., d'après la Monographie de MM. Hœrnes et Auinger.

Pliocène. — Deux espèces dans le Plaisancien de la Ligurie : *M. obsoleta* Br., *M. mangiliæformis* Bellardi, d'après la Monographie de cet auteur; la première de ces deux espèces, dans le Bassin du Rhône, d'après Fontannes.

Epoque actuelle. — Plusieurs espèces ou variétés dans la Polynésie, l'Australasie, l'Océan Indien, et une seule à Panama, d'après le Manuel de Tryon.

Perplicaria, Dall, 1890. Type : *P. perplexa*, Dall. Plioc.

Taille petite ; forme étroite, pupoïdale ; spire un peu allongée ; protoconche lisse, petite, paucispirée, à nucléus involvé ; tours peu nombreux, élevés, croissant rapidement, convexes, à sutures profondes, cancellés par des carènes spirales et par des plis axiaux, qui forment des crénelures à leur intersection ; dernier tour égal aux trois quarts de la longueur totale, ovoïdo-cylindrique, orné comme la spire, à peine atténué à la base, qui ne porte aucune trace de bourrelet sur le cou. Ouverture semilunaire, dilatée au milieu, non contractée en avant, avec une gouttière dans l'angle inférieur, terminée du côté antérieur par une large troncature à peine sinueuse; labre presque rectiligne, épaissi à l'extérieur par une varice obsolète, plissé à l'intérieur; columelle peu excavée, munie de deux plis très obliques et rapprochés ; bord columellaire mince, assez large, surtout vis-à-vis des plis.

Diagnose reproduite d'après le texte et la figure copiée (**Fig. 31** ci-contre) de l'espèce-type, dans la Monographie de M. Dall (Tert. Flor., pp. 90 et 228. Pl. III, fig. 1, et Pl. XIII, fig. 4).

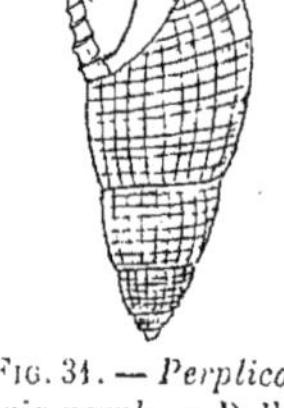
Fig. 31. — *Perplicaria perplexa*, Dall.

Rapp. et diff. — Lorsque M. Dall a créé ce Genre, il n'avait encore à sa disposition qu'un seul individu mutilé, qu'il comparait à un *Daphnella*, sans sinus et à columelle plissée ; et il l'a d'abord classé entre les *Volutidæ* et les *Fasciolariidæ*; toutefois il inclinait plutôt à le rapprocher de *Volutocorbis*, à cause de son ornementation, et de *Volutomorpha*, à cause de sa forme élancée ; le pli très oblique, que porte la columelle de cet individu mutilé, a en effet l'aspect du pli principal des *Loxoplocinæ*.

Mais, deux ans après, dans la seconde partie de sa Monographie, M. Dall ayant un exemplaire parfait de cette singulière coquille, l'a rapprochée de *Mutyca*, et surtout du *Dibaphus*, qu'elle rappelle complètement par son extrémité antérieure tronquée et à peine échancrée; l'ornementation cancellée a quelque analogie avec celle des *Thala*, quoique ces derniers ne soient cependant treillissés que dans les intervalles des plis axiaux. C'est donc bien dans la Sous-Famille *Pseudomitrinæ* qu'il y a lieu de classer *Perplicaria*, qui complète ainsi la série des variations de la plication columellaire, de 0 pli à 6 plis.

Répart. stratigr.

Pliocene. — L'espèce-type dans les couches de Caloosahatchie (Floride), d'après l'auteur.

CYLINDROMITRA, Fischer, 1884.

Plochelæa, Gabb., 1872. Type : *P. crassilabra*, Gabb. Tort.

« Coquille olivoïde ; sutures presque obsolètes, comme chez « *Ancilla;* ouverture linéaire, obliquement tronquée à la base,

« comme chez *Dibaphus*; bord externe épaissi à l'intérieur, vers « le milieu; bord interne calleux, muni de plusieurs plis trans- « verses, dont le supérieur est le plus petit; columelle étroitement « recourbée à la base. »

Diagnose traduite d'après le « Manual of Conchology » de Tryon, et copie de la figure assez défectueuse, reproduite dans ce Manuel (**Fig. 32** ci-contre).

Fig. 32. — *Plochelæa crassilabra*, Gabb.

Observ. — Le type de ce Genre, insuffisamment caractérisé, est une coquille du Tertiaire supérieur des Antilles, dont la figure est probablement reproduite d'après un dessin peu exact, et dont je n'ai pu me procurer aucun échantillon, la coquille étant unique dans la collection de l'Académie des Sciences de Philadelphie. Tryon classe ce Genre dans la Famille *Olividæ;* mais le seul fait d'avoir une forme d'*Oliva* et une spire d'*Ancilla* ne me paraît pas suffisant pour justifier ce classement. Quoique les plis columellaires aient été tracés, sur la copie de la figure originale, par un dessinateur inhabile ou peu familiarisé avec la Conchyliologie, l'indication contenue dans la diagnose me suggère l'idée que cette plication a plutôt de l'analogie avec celle des *Mitridæ*, et comme la coquille a presque la forme de *Cylindromitra*, avec une troncature basale peu ou point échancrée, je suis persuadé que *Plochelæa* est mieux à sa place, comme Sous-Genre de *Cylindromitra*, que dans la Famille *Olividæ*. En résumé, ce ne sont là que des hypothèses, et il faut évidemment attendre que des renseignements plus précis ou de nouveaux matériaux nous permettent de confirmer le classement proposé pour ce Genre, ou bien d'affirmer que ce n'est (comme je le crains) qu'un échantillon fruste d'un Genre déjà connu.

Répart. stratigr.

Miocene. — L'espèce-type dans le Tertiaire de Saint-Domingue, d'après Gabb.

VOLVARIA, Lamarck, 1801.
(= *Volvarius* Montf. 1810)

Volvaria, *sensu stricto*. Type: *V. bulloides*, Lamk. Eoc.

Taille au-dessous de la moyenne; forme cylindracée; spire cachée et involvée; protoconche tantôt involvée dans l'ombilic apical, tantôt visible dans cet ombilic, et alors lisse, composée d'un bouton saillant et globuleux, à nucléus petit et un peu obtus; dernier tour enveloppant toute la spire, presque cylindrique, arrondi au sommet autour de l'ombilic apical, un peu atténué en avant, orné de sillons spiraux, finement ponctués par les accroissements ; base à peine distincte du cou, qui est légèrement gonflé, plutôt que muni d'un véritable bourrelet.

Ouverture très étroite, presque linéaire en arrière, un peu élargie à son extrémité antérieure, où elle est largement tronquée et faiblement échancrée en demi-cercle ; labre assez mince, lisse à l'intérieur, lacinié à son contour, arrondi en demi-cercle en avant, vertical au milieu, non sinueux en arrière, formant, à son extrémité inférieure, une gouttière prolongée en bec aigu, et masquant parfois partiellement l'ombilic apical ; columelle courte, munie de quatre plis minces, obliques et croissants, non tordue à la base ; bord columellaire indistinct, sauf à l'extrémité tout à fait inférieure de la région pariétale, où il s'épaissit un peu pour former, avec le labre, la gouttière ci-dessus mentionnée.

Diagnose faite d'après un échantillon de l'espèce-type, du Calcaire grossier de Grignon (Pl. VIII, fig. 22), ma coll. ; et d'après une espèce voisine, à nucléus mucroné, des Sables moyens de Marines : *V. acutiuscula* Sow. (Pl. VIII, fig. 23), ma coll.

Observ. — J'ai précédemment indiqué (Essais Pal. comp., I, p. 44) pour quels motifs il me paraît inadmissible de classer *Volvaria* dans les Opisthobranches, auprès d'*Actæon*, dont il se rapproche peut-être par ses sillons ponctués et par sa forme de *Bullidæ* ; mais, outre que son embryon homœostrophe ressemble à celui des *Volutidæ*, ses plis columellaires n'ont aucun rapport avec ceux des *Actæonidæ* ou des *Bullidæ*, et ils ont, au contraire, beaucoup d'analogie avec ceux des *Mitridæ*. Comme la forme et l'ornementation de la coquille de *Volvaria* ressemblent à celles de *Cylindromitra*, et que la protoconche peut se comparer à celle d'*Imbricaria*, comme enfin le labre est vertical et lacinié, ainsi que cela a lieu chez ces deux Genres, je crois en définitive que l'opinion de Gray est la mieux fondée, et qu'il y a lieu, par conséquent, de placer *Volvaria* dans la Sous-Famille *Cylindromitrinæ*.

Rapp. et diff. — *Volvaria* se distingue de *Cylindromitra* et d'*Imbri-*

caria : non seulement par sa forme plus cylindrique, mais encore par ses plis columellaires moins nombreux, non imbriqués, par son échancrure basale moins entaillée, et par conséquent, par l'absence presque complète de bourrelet sur le cou.

Répart. stratigr.

Eocene. — Les deux espèces-type et plésiotype ci-dessus figurées, dans le Bassin anglo-parisien, ma coll. ; l'espèce-type dans le Bruxellien la Belgique, d'après Nyst. Une espèce dans le Claibornien de l'Alabama : *V. alabamiensis*, Cossm., ma coll.

Miocene. — Une espèce du même groupe que *V. acutiuscula*, dans l'Inde (Upper Burma) : *V. birmanica* Nœtling, d'après la figure donnée par cet auteur.

Volvariella, Fischer, 1883. Type : *V. Lamarcki*, Desh. Eoc.

Taille petite ; forme cylindracée ; spire très courte, à galbe extraconique ; protoconche lisse, globuleuse, à nucléus planorbulaire, déprimé ; tours à peine convexes, séparés par des sutures subcanaliculées, sillonnés ; dernier tour formant presque toute la coquille, à peu près cylindrique sur presque toute sa hauteur, un peu ovalisé en arrière, atténué et légèrement convexe en avant, orné de stries spirales subonduleuses, rapprochées, très finement ponctuées par les accroissements ; base un peu obliquement déclive, absolument dépourvue de cou et de bourrelet ou de gonflement dorsal. Ouverture très étroite en arrière, graduellement dilatée en avant, dépourvue de gouttière postérieure, largement tronquée à son extrémité antérieure, sans aucune trace d'échancrure ; labre mince, curviligne, lisse à l'intérieur ; columelle légèrement excavée, portant deux plis très obliques, écartés, à peu près égaux, l'antérieur confondu avec la torsion de la columelle, et se raccordant avec le contour de la troncature basale ; bord columellaire indistinct.

Diagnose faite d'après un rare échantillon de l'espèce-type, du Suessonien d'Hérouval (Pl. VIII, fig. 27), coll. Pezant; cet échantillon a malheureusement été brisé au moment de la reproduction photographique.

Rapp. et diff. — C'est avec raison que Fischer a séparé ce Sous-Genre de *Volvaria*, non seulement à cause du caractère qu'il indique brièvement, dans son Manuel : spire saillante ; mais encore à cause de la plication columellaire qui est tout à fait différente ; en outre, le nucléus embryonnaire est plus déprimé, l'échancrure basale a totalement disparu ; enfin le labre est plus arqué, et il aboutit obliquement à la suture, au lieu qu'il est perpendiculaire chez *Volvaria*. L'individu de ma collection provenant de Liancourt, d'après lequel j'ai refait et complété cette diagnose, n'était pas complètement adulte ; et il a été brisé de même que celui d'Hérouval, que m'a communiqué M. Pezant; il est possible qu'en vieillissant le labre devienne lacinié sur son contour, comme celui des autres *Cylindromitrinæ*.

Répart. stratigr.

Eocene. — Outre le type ci-dessus figuré, une autre espèce (ou variété ?) dans le Suessonien des environs de Paris : *V. Dienvali* de Raincourt, d'après la figure donnée par cet auteur. Une espèce aux Etats-Unis : *V. alabamiensis* [1] Aldrich (A ne pas confondre avec mon *V. alabamiensis*), d'après la figure publiée par l'auteur.

[1] M. Aldrich ayant publié son espèce sous le nom *Volvaria*, bien que ce soit, en réalité, un *Volvariella*, il n'est pas possible de lui conserver cette dénomination, postérieure à la mienne. Je propose, en conséquence : **V. Aldrichi**, *nobis*, pour l'espèce de *Volvariella* décrite par notre confrère.

ANNEXE

1° NOTES COMPLÉMENTAIRES RELATIVES AUX DEUX PREMIÈRES LIVRAISONS

Première livraison.

OPISTHOBRANCHIATA.

PSEUDAVENA, Sacco, 1896. Type : *P. tauroglandula* Sacc. Mioc.

Sous-Genre séparé de *Tornatina*, à cause de sa forme utriculoïde, de sa spire complètement involvée par le dernier tour; la surface est ornée de fines stries spirales et de plis axiaux au sommet; la columelle, régulièrement arquée, est simple, légèrement tordue en avant. Les figures, que M. Sacco a données des trois espèces qu'il classe dans ce nouveau Sous-Genre, sont trop indistinctes pour que je puisse les reproduire; les échantillons, insuffisamment éclairés, sont mal venus en photographie; ce n'est donc que d'après le texte très écourté qu'on peut se faire une opinion sur cette nouvelle subdivision, qui comprendrait, dans les mers actuelles, deux espèces des fonds fangeux : *Utriculus spatha* et *oliviformis* Watson.

MNESTOCYLICHNELLA, Oppenheim, 1896.
Type : *Bulla magnifica*, Oppenh. Eoc.

Forme olivoïde, intermédiaire entre *Mnestia* et *Cylichnella*, couronnée d'une carène apicale, comme le premier de ces Genres, à bord columellaire largement étalé, et muni de deux plis, comme chez *Cylichnella;* en outre, la surface porte des plis d'accroissement réguliers et serrés, croisés par de très fines stries spirales.

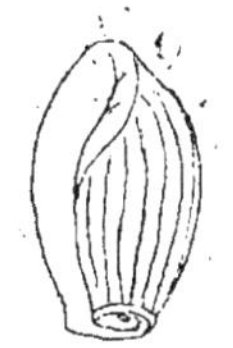

FIG. 33. — *Mnestocylichnella magnifica*, Opph.

(**Fig.** 33 ci-contre, copie de la figure publiée par l'auteur, Colli Berici, p. 79, Pl. II, fig. 5).

Cylichnella. — A ajouter :

Oligocene. — Une espèce dans les couches de Gaas : *Bulla marginata* Grat., d'après M. Benoist.

Ringiculella. — A ajouter :

Eocene. — Deux espèces probables aux États-Unis : *R. lisbonensis* et *claibornensis* Aldrich, d'après les figures publiées par cet auteur.

SPIRICELLA, Rang, 1828.

Coquille très aplatie, allongée, arquée; nucléus sénestre, placé en arrière et à gauche; à l'intérieur une petite cavité correspond à la spire; impression musculaire peu distincte. Type : *S. unguiculus*, Rang. Mioc.

Observ. — A la suite de cette diagnose que je reproduis textuellement, d'après le Manuel de Conchyliologie (p. 755), Fischer ajoute : le nucléus des *Spiricella* les rapproche des *Umbrella* Rang. Cependant il classe ce Genre dans les *Capulidæ*, à cause de ces relations très obscures. Or notre confrère M. Benoist, dans une lettre relative à quelques omissions de la 1re livraison des Essais, m'écrit le renseignement suivant que j'extrais textuellement : « ... Genre *Spiricella* Rang. (Actes Soc. linn. Bordeaux, « II, Pl. 5, p. 228), représenté dans les Faluns de Mérignac (Burdigalien), « par *S. unguiculus* Desm. et quelques fragments de cette espèce ont été « recueillis par moi au Moulin de l'Eglise, à Saucats. Le type doit se « trouver dans la collection de Rang. » Je n'ai pu, bien entendu, savoir ce qu'était devenue cette collection, afin de vérifier, par l'inspection de l'impression musculaire, si *Spiricella* doit être réellement rapproché d'*Umbrella*; mais il est certain que l'embryon hétérostrophe, désigné par Rang comme le principal caractère de son nouveau Genre, plaide en faveur du classement qu'il proposait, plutôt que près des *Capulus*, qui n'ont pas de nucléus sénestre. C'est pourquoi je préfère ne pas attendre l'époque, peut-être lointaine, où j'aborderai l'étude des *Capulidæ*, pour combler la lacune probable de la 1re livraison de mes Essais, en indiquant, dès à présent, qu'il y a lieu d'ajouter, à la page 132, ce qui précède.

Umbrella. — A ajouter :

Miocene. — Une espèce dans le Burdigalien de l'Aquitaine : *U. girondica* Benoist *in litt.*, coll. du Musée de Bordeaux.

Carinaria. — A ajouter :

Miocene. — Une espèce dans le Tertiaire des Antilles : *C. caperata* Guppy, d'après M. Dall.

Deuxième livraison.

ENTOMOTÆNIATA.

La publication toute récente, dans les « Mémoires de Paléontologie de la Société géologique de France », d'un second Mémoire, relatif aux *Entomotæniata*, a nécessité, de ma part, l'examen d'un grand nombre de Nérinées jurassiques de la France ; de l'étude de ces matériaux, dont je n'avais qu'un petit nombre à ma disposition, quand j'ai écrit la seconde livraison de mes « Essais », il résulte quelques rectifications ou additions, pour le détail desquelles le lecteur pourra se reporter au Mémoire précité, mais qu'il importe de signaler dans cette troisième livraison, afin de tenir notre publication à jour.

SEQUANIA. — A ajouter :

RAURACIEN. — Une espèce dans l'Oolite corallienne de la Meuse : *Cerith. moreanum* Buv., d'après la figure de l'Atlas de Buvignier ; une autre espèce nouvelle, dans l'Oolite blanche de l'Indre : *S. nodifera* Cossm., ma coll.

FIBULA. — Il y a lieu de placer dans ce Sous-Genre : *Cerith. Pellati* de Lor. que j'avais d'abord placé dans le Genre *Pseudonerinea*.

PHANEROPTYXIS. — A ajouter :

BATHONIEN. — Une espèce nouvelle dans le Portugal : *P. Choffati*, coll. de la Comm. des Travaux géologiques.

NERINELLA. — A ajouter :

TOARCIEN. — Une espèce dans le Lias supérieur de Vicinaberg (Autriche) : *N. atava* Schmid, d'après la figure publiée par cet auteur.

ENDIATRACHELUS, Cossmann, 1898.

Type : *Nerinea Erato*, d'Orb. Portl.

Section nouvelle, qui se distingue de *Nerinella s. s.* : non seulement par sa base ovale et sans cou, mais encore par ses tours non évidés, sans arêtes saillantes aux sutures, qui sont bordées par une rampe ou par une rainure très oblique. L'ouverture ressemble à celle de *Pseudonerinea*, avec un bec échancré ou sinueux à la base ; le labre porte, à l'intérieur, un large ruban spiral, plus ou moins saillant ; quant à la columelle, qui est très excavée, elle est munie, tout à fait en avant, d'un bourrelet pliciforme qui borde l'échancrure basale ; enfin un pli pariétal aigu existe en arrière. Cette Section est, par rapport à *Nerinella*, ce qu'est *Melanioptyxis* par rapport à *Nerinea* ; mais elle s'écarte de *Melanioptyxis* par son bourrelet et par l'absence de cou, ainsi que par son large ruban labial.

Répart. stratigr.

RAURACIEN. — Une espèce dans l'Oolite corallienne de la Meuse et de l'Yonne : *N. subcylindrica* d'Orb., coll. Cotteau.

SEQUANIEN. — La même espèce dans la Haute-Marne et le Boulonnais, d'après M. de Loriol.

KIMMERIDGIEN. — Deux espèces bien distinctes : *N. monsbeliardensis* Cont., dans le Doubs, d'après Contejean ; *E. Pellati* Cossm., dans le Jura, coll. Pellat.

PORTLANDIEN. — L'espèce-type dans la Franche-Comté, coll. Pellat.

APTYXIELLA. — A la suite d'une nouvelle vérification, la plupart des *Aptyxiella* cités dans notre seconde livraison appartiennent à d'autres Genres ; d'autre part, il y a des espèces que j'ai dû classer dans ce Genre, et dont je n'avais pas fait mention. En résumé, la répartition stratigraphique est à rectifier de la manière suivante :

RAURACIEN. — Une espèce dans l'Yonne : *A. cottaldina* d'Orb., coll. Cotteau.

SEQUANIEN. — Trois espèces dans la Charente-Inférieure : *A. sexcostata*, *rupellensis* et *inornata* d'Orb. ; coll. Beltrémieux ; l'une d'elles (*sub. nom. exarata* Cont.), dans le Doubs, coll. de la Soc. d'Emul. de Montbéliard.

KIMMERIDGIEN. — L'une des trois espèces séquaniennes, dans le Hanovre : *A. rupellensis* d'Orb., ma coll.

PORTLANDIEN. — Trois espèces, dont l'une est douteuse, soit dans l'Yonne : *Nerinea vallonia* de Lor. ; soit dans le Boulonnais : *Turr. Sæmanni* de Lor. et *Cerith. pseudoexcavatum* de Lor., coll. Pellat.

NEOCOMIEN. — (Comme précédemment.)

APHANOTÆNIA, Cossmann, 1898.

Type : *Nerinea strigillata*, Credn. Séq.

Coquille térébriforme, aciculée, à galbe conique ; tours subulés ou un peu étagés, ornés de plis obliques, non rétrocurrents vers la suture. Ouverture étroite, échancrée à la base ; columelle excavée, avec un pli tordu qui limite le bec antérieur près de l'échancrure ; labre oblique, incliné à gauche de l'axe, du côté antérieur, avec un pli interne.

Observ. — Cette coquille n'est ni un *Nerinea*, ni un *Nerinella ;* il me paraît même douteux qu'on puisse continuer à la laisser dans le Sous-Ordre *Entomotæniata*, car je n'ai pu distinguer aucune trace d'un sinus dans la direction des stries d'accroissement, qui ont une obliquité en sens inverse de la direction des stries des *Nerineidæ*. En outre, je n'ai constaté l'existence d'un pli pariétal sur aucun des échantillons examinés ; le bec basal de l'ouverture a plus d'analogie avec l'échancrure de *Pseudonerinea* et surtout d'*Endiatrachelus*, qu'avec le pseudo-canal de *Nerinella*. Enfin le caractère tout spécial de l'ornementation est déjà un indice différentiel d'une grande importance. Cependant, comme je n'ai pu étudier l'ouverture bien entière, ni vérifier qu'il n'y a absolument aucune entaille, même linéaire, à la partie postérieure du labre, je ne puis encore affirmer définitivement que ce Genre doit être éliminé des *Entomotæniata*. D'autre part, la présence d'une lame spirale à l'intérieur du labre, ainsi que l'absence d'un véritable canal siphonal, ne permettent pas de rapprocher *A. strigillata* des *Cerithidæ* ; je le classe donc provisoirement à la suite de *Nerinella*, dont il se rapproche par son galbe général.

Répart. stratigr.

Sequanien. — L'espèce-type dans la Haute-Marne, coll. de Gézincourt ; dans le Boulonnais, coll. Pellat, Legay et Rigaux.

Kimmeridgien. — La même dans le Ptérocérien de l'Ain, coll. Pellat ; dans le Hanovre, d'après la figure publiée par M. Struckmann.

PROSOBRANCHIATA.

Erratum à corriger à la page 46 : **TOXOGLOSSA**, au lieu de *Tænioglossa*.

Pusionella. — Ajouter :

Eocene. — Une espèce probable dans le Texas : *Fusus Marmodei* Heilp., d'après la figure publiée par M. Aldrich (Bull. Americ. Pal. 1897, n° 8).

PLEUROTOMIDÆ

A ajouter au tableau (p. 60 et 61) deux omissions : Donovania et Sinistrella.

Hemipleurotoma. — Il y a lieu de faire remarquer que la dénomination *Coronia* de Greg., que je considère comme synonyme, n'aurait pu, en tous cas, être conservée, attendu qu'elle fait double emploi avec un Genre bien antérieur d'Ehrenberg.

Ficulopsis, Stoliczka, 1867.

Type : *Pyrula pondicherriensis*, Forbes. Crét.

Taille grande; forme piroïde, étroite, allongée; spire très courte, presque nulle, mucronée au sommet; dernier tour formant presque toute la coquille, ovale-arrondi en arrière, atténué et à peine excavé à la base, entièrement treillissé par des carènes spirales et par des plis axiaux, moins saillants que les carènes, mais formant avec elles des mailles à peu près carrées. Ouverture un peu dilatée, subanguleuse du côté postérieur, peu rétrécie à son extrémité antérieure, où elle se termine par une troncature à peine échancrée; labre mince, presque droit, muni d'un sinus sutural, dont l'entaille forme, par ses accroissements, de petites écailles curvilignes le long de la suture; columelle calleuse, épaisse, munie de cinq plis décroissants, l'antérieur oblique et mince; bord columellaire étroit, épais, bien limité à l'extérieur.

Diagnose traduite d'après le texte, et complétée d'après la figure de l'ouvrage de Stoliczka (Cret. Gastr. South India, p. 84, pl. VI, fig. 10-11). Reproduction réduite de cette figure (**Fig. 34** ci-contre).

Rapp. et diff. — Ainsi que Stoliczka l'a fait observer, ce Genre, représenté par une seule espèce peu rare et munie de son test, a une intime analogie avec *Pirula* (= *Ficula*), même par son ornementation, dans laquelle prédominent les carènes spirales ; mais il s'en distingue essentiellement par sa columelle calleuse et plissée, tandis que celle des Pirules est mince et dénuée de plis. En outre, il ne se termine pas en avant par un véritable canal; sa base est moins excavée, et enfin il paraît posséder, contre la suture, l'entaille caractéristique des *Pholidotominæ* ; Stoliczka fait mention de ce sinus dans le texte de la diagnose de l'espèce-type, et la figure, qui donne la vue, en plan, du sommet de la spire, reproduit les accroissements de ce sinus, avec le même aspect écailleux que sur la figure de *Gosavia* : il me paraît donc évident que ces deux formes appartiennent à la même Sous-Famille.

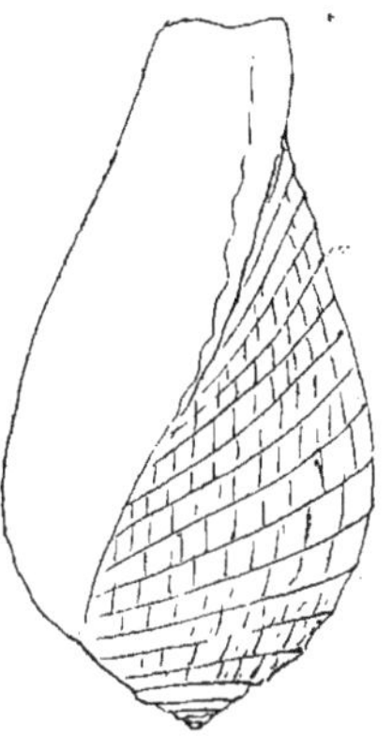

Fig. 34. — *Ficulopsis pondicherriensis*, Forbes.

Quant au classement des *Pholidotominæ*, ainsi que je l'ai indiqué dans les observations relatives à la Famille *Volutidæ*, il ne paraît pas encore définitif; l'addition de ce nouveau genre *Ficulopsis* contribue à donner aux *Pholidotominæ* une composition tout à fait hétérogène, en ce qui concerne la forme extérieure, qui est successivement : fusoïde, buccinoïde, volutoïde, conique, ou ficuloïde; si l'on éliminait le caractère commun de l'entaille suturale, que je considère comme ayant une importance capitale, surtout à cause de ses accroissements écailleux, on serait obligé, en tenant compte soit de la forme de la coquille, soit de ses plis columellaires, de répartir les cinq Genres de cette Sous-Famille dans des groupes absolument distincts. Je crois que cette conclusion serait contraire aux véritables affinités de ces formes crétaciques; il est d'ailleurs probable que, lorsqu'on connaîtra mieux les protoconches de ces cinq Genres, on constatera qu'elles présentent la même homogénéité que pour le sinus sutural, avec une forme petite et trochoïde, analogue à celle de *Volutilithes*.

Répart. stratigr.

Turonien. — L'espèce-type dans les « Groupes de Valudayur et de Trichinopoly », de l'Inde méridionale, d'après Stoliczka.

BORSONIA Bellardi.

Euchilodon, Heilprin (*em.*), 1880.

Type : *E. crenocarinatus*, Heilp. Eoc.

Taille moyenne ; forme fusoïde, étroite, turriculée ; spire probablement longue, un peu étagée ; tours anguleux, munis d'une rampe excavée au-dessus de la suture, ornés de carènes spirales, dont deux sont finement crénelées, celle sur l'angle et celle qui borde la suture; dernier tour grand, orné comme la spire, excavé à la base, sur laquelle s'enroulent obliquement des cordonnets un peu plus serrés que les carènes des tours de spire. Ouverture étroite, un peu trigone et squalène en arrière, terminée en avant par un canal long et droit, sans échancrure à son extrémité antérieure; labre épaissi, muni de crénelures oblongues à l'intérieur, vraisemblablement sinueux sur l'angle du dernier tour; columelle à peu près rectiligne, faisant un angle extrêmement ouvert avec la base de l'avant-dernier tour, munie en arrière de sept ou huit plissements à peu près égaux: bord columellaire mince, étroit, terminé en pointe effilée le long du canal.

Diagnose faite d'après la figure de l'espèce-type, publiée par M. Aldrich dans le Bull. of. Amer. Pal. n° 8, pl. IV, fig. 1. Reproduction de cette figure (**Fig. 35** ci-contre).

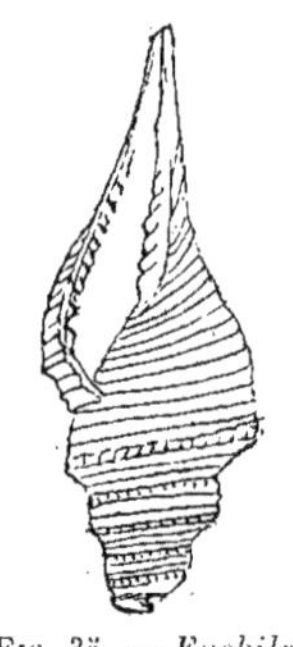
Fig. 35. — *Euchilodon crenocarinatus*, Heilp.

Observ. — Je n'ai pas eu connaissance de ce Genre, quand j'ai publié la seconde livraison de mes « Essais », n'ayant reçu qu'un an plus tard le fascicule du Bulletin dans lequel M. Aldrich a repris et fait figurer un certain nombre d'espèces éocéniques, décrites en 1880 par Heilprin, dans les « Proc. of the nat. Mus. ». D'après cette figure, la coquille, qui a servi de type au Genre *Euchilodon* (non *Eucheilodon*, le latin ne comportant pas de diphtongues), est un *Pleurotomidæ*, qui doit probablement être rapproché de *Rouaultia*, mais avec un plus grand nombre de plis à la columelle, et avec des crénelures à l'intérieur du labre.

Répart. stratigr.

Eocene. — L'espèce-type dans le gisement Jackson (Mississipi), d'après M. Aldrich.

Halia. — Voir, dans la présente livraison (p. 129), les observations relatives à ce Genre, que M. Dall a récemment proposé de classer dans la Famille *Volutidæ*.

BELA, Leach.

Teleochilus, Geo. Harris, 1897 (1).

Type : *Daphnella gracillima*, T. Woods. Eoc.

Taille assez grande ; forme étroite, élancée, fusoïde ; spire relativement courte, à galbe conoïdal ; protoconche lisse, paucispirée, déprimée en goutte de suif, à nucléus tout à fait obtus ; tours convexes, assez élevés, sillonnés, séparés par des sutures subcanaliculées ; dernier tour très grand, un peu ovoïde en arrière, avec une rainure spirale au-dessus de la suture, excavé à la base, et portant, ainsi que celle-ci, des sillons spiraux, qui s'enroulent obliquement sur le cou du canal. Ouverture longue, peu dilatée au milieu, à peine atténuée en avant, où elle se termine par une large troncature un peu échancrée sur son contour externe ; labre mince, presque vertical, non sinueux en arrière ; columelle peu excavée du côté postérieur, légèrement bombée au milieu, incurvée à droite du côté antérieur, se terminant en pointe à l'angle de la troncature basale ; bord columellaire lisse, mince, un peu étalé en arrière, étroit et plus calleux à son extrémité antérieure.

Diagnose refaite d'après des échantillons de l'espèce-type de Muddy Creek (Pl. VIII, fig. 4), ma coll.

Rapp. et diff. — J'ai classé (Essais, II, p. 93) cette coquille, non sans hésitation, dans la Section *Daphnobela*, quoiqu'elle s'écarte de *Bucc. junceum*, type de cette Section, par son labre non sinueux, par sa protoconche en calotte déprimée, sans nucléus saillant. M. Geo. Harris, dans l'étude qu'il a entreprise des fossiles australasiens du British Museum, a proposé pour elle un nouveau Genre, dont le classement lui paraît embarrassant, et qu'il rapproche à la fois de *Daphnella* dans la Famille *Pleurotomidæ*, et de *Dibaphus* dans la Famille *Mitridæ*. J'admets, à la rigueur, qu'on sépare *Teleochilus* de *Daphnobela*, mais simplement comme une Section nouvelle de *Bela*, dont le sinus est presque nul et dont l'embryon a quelque analogie avec celui de *D. gracillima ;* mais il n'y a aucun rapport entre cette coquille et *Dibaphus*, qui a une ornementation can-

(1) « The Australasian tert. Moll. » Brit. Mus., 1897, 407 p., 8 pl.

cellée, une ouverture bien différente, et une columelle incurvée vers l'axe à son extrémité antérieure. C'est donc bien dans les *Pleurotomidæ* qu'il y a lieu de classer *Teleochilus*, et c'est pourquoi je ne catalogue cette Section que dans l'annexe de la présente livraison.

Répart. stratigr.
Eocène. — L'espèce-type en Australie (Victoria).

Agathotoma Cossmann, *nom mut.* (Revue critique de Paléozool., 3e année, I, 1899). (= *Ditoma* Bell. 1875, *non* Ill. 1807, Col.

Je me borne à enregistrer cette correction de nomenclature, précédemment faite dans la « Revue critique », et qui avait échappé à mes investigations antérieures.

2° DESCRIPTION DES ESPÈCES INÉDITES,
CITÉES DANS CETTE LIVRAISON.

Sveltia colpodes, *nov. sp.* Pl. II, fig. 18-19.

Taille moyenne ; forme fusoïde, étroite, allongée ; spire à galbe conique ; protoconche globuleuse, turbinée, composée de trois tours lisses, à nucléus très petit, à peine saillant ; les autres tours convexes, séparés par des sutures linéaires, qui sont ondulées par huit costules axiales, obliques, formant une pyramide tordue, persistant jusqu'au dernier tour, crénelées par trois filets spiraux et obsolètes, presque totalement effacés dans les intervalles des côtes, avec un filet intercalaire encore plus fin. Dernier tour un peu supérieur à la longueur de la spire, ovoïde, atténué à la base, sur laquelle se prolonge régulièrement l'ornementation, et qui est imperforée, complètement dépourvue de bourrelet.

Ouverture très courte, en forme de palme, arrondie et dépourvue de gouttière à la partie inférieure, subanguleuse avec un bec court à son extrémité antérieure ; labre oblique, épaissi à l'intérieur, avec six crénelures obtuses et allongées ; columelle à peu près rectiligne, oblique, légèrement infléchie à droite près du bec, munie de deux plis un peu obliques, assez saillants et d'une torsion antérieure qui simule un troisième pli, au point où elle s'infléchit à droite ; bord columellaire assez large, très calleux, hermétiquement appliqué sur la base.

Dim. — Longueur : 14 mill.; diamètre : 6 mill.

Rapp. et diff. — Cette espèce ressemble beaucoup à *S. parvoturrita* Sacco, du Tortonien du Piémont ; mais elle est plus étroite, ses tours ne sont pas aussi anguleux que paraissent l'être, d'après la figure, ceux de la coquille italienne, qui n'est, d'ailleurs, elle-même qu'une variété de *S. taurinia*.

Loc. — Saubrigues (Landes) ; plusieurs individus donnés par M. Dumas (Pl. II, fig. 18-19), ma coll. — Miocène supérieur.

Brocchinia rissoiæformis, *nov. sp.* Pl. II, fig. 15.

Taille très petite ; forme de *Rissoia*, ovoïdo-conique ; spire assez courte, à galbe conoïdal ; protoconche lisse, paucispirée, subglobuleuse, à nucléus petit, un peu saillant ; quatre tours convexes, légèrement déprimés en arrière vers la suture qui est peu profonde, ornés d'environ dix filets spiraux, fins et serrés, très réguliers, et de quelques plis d'accroissement peu visibles, très obliques. Dernier tour égal aux sept onzièmes de la longueur totale, arrondi à la base, qui est imperforée, et qui atteint l'échancrure, sans l'intermédiaire d'aucun bourrelet, ni de cou. Ouverture semilunaire, munie d'une gouttière peu visible dans l'angle inférieur, terminée en avant par un bec extrêmement court, presque réduit à l'échancrure qu'il produit sur le contour supérieur, à droite de l'axe de la coquille ; labre un peu épais, très obliquement incliné à gauche de l'axe, du côté antérieur, muni à l'intérieur de costules parallèles ; columelle à peu près rectiligne en arrière, infléchie à droite vers le bec, munie de deux plis courts, épais, transverses, très rapprochés au milieu de sa hauteur ; bord columellaire étroit, assez calleux.

Dim. — Longueur : 5 1/2 mill. ; diamètre : 2 3/4 mill.

Rapp. et diff. — Cette petite coquille ressemble à *B. avara* Wood *sp.*, du Crag d'Angleterre ; mais elle est plus courte et plus finement ornée ;

par tous ses caractères, elle se rapporte exactement au Genre *Brocchinia* Jouss., quoiqu'elle s'écarte spécifiquement du type (*B. mitræformis*) par son bec moins canaliculé, et par son galbe plus court, rissoïforme.

Loc. — Gourbesville (Manche); unique (Pl. II., fig. 15), ma coll. — Pliocène.

Sveltella Dumasi, *nov. sp.* Pl. II, fig. 12.

Taille petite; forme étroite, fusoïde; spire longue, pointue, à galbe conique; protoconche lisse, paucispirée, globuleuse, à nucléus peu saillant; six tours convexes, subanguleux, dont la hauteur égale les trois cinquièmes de la largeur, séparés par des sutures profondes, non canaliculées; ornés de huit à dix filets spiraux, équidistants, médiocrement saillants, et de dix costules axiales, se succédant plus ou moins régulièrement d'un tour à l'autre, plus ou moins saillantes selon les individus. Dernier tour égal à la moitié de la longueur totale, ovale à la base, qui est perforée d'une fente étroite à la place de l'ombilic, et qui est munie d'un bourrelet très obtus, sur lequel se prolongent les filets et cessent les côtes. Ouverture courte, ovale, avec une gouttière obsolète dans l'angle inférieur, et avec un bec presque droit, à peine échancré à son extrémité antérieure; labre épaissi par la dernière côte, sinueux et antécurrent en arrière, lisse à l'intérieur; columelle à peu près verticale, munie de deux plis minces, obliques et peu saillants; bord columellaire calleux, élargi en arrière, rétréci en pointe du côté antérieur.

Dim. — Longueur : 7 1/2 mill. ; diamètre : 3 1/2 mill.

Rapp. et diff. — Beaucoup plus étroite que la plupart de ses congénères, d'une taille un peu moins petite, elle s'en distingue, en outre, par son ornementation et par l'obliquité de ses plis.

Loc. — Saubrigues (Landes); trois individus donnés par M. Dumas (Pl. II, fig. 12), ma coll. — Miocène supérieur.

Glabella oligoptycha, *nov. sp.* Pl. III, fig. 29-30.

Taille moyenne ; forme d'*Oliva* ; spire presque nulle, à bouton embryonnaire un peu pointu; trois ou quatre tours un peu convexes, séparés par des sutures déprimées, recouverts d'un enduit vernissé; dernier tour formant presque toute la hauteur de la coquille, peu ventru, ovale, ayant sa convexité maximum vers le tiers postérieur de sa hauteur, atténué à la base qui en forme le prolongement continu, sans aucune inflexion. Ouverture très allongée, étroitement canaliculée dans l'angle inférieur, un peu resserrée en arrière et au milieu, plus dilatée du côté antérieur, arrondie à son contour supérieur, qui est à peine sinueux lorsqu'on l'examine en plan; labre un peu oblique en avant, convexe vers le tiers inférieur, lisse à l'intérieur, bordé par un large bourrelet aplati, un peu réfléchi en dedans vers le tiers de sa hauteur; columelle un peu sinueuse en *S*, munie de quatre plis épais, les deux antérieurs ayant une tendance à se souder, les deux autres plus minces et plus écartés; bord columellaire peu calleux, presque nul en arrière, mieux limité en avant à partir des plis, se reliant au rebord externe du contour supérieur.

Dim. — Longueur : 15 1/2 mill.; diamètre : 8 mill.

Rapp. et diff. — Cette espèce se distingue de *G. prunum* par sa forme plus étroite, par sa base non sinueuse, par ses deux plis presque soudés; elle s'écarte de *G. marginata* par sa callosité moins étalée, par son bourrelet labial moins prolongé sur la spire; elle est moins ventrue que *G. curta*, et elle a la spire plus courte; elle est plus élancée que *G. gibbosa* Jouss., et elle a les plis plus inégaux.

Loc. — Karikal, plusieurs individus (Pl. III, fig. 29-30), coll. Bonnet; ma coll. — Couches récentes cénozoïques, attribuées au Pliocène.

Gibberula tectiformis, *nov. sp.* Pl. IV, fig. 18-19.

Taille assez petite; forme ovale et courte; spire sans aucune saillie, formant un toit aplati et calleux, circonscrit par une arête émoussée; protoconche rétuse, dans une minuscule excavation au centre de la callosité; dernier tour ovoïde, ventru, formant toute la coquille, obliquement atténué à la base, qui porte un limbe assez étroit et bien limité, correspondant aux accroissements de l'échancrure. Ouverture étroite, aussi haute que le dernier tour, à bords parallèles, entaillée en arrière par une étroite gouttière, profondément échancrée à son extrémité antérieure; labre oblique, presque rectiligne, rétrocurrent en arc de cercle vers la suture, peu épais, non bordé à l'extérieur, réfléchi vers l'ouverture, muni à l'intérieur de petites crénelures peu saillantes; columelle convexe, portant six ou sept plis, qui décroissent et s'amincissent d'avant en arrière; bord columellaire assez large, calleux, surtout sur la région pariétale, où le callus forme une gibbosité axiale en arrière des plis.

Dim. — Longueur : 8 1/2 mill.; diamètre : 5 1/2 mill.

Rapp. et diff. — Je ne connais, parmi les espèces vivantes du même groupe, aucune coquille qui ait, comme celle-ci, la spire aplatie et couronnée à la périphérie; sa taille est bien plus grande que celle de *G. Angasi* Brazier, qui a aussi la sphire aplatie, mais qui est tout à fait piriforme.

Loc. — Karikal, peu commune (Pl. IV, fig. 18-19), coll. Bonnet. — Couches récentes cénozoïques, attribuées au Pliocène.

Turricula lirocostata, *nov. sp.* Pl. VIII, fig. 20-21.

Taille petite; forme fusoïde; spire longue, à galbe un peu conoïdal; protoconche d'un tour et demi, formant un petit bouton lisse, saillant, à nucléus papilleux et dévié; tours un peu convexes, dont la hauteur égale la moitié de la largeur, séparés par de profondes sutures et légèrement étagés, ornés de costules axiales, droites, qui se succèdent régulièrement d'un tour à l'autre; dans les intervalles de ces côtes, on distingue de profonds sillons spiraux, séparant des cordonnets d'une largeur égale à celle de ces sillons. Dernier tour égal à la moitié de la longueur totale, un peu ovale, à peine excavé à la base, sur laquelle se prolonge l'ornementation, jusqu'au bourrelet du cou, qui est isolé par un cordon crénelé, et qui porte des crochets formés par les accroissements de l'échancrure. Ouverture très courte, avec une gouttière étroite dans l'angle inférieur, à bords presque parallèles, tronquée en avant par une profonde échancrure ; labre presque vertical, épaissi par la dernière côte, portant une dizaine de plis internes et minces ; columelle munie de quatre plis : l'antérieur oblique, les trois autres plus épais, plus saillants, et de plus en plus transverses ; une dent pariétale près de la gouttière postérieure ; bord columellaire assez large, calleux, bien limité.

DIM. — Longueur : 8 mill. ; diamètre : 3 mill.

RAPP. ET DIFF. — L'espèce vivante, à laquelle celle-ci ressemble le plus, est *T. modesta* Reeve, des Philippines ; toutefois elle s'en distingue par sa forme plus étroite et plus pupoïde, par son canal moins isolé ; d'ailleurs *T. modesta* est placé, par Tryon, dans la Section *Costellaria*, tandis que notre fossile me paraît être un *Turricula* bien caractérisé.

LOC. — Karikal, rare (Pl. VIII, fig. 20-21), coll. Bonnet, ma coll. — Couches récentes cénozoïques, attribuées au Pliocène.

TABLE ALPHABÉTIQUE

DES

FAMILLES, GENRES, SOUS-GENRES, ETC.

Les noms en italiques sont ceux des synonymes.

TOURS

IMPRIMERIE DESLIS FRÈRES

6, Rue Gambetta, 6

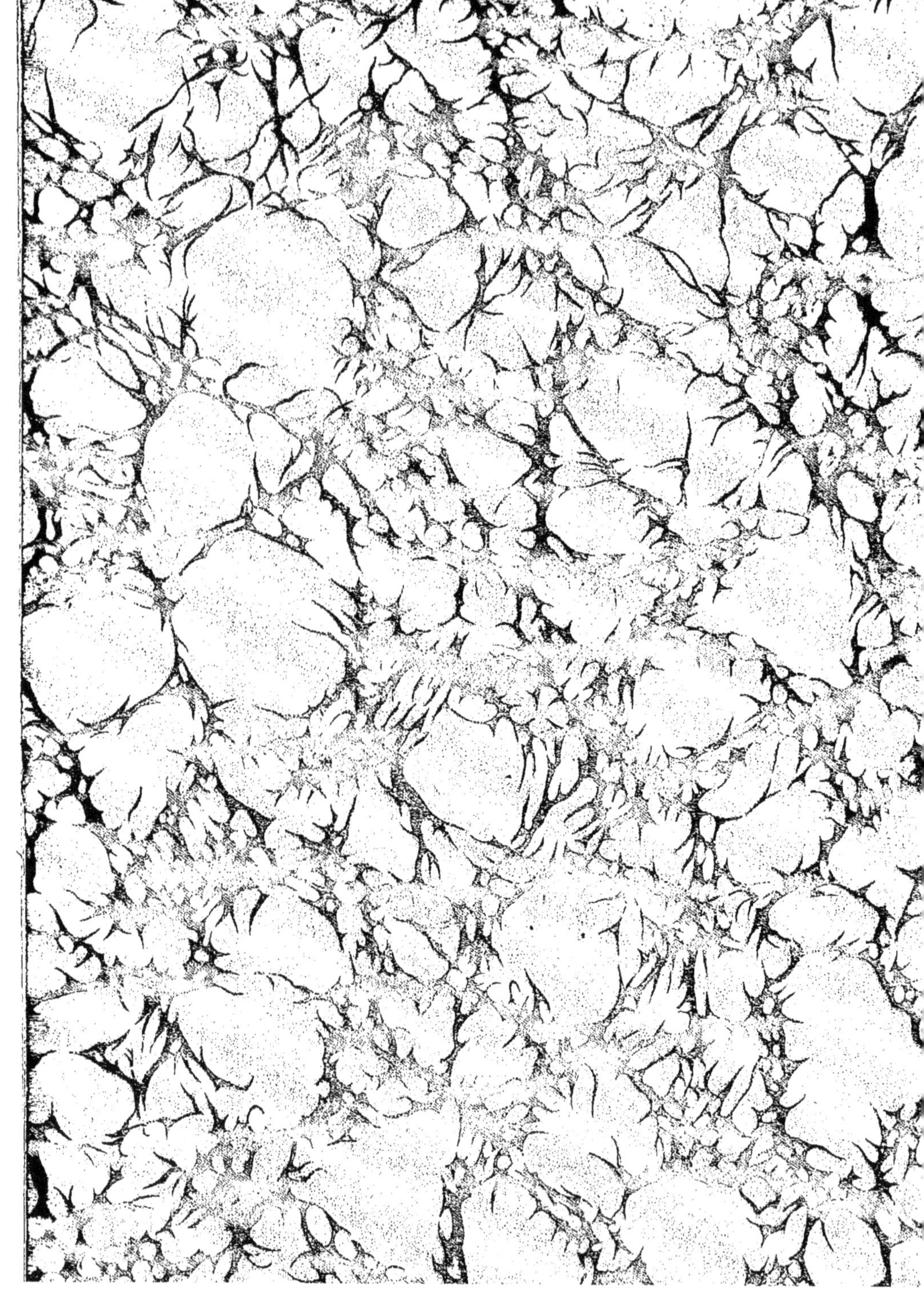

www.ingramcontent.com/pod-product-compliance
Ingram Content Group UK Ltd.
Pitfield, Milton Keynes, MK11 3LW, UK
UKHW020211250726
13967UKWH00003B/1394

9 782012 984516